工业设计专业系列教材

计算机辅助工业设计

Computer aided for Industrial design

倪培铭　郭盈　编著

中国建筑工业出版社

图书在版编目(CIP)数据

计算机辅助工业设计／倪培铭，郭盈编著. －北京：中国建筑工业出版社，2005
（工业设计专业系列教材）
ISBN 7-112-07222-0

Ⅰ.计... Ⅱ.①倪... ②郭... Ⅲ.计算机辅助设计：工业设计－高等学校－教材 Ⅳ.TB47-39

中国版本图书馆CIP数据核字（2005）第014635号

责任编辑：李晓陶　李东禧
封面设计：赵志芳　李晓陶
责任设计：廖晓明　孙　梅
责任校对：王雪竹　王金珠

工业设计专业系列教材
计算机辅助工业设计
Computer aided for industrial design
倪培铭　郭盈　编著
*
中国建筑工业出版社出版(北京西郊百万庄)
新华书店总店科技发行所发行
北京中科印刷有限公司印刷
*
开本：787×960毫米　1/16　印张：$10\frac{1}{4}$　字数：300千字
2005年6月第一版　2005年6月第一次印刷
印数：1－3000册　定价：36.00元
ISBN 7-112-07222-0
TU·6450(13176)

本社网址：http://www.china-abp.com.cn
网上书店：http://www.china-building.com.cn

本书根据工业设计专业的特点，旨在帮助同学借助计算机表达自己的设计概念，并借助计算机制作出工程图纸。

本书讲述软件：概念设计阶段包括平面设计软件 Illustrator、Corel DRAW、Photoshop 和三维设计软件 Rhinoceros、3D max；工程设计阶段，将讲述 UG。

本书采用每一个软件通过一个设计实例来分析、讲解的形式，从概念草图到计算机的二维表达和三维建模与渲染，最后到工程图纸生成，讲解过程循序渐进，图文并茂，让读者真正掌握计算机表达工业设计概念的各种方法。

工业设计专业系列教材编委会

序

工业设计学科自20世纪70年代引入中国后，由于国内缺乏使其真正生存的客观土壤，其发展一直比较缓慢，甚至是停滞不前。这在一定程度上决定了我国本就不多的高校所开设的工业设计成为冷中之冷的专业。师资少、学生少、毕业生就业对口难更是造成长时期专业低调的氛围，严重阻碍了专业前进的步伐。这也正是直到今天，工业设计仍然被称为“新兴学科”的缘故。

工业设计具有非常实在的专业性质，较之其他设计门类实用特色更突出，这就意味此专业更要紧密地与实际相联系。而以往，作为主要模仿西方模式的工业设计教学，其实是站在追随者的位置，被前行者挡住了视线，忽视了“目的”，而走向“形式”路线。

无疑，中国加入世界贸易组织，把中国的企业推到国际市场竞争的前沿。这给国内的工业设计发展带来了前所未有的挑战和机遇，使国人越发认识到了工业设计是抢占商机的有力武器，是树立品牌的重要保证。中国急需自己的工业设计，中国急需自己的工业设计人才，中国急需发展自己的工业设计教育的呼声也越响越高！

局面的改观，使得我国工业设计教育事业飞速前进。据不完全统计，全国现已有近二百所高校正式设立了工业设计专业。就天津而言，近两年，设有工业设计专业方向的院校已从当初的一两所，扩充到现今的十余所，其中包括艺术类和工科类，招生规模也在逐年增加，且毕业生就业形势看好。

为了适应时代的信息化、科技化要求，加强院校间的横向交流，进一步全面提升工业设计专业意识并不断调整专业发展动向，天津高等院校的工业设计专业联合，成立了工业设计专业学术委员会。目前各院校的实践教学、学术研讨、院校交流已明显体现出学科发展、课程构成及课程内容上的新观点，有的已形成系统化知识体系。

为推广我们在工业设计专业上的新理念、新观点，发展和提升工业设计水平，普及工业设计知识，天津市工业设计专业学术委员会决定编写系列教材由中国建筑工业出版社出版问世，以飨读者。书中各部分选题均是由编委会集体几经推敲而定，编写按照编写者各自特长分别撰写或合写而成。由于时间紧，而且我们对工业设计专业的探索和研究还在进行，书中不免有疏漏或过于浅显之处，还敬请同行指正。再次感谢参与此套教材编写工作的老师们。真心希望书中的观点和内容能够引起后续的讨论和发展，并能给学习和热爱工业设计专业的人士一些帮助和提示。

2005年1月

目 录

第一部分 用平面的软件绘制工业设计表现图

第三部分 数模设计阶段

第一部分 用平面的软件绘制工业设计表现图

第一章 Illustrator在计算机辅助工业设计中的应用

1.1 Illustrator的基础知识

Illustrator是著名的Adobe公司开发的平面设计软件。用Illustrator可以绘制丰富多样的矢量图形，也可以置入点阵图片。Illustrator可以打开Auto CAD、Corel DRAW、Freehand等等很多软件生成的文件；Illustrator生成的ai格式的文件也可以被其他的平面软件接受。在Illustrator里创建的轮廓参数，可以直接被三维的软件借用，成为生成三维模型的基础。在Illustrator里填充的颜色和绘制的图形可以被导出成各种格式的图片，作为三维软件的贴图来使用。Illustrator与另外一个Adobe公司开发的著名的图像处理软件Photoshop有更好的兼容性。如果在Illustrator中链接的点阵图片是用Photoshop处理过并存储成psd格式的文件，修改时可以直接进入Photoshop对图片进行处理。

1.2 Illustrator10.0的工作界面

图1.2.1是打开Illustrator10后出现的工作界面。A是菜单栏，B是工具栏，C是绘制的页面，D是绘制时所用的各种调板。下面重点介绍菜单栏，其他部分将在讲解绘制实例时分别介绍。

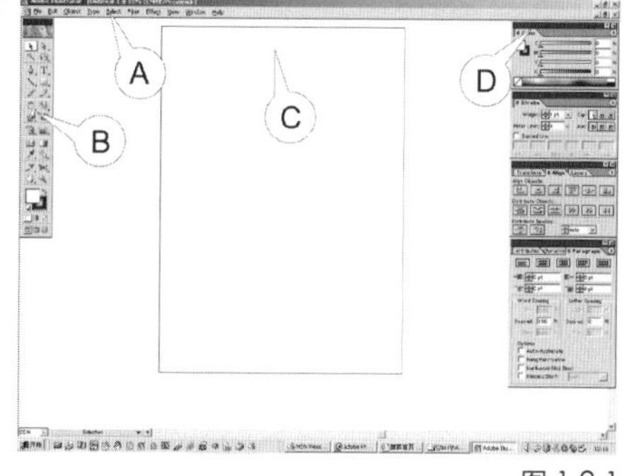

图1.2.1

1.2.1 菜单栏

图1.2.1中所指的A部分是Illustrator的菜单栏，按从左至右的顺序，分别介绍如下：

File(文件)

New/创建新文件 ● Open/打开文件 ● Open Recent Files/打开最近使用过的文件 ● Revert/将文件退回到最后一次保存的状态 ● Close/关闭文件 ● Save as/另存为 ● Save a Copy/另存一个拷贝文件 ● Save for Web/储存成用于网页设计的文件 ● Place/置入 ● Export/导出 ● Manage Workgroup/管理工作组 ● Scripts/脚本 ● Document Setup/文件的设定 ● Document Color Mode/文件的色彩模式 ● File Info/文件信息 ● Separation Setup/分色设定 ● Print Set up/打印设定 ● Print/打印 ● Exit/退出

Edit(修改)

Undo/回到上一步 ● Redo/重做 ● Cut/剪切 ● Copy/复制 ● Paste/粘贴 ● Paste in Front/粘贴到前面 ● Paste in Back/粘贴到后面 ● Clear/清除 ● Define Pattern/设定图案 ● Edit Original/修改原图片 ● Assign Profile/指定色彩描述 ● Color Settings/色彩设

定 ● Keyboard Shortcuts/ 键盘快捷键 ● Preferences/ 自定义

Object(物件)

Transform/ 变换 ● Arrange/ 排列 ● Group/ 群组 ● Ungroup/ 解组 ● Lock/ 锁定 ● Unlock/ 解锁 ● Hide/ 隐藏 ● Show All/ 全显 Expand/ 扩展 ● Expand Appearance/ 扩展外观 ● Flatten Transparency/ 扁平透明 ● Rasterize/ 格栅化 ● Create Gradient Mesh/ 创建渐变网格 ● Slice/ 切片 ● Path/ 路径 ● Blend/ 混合 ● Envelop Distort/ 封套扭曲 ● Clipping Mask/剪切蒙板 ● Compound Path/复合路径 ● Crop Mark/裁切记号 ● Graph/ 图表

Type(文字)

● Font/ 字体 ● Size/ 尺寸 ● Blocks/ 文本块 ● Wrap/ 包裹 ● Fit Headline/ 与栏宽适配 ● Create Outline/ 转成曲线 ● Find & Change/ 查找与替换 ● Find Font/ 查找字体 ● Check Spelling/拼写检查 ● Change Case/更改大小写 ● Smart Punctuation/智能标点 ● Rows & Columns/ 行与列 ● Show Hidden Characters/ 显示隐藏的字符 ● Type Orientation/ 文本方向

Select(选择)

All/全部 ● Deselect/不选 ● Reselect/再选 ● Inverse/反选 ● Next Object Above/选择当前物体之上的物体 ● Next Object Below/ 选择当前物体之下的物体 ● Same/ 同类物体 ● Object/ 各种物体 ● Save Selection/ 储存选择 ● Edit Selection/ 编辑选择

Filter(滤镜)

Apply Last Filter/ 应用上一次的滤镜效果 ● Last Filter/ 编辑上一次的滤镜效果 ● Colors/ 色彩 ● Create/创建 ● Distort/扭曲 ● Pen & Ink/钢笔和墨水 ● Stylize/风格化 ● Artistic/ 艺术效果 ● Blur/模糊 ● Brush Stroke/笔触 ● Distort/扭曲 ● Pixelate/像素化 ● Sharpen/ 锐化 ● Sketch/ 草绘 ● Stylize/ 风格化 ● Texture/ 纹理 ● Video/ 视频

Effect(效果)

Apply Last Effect/应用上一次的滤镜 ● Last Effect/编辑上一次的滤镜效果 ● Document Raster Effects Settings/文件的格栅化效果设定 ● Convert to Shape/转换成形状 ● Distort & Transform/ 扭曲与转换 ● Path/ 路径 ● Pathfinder/ 路径开拓 ● Rasterize/ 格栅化 ● Stylize/风格化 ● SVG Filters/SVG滤镜 ● Warp/弯曲 ● Artistic/艺术效果 ● Blur/模糊 ● Brush Stroke/ 笔触 ● Distort/ 扭曲 ● Pixelate/ 像素化 ● Sharpen/ 锐化 ● Sketch/ 草绘 ● Stylize/ 风格化 ● Texture/ 纹理 ● Video/ 视频

View(视图)

Outline/略图 ● Overprint Preview/压印预览 ● Pixel Preview/像素预览 ● Proof Setup/

验证设置 ● Proof Colors/验证色彩 ● Zoom In/放大视图 ● Zoom Out/缩小视图 ● Fit in Window/ 适合窗口 ● Actual Size/ 实际尺寸 ● Hide Edge/ 隐藏选择边界 ● Hide Artboard/ 隐藏画板 ● Hide Page Tiling/ 隐藏页面边界 ● Show Slice/ 显示切片 ● Lock Slice/锁定切片 ● Hide Template/隐藏模板 ● Show Rulers/显示标尺 ● Show Bounding Box/ 显示范围框 ● Show Transparency Grid/ 显示透明网格 ● Guides/ 导线 ● Smart Guides/智能导线 ● Show Grid/显示网格 ● Snap to Grid/捕捉带网格 ● Snap to Point/捕捉到点 ● New View/ 新视图 ● Edit Views/ 编辑视图

Window(窗口)

New Window/新窗口 ● Cascade/瀑布重叠 ● Tile/瓦片式平铺 ● Action/动作 ● Align/对齐 ● Appearance/ 外观 ● Attributes/属性 ● Brushes/笔刷 ● Color/色彩 ● Document Info/ 文件信息 ● Layers/ 层 ● Links/ 链接 ● Magic Wand/ 魔棒 ● Navigator/ 导航器 ● Pathfinder/ 路径开拓 ● Stoke/ 笔触 ● Styles/ 样式 ● SVG Interactivity/ SVG 互动 ● Swatches/ 样本 ● Symbols/ 符号 ● Tools/ 工具 ● Transform/ 转换 ● Transparency/ 透明 ● Type/文字 ● Variables/杂项 ● Brush Libraries/笔刷库 ● Style Lib/样式库 ● Swatch Lib/ 样本库 ● Symbol Lib/ 符号库

Help(帮助)

Illustrator Help/ Illustrator 帮助文件 ● About Illustrator/ 关于 Illustrator ● About Plug-ins/关于外挂 ● Top Issues/常见问题 ● Downlodables/下载 ● Corporate News/公司新闻 ● Registration/ 注册 ● Adobe Online/ Adobe在线 ● System Info/系统信息

1.3 绘制实例

1.3.1 用计算机绘制前的准备工作

用二维的软件表达设计概念以前，要首先有手绘的概念草图。概念草图是设计师表述产品造型、结构、色彩和功能的一种快捷的方法。有了概念草图，我们还要有三视图，即俯视图、前视图和侧视图。如果产品造型复杂，还要有更多的视图。有了这些基础图纸，我们要把它们用扫描仪扫描进电脑或用数码相机拍照后输入到电脑中。扫描仪各不相同，可以用Photoshop 软件来扫，扫完以后最好存成一种压缩的文件格式如jpg 的格式，然后导入到Illustrator 里来。下面我们就从导入图片开始讲述如何用Illustrator10.0 绘制表现图。(如何扫描，可参阅第三章，如何使用扫描仪的详细介绍)。

1.4 用Illustrator10.0绘制治疗仪的表现图

1.4.1 导入图片

首先打开 Illustrator10.0，新建一个文件(快捷键 Ctrl+N)，并将文件命名为ZHI_LIAO_YI。Size（尺寸）设成A4，Units（单位）选Millimeters（毫米），Width（宽）选297mm，Height（高）选210mm，Color Mode（色彩模式）选CMYK，参见图

1.4.1.1 和图 1.4.1.2。

然后双击 Layer1（图层 1），命名为 CAN_KAO，如图 1.4.1.3 和图 1.4.1.4。

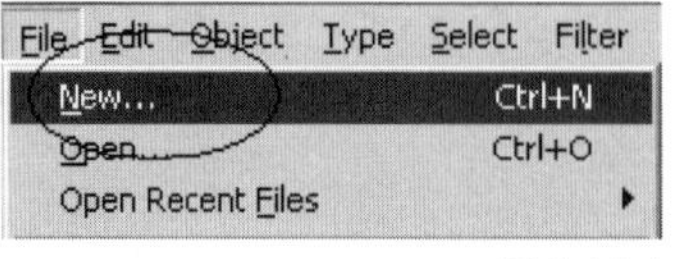

图 1.4.1.1

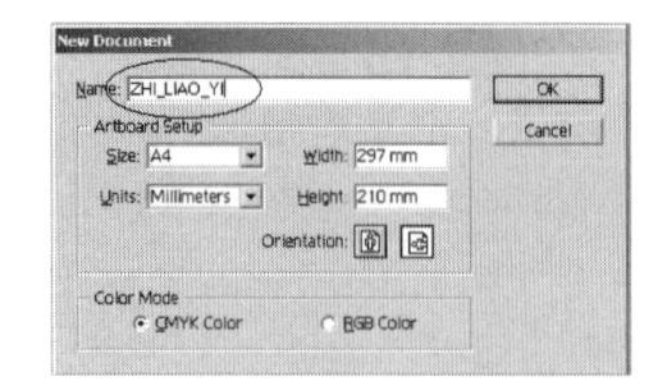

图 1.4.1.2

再建立一个新层，命名为 LUN_KUO。如图 1.4.1.5 和图 1.4.1.6。

然后选 File/Place（文件 / 置入），把扫描的手绘图片置入进来，如图 1.4.1.7 和图 1.4.1.8。

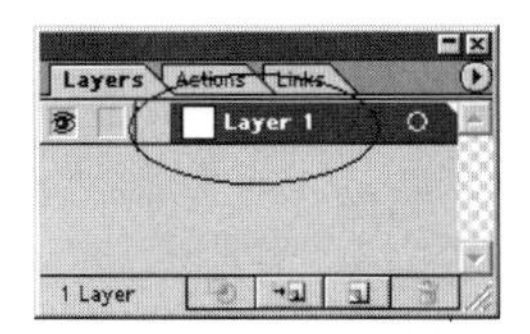

图 1.4.1.3

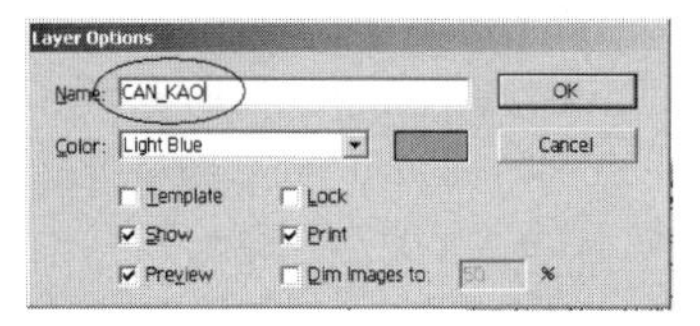

图 1.4.1.4

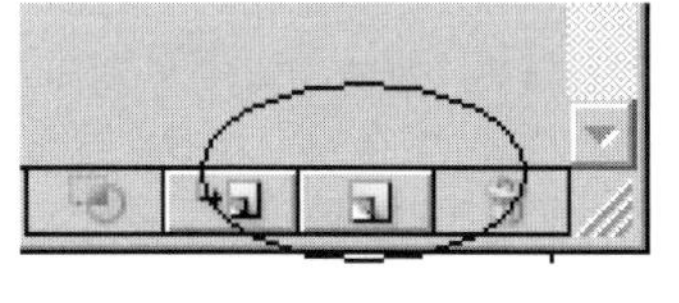

图 1.4.1.5

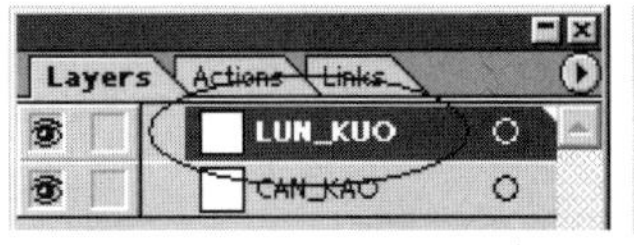

图 1.4.1.6

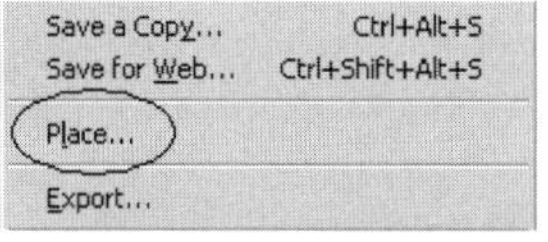

图 1.4.1.7

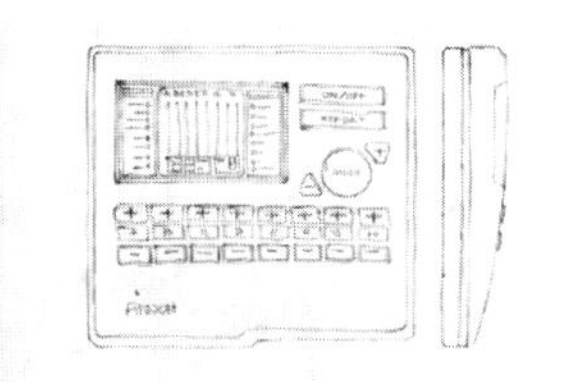

图 1.4.1.8

1.4.2 绘制基本形并修改成我们所需要的形状

再选长方形工具（快捷键 M），在屏幕上画出一个长方形，大小与草图一致，见图 1.4.2.1。

然后用放大工具（快捷键 Z）将长方形的左上角放大（用放大工具在长方形的左上角圈选一下），再用增加锚点工具（用鼠标左键按住钢笔工具，在弹出的菜单中选此图标，快捷键为大键盘上的 + 号）在长方形的左上角加两个锚点。结果如图 1.4.2.2。再选转换锚点工具（快捷键为 Shift+C）把中间的锚点调整成曲线形状。见图 1.4.2.3。再用直接选择工具（快捷键为 A），拖动锚点，调整成如图 1.4.2.4 的样子。

其余部分也用以上介绍的工具画出如图 1.4.2.5 的轮廓图。

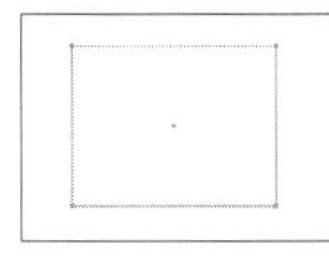

图 1.4.2.1

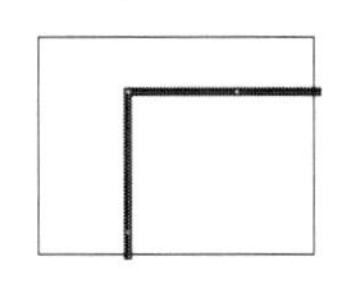

图 1.4.2.2

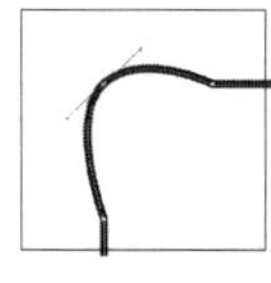

图 1.4.2.3

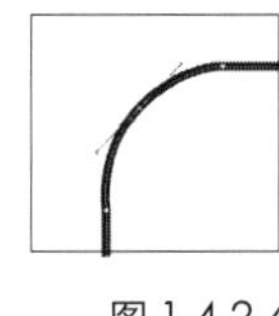

图 1.4.2.4

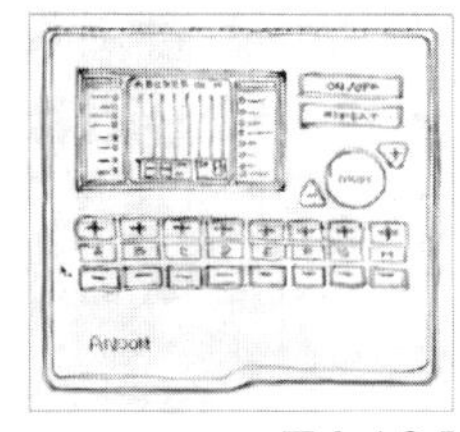

图 1.4.2.5

1.4.3 将图形填充成渐变效果

然后再选渐变填充工具，将图形填充成图 1.4.3.1 的结果（点选渐变填充工具后，在所选图形上自上而下地拉出一条竖线即可填充成渐变效果，按住Shift键可以保持垂直填充)。

具体色彩的数值按照图 1.4.3.2 所示，在图 1.4.3.3 的位置填入 C5、M0、Y2 和 K30; 在图 1.4.3.4 的位置填入C5、M0、Y2和K49; 在图 1.4.3.5 的位置填入 C5、M0、Y2 和 K67。

图 1.4.3.1

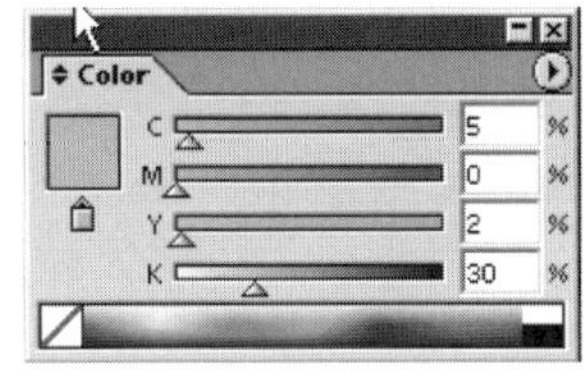

图 1.4.3.2

因为我们所画的机壳是没有轮廓的，所以我们要设定一下。点选前面所绘制图形，然后再点击图 1.4.3.6 的 Stroke （笔刷）图标和下面的 None (无) 图标。

下一步我们要学习绘制和复制按键及在按键上添加文字等内容。

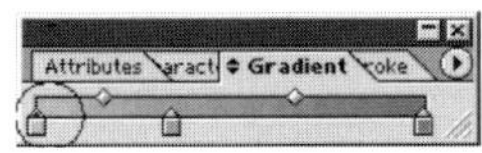

图 1.4.3.3

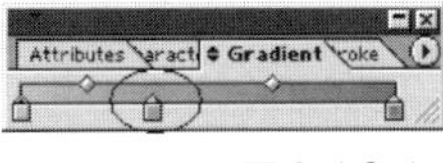
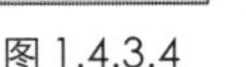

图 1.4.3.4

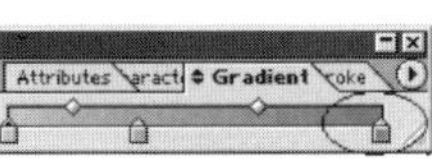
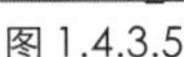

图 1.4.3.5

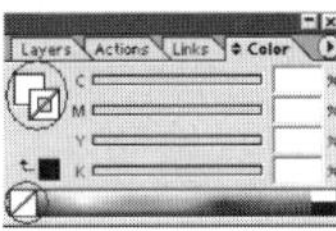

图 1.4.3.6

1.4.4 复制出治疗仪的受光面并填充成渐变的浅亮灰色

首先用鼠标左键点选以上绘制的图形，然后再点击比例缩放工具（快捷键是S)。再按回车键（Enter)，屏幕中弹出一个选项窗口，请按图 1.4.4.1 的设置点选各项。按 OK 后屏幕上的结果如图 1.4.4.2。

然后再选渐变填充工具，将图形填充成图 1.4.4.3 的结果。具体的色彩数值如下：图 1.4.4.4 的位置填入C5、M0、Y2和K0; 图 1.4.4.5 的位置填入 C0、M0、Y0 和 K0; 在图 1.4.4.6 的位置填入 C0、M0、Y0 和 K38。

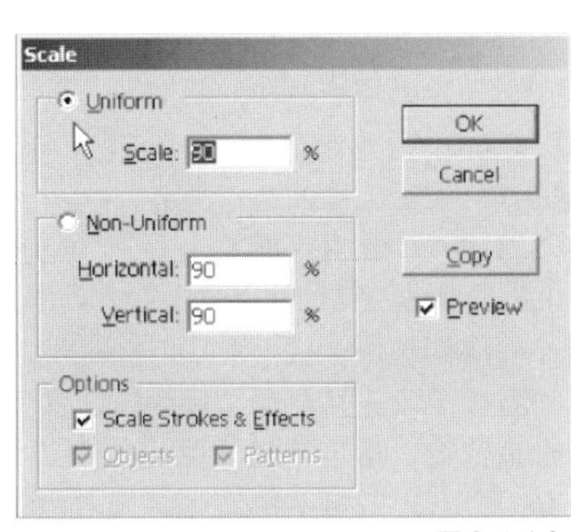

图 1.4.4.1

图 1.4.4.2

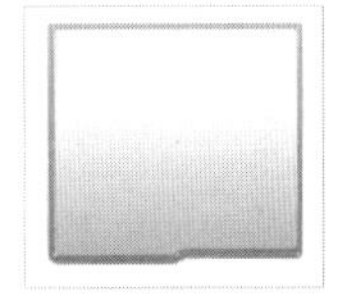

图 1.4.4.3

1.4.5 绘制带圆角的长方形按键并用融合工具复制若干按键

以上的操作我们都是在 LUN_KUO 图层里进行的。下面我们点选 LUN_KUO 图层面板上的眼睛图标,使其变灰，显露出 CAN_KAO 图层（如图 1.4.5.1)，便于我们新建一

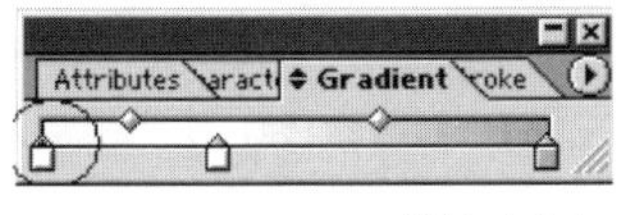

图 1.4.4.4

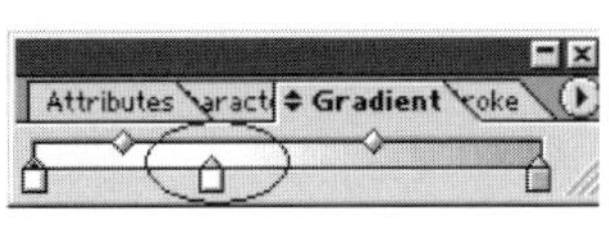

图 1.4.4.5

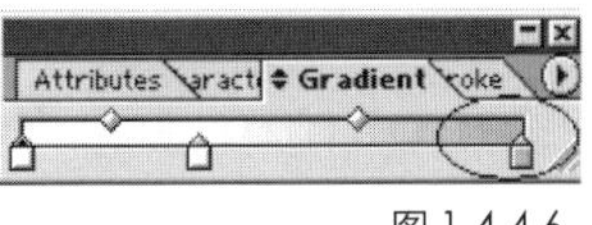

图 1.4.4.6

个AN_NIU层（如图1.4.5.2）绘制按钮，如图创建AN_NIU图层。

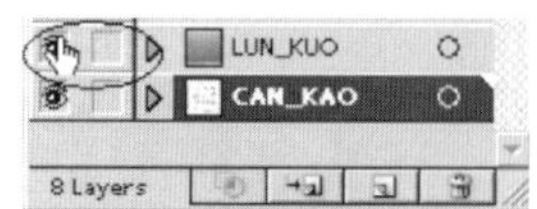

图1.4.5.1

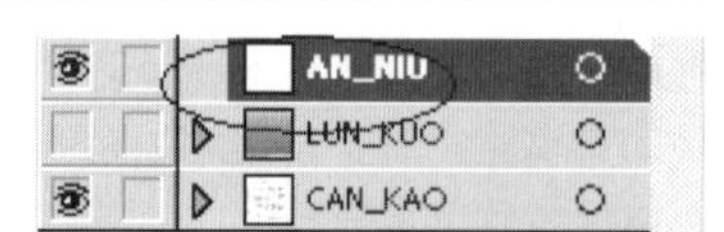

图1.4.5.2

再选带圆角的长方形工具（要在长方形工具上点击鼠标左键，按住不动一段时间，会弹出如图的图标，再选带圆角的长方形工具即可）。然后在屏幕上点击左键，弹出选项栏，请按图1.4.5.3的参数设定。绘制结果如图1.4.5.4。

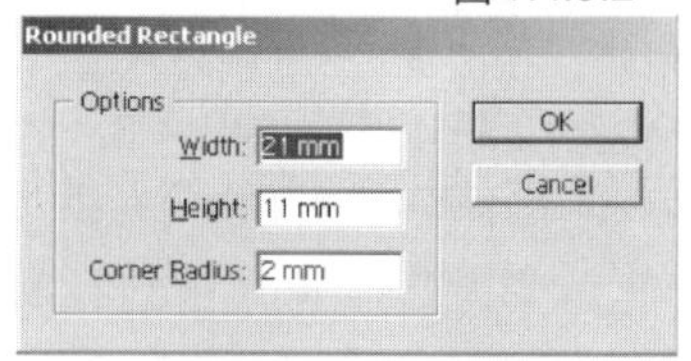

图1.4.5.3

这样我们画了一个带圆角的长方形按钮，尺寸分别是宽21mm，高11mm，圆角半径是2mm。再按同法绘制一个宽20mm，高10mm，圆角半径是1.7mm的按钮内部轮廓。

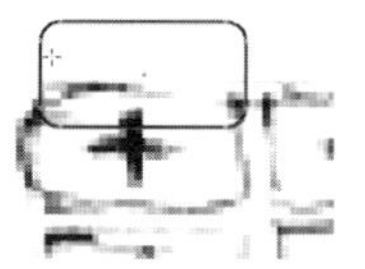
图1.4.5.4

图1.4.5.5

下面我们要把这两个轮廓居中对齐。首先选择拾取工具，选择刚才画的两个轮廓（选择方法有两种：一是用选择工具在屏幕上圈一个长方形，只要接触上画面上的两个按钮即被选中；另一种方法是先选某一个按钮，再按住Shift键，加选另一个按钮）。两个按钮都选中后，再按住Alt键，点击被对齐的按钮，（见图1.4.5.5）。再在Align面板（见图1.4.5.6）上点击和图标，两个轮廓就对齐到一起了。(如果屏幕上没有Align面板，可以选菜单栏中Windows/Transform，把Align面板显示出来，快捷键是Shift+F8。)

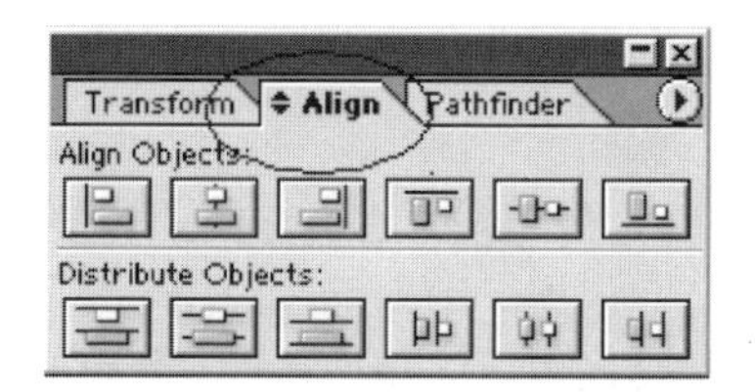

图1.4.5.6

图1.4.5.7

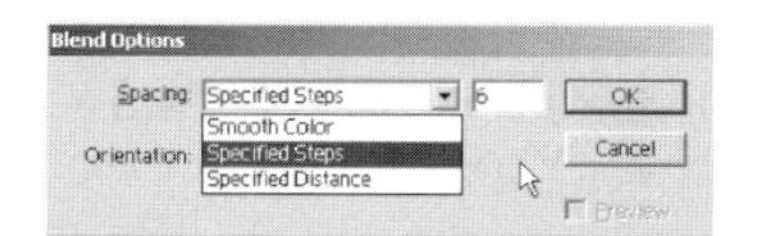

图1.4.5.8

对齐后，把两个轮廓都选中，按一下Ctrl+G键，将这两个轮廓群组。再按拾取工具将群组后的按钮移动到草图上显示的合适位置。接下来仍然使用拾取工具，同时按住Alt键，会出现双箭头的符号。向右拖动（同时再按住Shift键是水平拖动）复制出第二套按钮（参见图1.4.5.5）。

图1.4.5.9

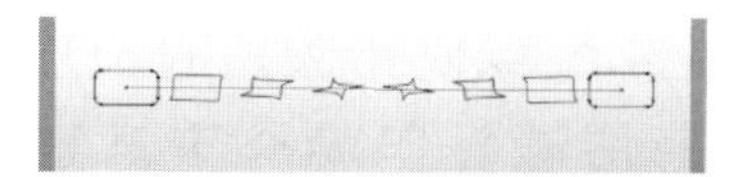
图1.4.5.10

把CAN_KAO图层的眼睛点击成灰色，隐藏此图层。目前画面上的结果应该如图1.4.5.7。然后双击融合工具。弹出图1.4.5.8选项栏，点击Spacing栏中向下的箭头，选择Specified Steps，并在旁边的栏内输入6，表明连同现有的两个按钮，一共复制8个按钮。

选OK后，先在第一个按钮内点击一下，再在第二个按钮内点击一下。结果如图1.4.5.9。技术要点是：如果没有将两个轮廓群组，或在以后融合其他物体的时候，第二个按钮上点击的位置要尽可能与在第一个按钮上点击的位置相同。如在第一个按钮上点击的位置是按钮的左竖边，那么在第二个按钮上点击的位置也是左竖边才好。否则会出现图 1.4.5.10 的扭曲变形的效果。

最后，我们再按照草图复制出另外两排按钮。如图 1.4.5.11。请注意第二排按键只有外部轮廓。而且请检查一下前两排按键是否都只有轮廓，没有填充色。检查的方法是点击一个按钮，察看图 1.4.5.12 所示，Color 调板中左中部的方框内是否是红色的斜杠，如不是，点击一下调板中左下角的红色斜杠。第三排填充色是白色，方法是选中第三排内部一排的按钮，在 Color调板中点击一下右下角的白色块就可以了，如图 1.4.5.13。

图 1.4.5.11

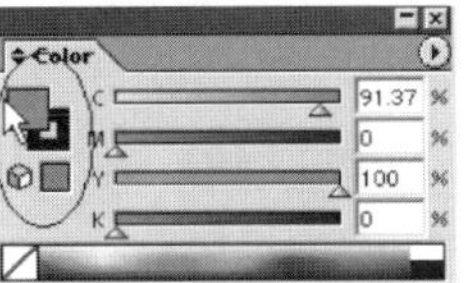

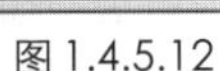

图 1.4.5.12

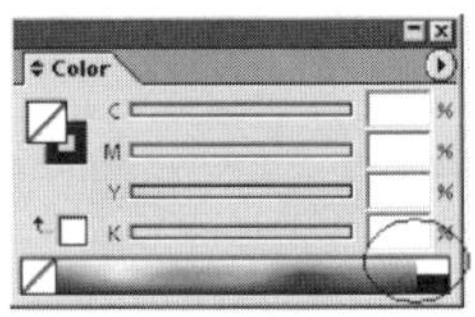

图 1.4.5.13

图 1.4.6.1

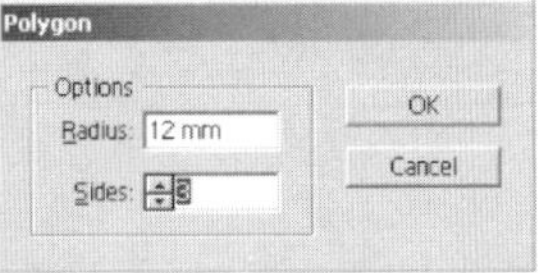

图 1.4.6.2

1.4.6 绘制其余的按钮

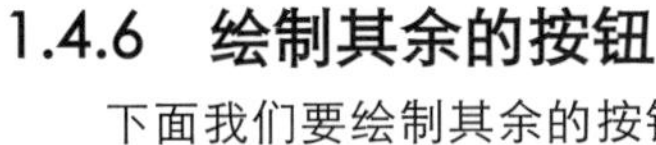

下面我们要绘制其余的按钮。首先我们绘制右上角的两个长方形按钮。用工具，方法如前，外部轮廓尺寸：Width=52，Height=12，Corner Radius=1.7，内部轮廓尺寸：Width=50，Height=10，Corner Radius=0.8。

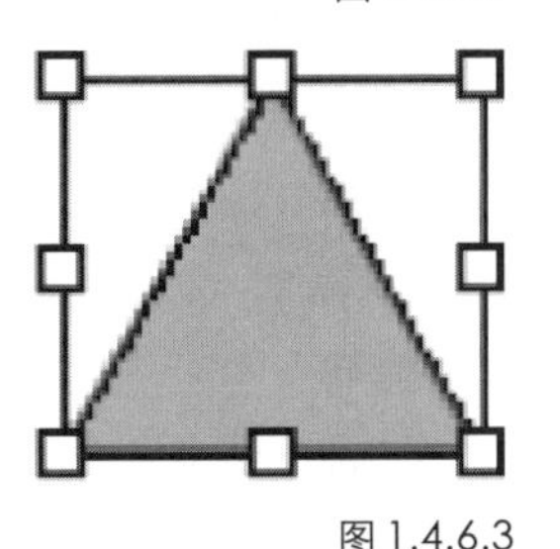

图 1.4.6.3

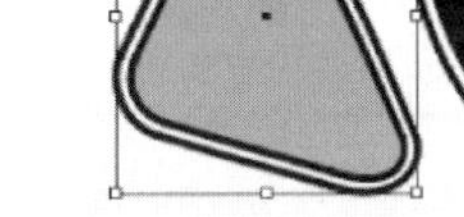

图 1.4.6.4

接下来绘制左上方的显示屏。首先画两个长方形，尺寸分别是：120x70（大）和 114x64（小）。小长方形内部填充的色彩数值是：C52、M15、Y23、K3。轮廓色是 C0、M0、Y0、K100。大长方形内部填充的色彩数值是：C9、M0、Y0、K5。轮廓色是 C0、M0、Y0、K0（色彩效果可参考彩色插页图 1）。再把两个长方形对齐，并用融合工具使两个长方形产生一种渐变，构成凹陷的机壳窗口和液晶显示屏的效果，如图 1.4.6.1。

最后我们绘制圆形和三角形的按钮。圆形按钮直径的尺寸分别是 28 和 29.5。大圆不填充，小圆填充成 K100。三角形的按钮使用 多边形工具。按住长方形工具就会弹出选项框，选择多边形工具后，在屏幕上点击一下，弹出如图 1.4.6.2 的对话栏，如图设置 Radius=12，Sides=3。所得结果如图 1.4.6.3。

下面我们用选择工具来移动和旋转三角形，用增加锚点工具增加锚点，再用转换锚点工具和直接选择工具来调整尖角的形状。调整后再复制一个大的轮廓（技巧一是选中绘制好的小的按钮，再按住 Alt 键拖放复制；二是选中绘制好的小的按钮再点击比例缩放工具，回车后在弹出的选项栏内选 Copy）。调整后的效果应如图 1.4.6.4。

1.4.7 为按钮和屏幕增加说明文字

新建一层，命名为 WEN_ZI  。然后打开 Windows\Type\Character 调板（如图 1.4.7.1），选 Font 为 Arial，字形为 Bold，字号为 12pt。字的间距为自动，行间距为 14.5pt，字母的间距为 0。然后再点击文字工具，在屏幕上

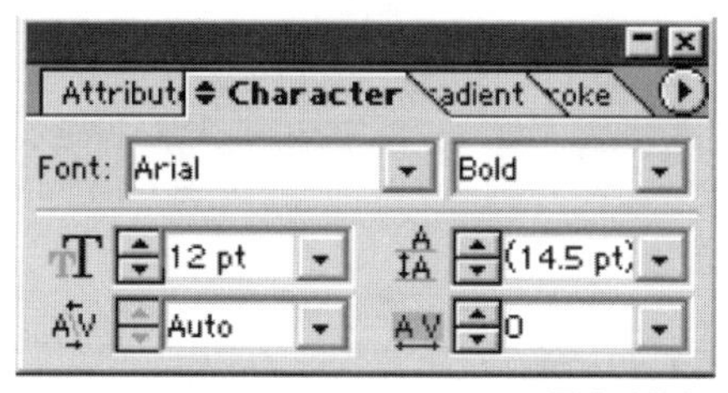

图 1.4.7.1

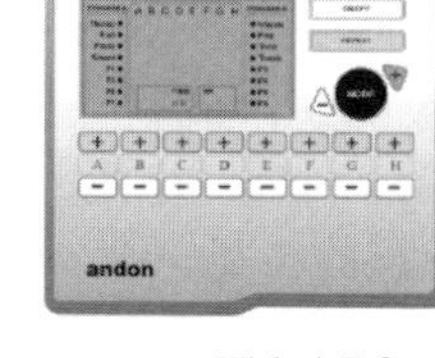

图 1.4.7.2

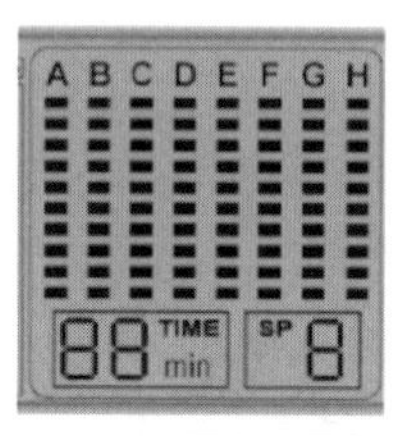

图 1.4.7.3

点击左键，输入所要的文字。然后用对齐的方法将文字和按键对齐。效果如图 1.4.7.2（过程中要设定不同的字号和字体）。最后加上液晶条码和液晶显示的三个 8 字。请见图 1.4.7.3。至此治疗仪顶视图的表现图就完成了（最后效果参见彩色插页图 1）。

1.4.8 为治疗仪绘制左视图

首先显示出标尺。方法是选择 View\Show Rulers，或者按快捷键 Ctrl+R。然后在标尺上向下拉出一条蓝色的辅助线，如图 1.4.8.1。利用这些辅助线，我们可以限定左视图的上下尺寸，最后绘制出左视图的全部。完成的效果见图 1.4.8.2。

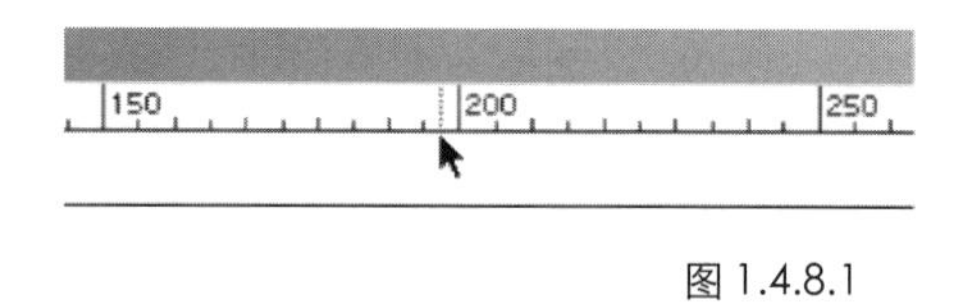

图 1.4.8.1

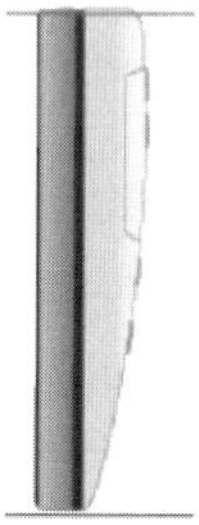

图 1.4.8.2

第二章 CorelDRAW 在计算机辅助工业设计中的应用

CorelDRAW 软件是由加拿大 Corel 公司所开发的经典之作，该软件具有功能强大、使用简单等优点，在矢量绘图软件领域占有举足轻重的地位，目前广泛应用于平面设计、插图制作、排版印刷、网页制作等领域。虽然 CorelDRAW 属于平面设计软件，但由于其使用方便、灵活、对电脑的硬件配置要求较低和能够很好地表现图像外观，许多人也将 CorelDRAW 用于产品效果制作。

2.1 CorelDRAW 11 的工作界面

图 2.1.1 是默认状态下的 CorelDRAW 11 的工作界面，由菜单栏、工具栏、属性栏、工具箱等部分组成。下面分别介绍各个部分的功能。

标尺
菜单栏
标准工具栏
属性栏
调色板
工具箱
绘图页面
导航器
状态栏

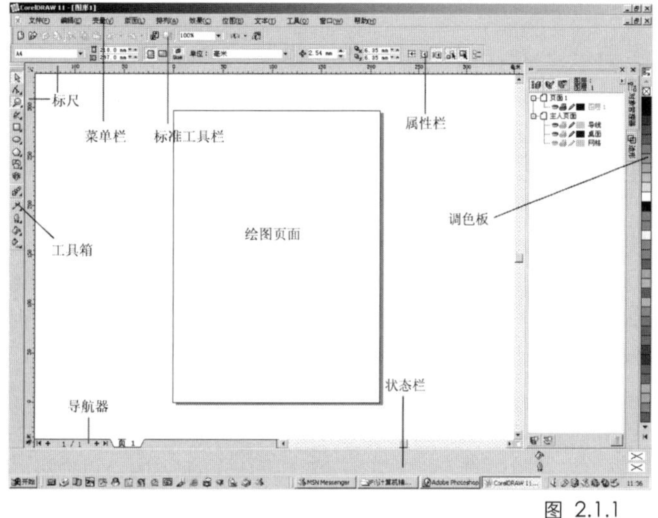

图 2.1.1

2.1.1 菜单栏

CorelDRAW 11 包括 11 个主菜单，如图 2.1.1.1 所示。单击主菜单名称，在打开的子菜单中选择所需命令即可。有一些子菜单后面跟有快捷键，可在不打开该菜单的情况下按快捷键执行该命令，熟记一些常用的快捷键，能够提高我们的工作效率。下面简单介绍一下每个菜单所包含的功能。

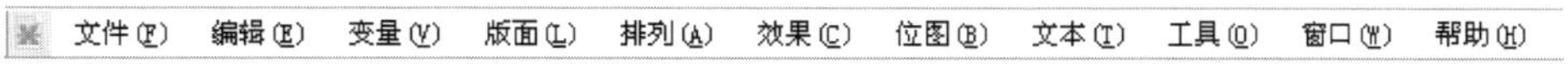

文件(F) 编辑(E) 变量(V) 版面(L) 排列(A) 效果(C) 位图(B) 文本(T) 工具(O) 窗口(W) 帮助(H)

图 2.1.1.1

文件（File）

文件菜单中提供了多个对文档进行操作的命令选项，如新建、打开、保存、导入和导出文件等，并提供了有关打印输出的命令，如打印、打印预览以及打印设置等，或者将作品通过其他途径发布或输出。另外，还可以查看当前文档的相关内容，或关闭窗口和退出程序等。

编辑（Edit）

编辑菜单中的命令主要用于对文档中的对象进行基本的操作，如撤消、重做、剪切、复制、粘贴对象，或者按不同的条件选择、查找或替换对象，还可以在文档中插入 Internet 对象、条形码或其他新对象。

变量（View）

变量菜单中的命令主要用来对视图进行控制，如用户可以根据绘图的需要切换到不同的视图模式下查看文档，或者改变程序的屏幕显示模式，还可以对标尺、网格、辅助线这几个辅助绘图工具进行设置，如隐藏或显示、更改其默认选项等。

版面（Layout）

版面菜单中提供的命令主要是针对文档中的页面进行操作的，CorelDRAW 11 中可以创建多页文档，利用版面菜单中的命令可以插入、删除、重命名、定位页面或转换页面的方向，还可以对页面进行精确的设置。

排列（Arrange）

排列菜单中提供了对一个或多个对象进行编辑的命令，如变换对象、对齐和分布对象、更改对象的层叠顺序、群组对象以及锁定对象等，另外还可以使两个或多个以上的对象进行相交、焊接或修剪等操作。

效果（Effects）

利用效果菜单中命令可以为对象添加特殊的效果，如调整对象的颜色，混合对象，为对象应用封套或透镜效果，使对象发生变形以及添加透视点等，应用效果后，还可以对效果进行一些相应的编辑。

位图（Bitmaps）

位图菜单中的命令主要是针对位图进行编辑的，用户可以导入位图，或者将创建的矢量图形转换为位图，然后在对其进行各种编辑，如修剪、描摹、重新取样等；或者为位图添加丰富多彩的特殊效果，如 3D 效果、艺术笔触、模糊、颜色变换、扭曲或杂色等。

文本（Text）

文本菜单中命令可以用来编辑文本对象，如设置文本的字符及格式，包括字体、字号、字样等；设置文本的段落格式，如段落缩进等选项；或者将文本附加到路径，将文本转换为普通路径，甚至链接多个文本块等。

工具（Tool）

利用工具菜单中的命令选项可用来对程序进行自定义设置，或者控制一些管理器与泊坞窗的显示与否，如颜色管理器、对象管理器等。另外，还可以创建箭头和图案，或者运行脚本语言等。

窗口（Window）

窗口菜单中命令主要对绘图窗口进行控制，如各个工具栏、调色板、泊坞窗是否在窗口中显示。另外，用户可以为当前文档新建窗口、对当前打开的多个文档进行排列，或者关闭当前或全部文档，而当各窗口最大化显示时，还可以在此进行文件的切换。

帮助（Help）

用户在学习 CorelDRAW 11 的过程中遇到了疑难问题，可以通过帮助菜单中的命令来寻求解决方案。

2.1.2 标准工具栏

标准工具栏位于菜单栏的下方，其中包括一系列常用命令的图标按钮，如新建(New)、打开（Open)、保存（Save）命令等，如图 2.1.2.1 所示。需要执行这些命令时，只要单击相应的图标按钮就可以完成操作，这样就不需要再执行主菜单中的命令了。

图 2.1.2.1

2.1.3 属性栏

属性栏位于标准工具栏的下方,其中所显示的内容是不固定的,在整个编辑图形的过程中,它会随用户所选工具或对象的不同而发生相应的变化。在默认状态下，属性栏中会显示页面大小、方向以及文档单位等信息，如图 2.1.3.1 所示。

图 2.1.3.1

2.1.4 工具箱

在默认情况下，工具箱处于工作界面的左侧，其中提供了大量创建和编辑对象的工具。根据各工具作用的不同，由灰色的分隔线分为三部分，即对象创建工具、交互式工具和对象填充工具。大部分图标按钮的右下方有一个小三角形标记，这表明其中包含其他隐藏的工具，在该按钮上按下鼠标左键，可显示一个展开式工具条，其中包含了一组功能相类似的工具。

2.1.5 绘图页面

绘图页面为用于绘制图形的区域。

2.1.6 工作区

工作区指绘图页面以外的区域。在绘图过程中用户可以将绘图页面中的对象拖到工作区存放，类似于一个剪贴板，它可以存放多个图形。

2.1.7 调色板

在默认情况下，调色板处于工作界面的右侧，其中提供了多种预设的颜色样本，用户可以根据需要启用不同的调色板，然后从中选择合适的颜色。

2.1.8 导航器

在导航器中间显示的是文件当前活动页面的页码和总页码，可以通过单击页面标签或箭头来选择需要的页面。

2.1.9 状态栏

在状态栏中显示当前工作状态的相关信息。

2.1.10 标尺

在默认情况下，标尺处于工作区的左侧和顶部，可以为绘制、缩放或排列对象提供方便。

2.2 用 CorelDRAW 表现 MP3 播放器

下面将通过制作一个 MP3 播放器实例来讲述怎样用 CorelDRAW 软件绘制产品表现图。

一般来说，使用 CorelDRAW 制作效果图的流程是从绘制轮廓线开始，然后进行图形编辑，最后使用填充工具、透明工具等来表现所绘产品的立体感和质感。

2.2.1 绘制轮廓线

2.2.1.1 正视图轮廓线制作

正视图中的图形包括本体轮廓、压克力饰片、LCD 和 PLAY/STOP/FF/REW 按键。

STEP1 单击“矩形工具（Rectangle Tool）”按钮，创建一个尺寸为 80mm × 25mm 的矩形。点选“变量 / 对齐对象（View/Snap to Object）”命令，再选择矩形工具，将鼠标移到先前创建的矩形的左上角，按下鼠标左键并将其拖至右下角，创建一个跟先前形状一致的矩形，这样得到了一个尺寸为 80mm × 25mm 且缩放比例为 100%的矩形，将矩形的圆角数值设为 20，这就是正视图的本体轮廓。删除第一个矩形。下面来制作压克力饰片的轮廓线。

STEP2 用上面的方法创建一个尺寸为 57mm × 17mm、缩放比例为 100%、圆角数值为 30 的矩形。将此矩形的垂直中心与正视图本体中心对齐，左边线与正视图本体的左边线距离为 8 mm，结果如图 2.2.1.1.1 所示。

图 2.2.1.1.1

STEP3 创建一个尺寸为 44.6mm × 11.7mm、缩放比例为 100%、圆角数值为 20 的矩形。将此矩形的垂直中心与压克力饰片轮廓的中心对齐，左边线与压克力饰片轮廓的左边线距离为 4.24 mm，这是 LCD 的轮廓线，结果如图 2.2.1.1.2 所示。

图 2.2.1.1.2

STEP4 创建一个直径为 14.6 mm 的圆形，将其垂直中心与正视图本体的中心对齐，圆形的中心距离本体右端 12.5 mm，结果如图 2.2.1.1.3 所示。

图 2.2.1.1.3

2.2.1.2 前视图轮廓线制作

前视图中的图形包括本体轮廓、MODE 按键、EQ 按键、REC 按键和电源指示灯。

STEP1 先来制作前视图的本体轮廓，创建一个尺寸为 80mm × 12mm、缩放比例为 100%、圆角数值为 20 的矩形。下面来制作止口线轮廓。

STEP2 创建一个尺寸为 80mm × 0.7mm 的矩形，将其中心与前视图本体轮廓中心对齐。

STEP3 创建一个直径为 5.5 mm 的圆形，将其垂直中心与止口线的中心对齐，圆形的中心距离止口线左端 10.7 mm，结果如图 2.2.1.2.1 所示。

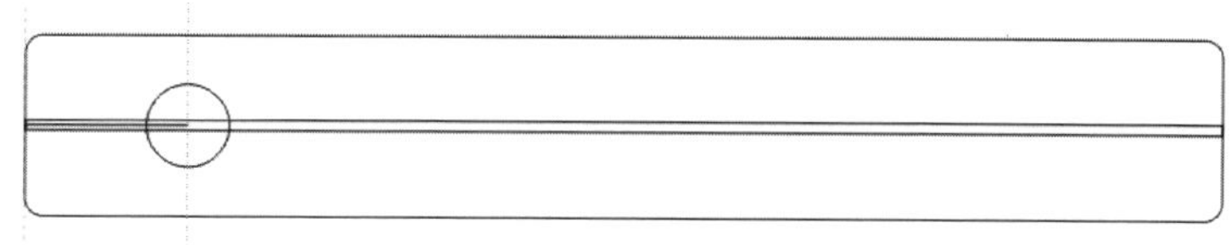

图 2.2.1.2.1

STEP4 将圆形向右水平移动复制两份，它们的中心距为 22 mm，这样就得到了三个按键轮廓，结果如图 2.2.1.2.2 所示。

STEP5 创建一个直径为 2.7 mm 的圆形，将其垂直中心与止口线的中心对齐，圆形的中心距离止口线右端 6.5 mm，这是电源指示灯的轮廓，结果如图 2.2.1.2.3 所示 。

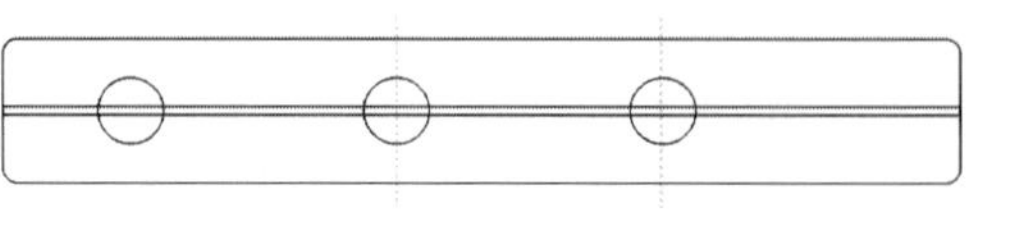

图 2.2.1.2.2

2.2.1.3 后视图轮廓线制作

后视图中的图形包括本体轮廓、VOL+ 按键、VOL – 按键和 HOLD 滑键。

STEP1 将前视图中的本体轮廓和止口线垂直移动并复制一份到正视图的上方。

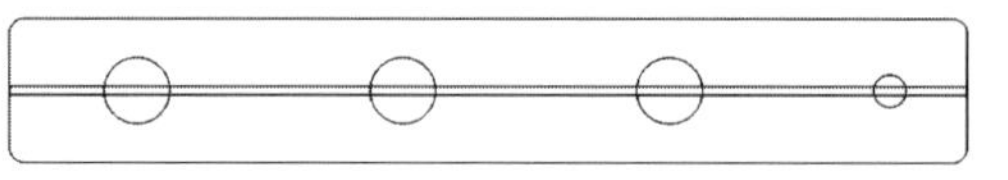

图 2.2.1.2.3

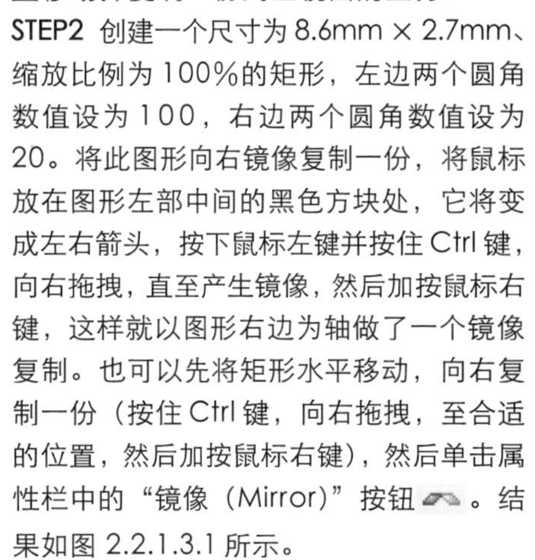

STEP2 创建一个尺寸为 8.6mm × 2.7mm、缩放比例为 100%的矩形，左边两个圆角数值设为 100，右边两个圆角数值设为 20。将此图形向右镜像复制一份，将鼠标放在图形左部中间的黑色方块处，它将变成左右箭头，按下鼠标左键并按住 Ctrl 键，向右拖拽，直至产生镜像，然后加按鼠标右键，这样就以图形右边为轴做了一个镜像复制。也可以先将矩形水平移动，向右复制一份（按住 Ctrl 键，向右拖拽，至合适的位置，然后加按鼠标右键），然后单击属性栏中的“镜像（Mirror）”按钮 。结果如图 2.2.1.3.1 所示。

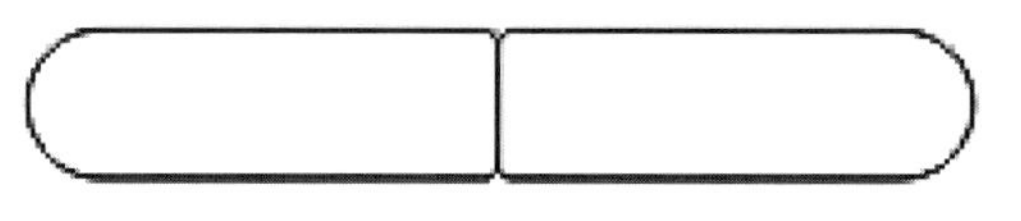

图 2.2.1.3.1

STEP3 调整两个图形的位置，先将它们的垂直中心与止口线的中心对齐；然后将先前创建的图形向左水平移动，它的左端距离止口线的左端 16 mm；接下来选择镜像复制得到的图形，它的左边线距离先前创建的图形的右边线 1.4mm，如图 2.2.1.3.2 所 示 。

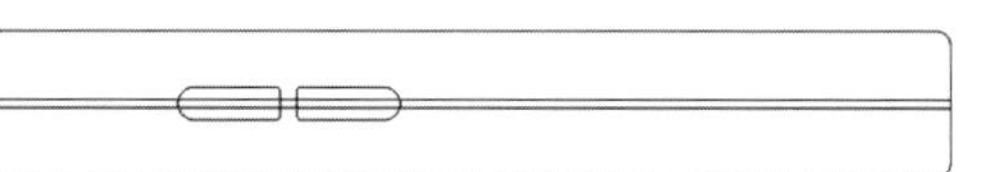

图 2.2.1.3.2

STEP4 创建一个尺寸为 9.3mm × 2.1mm、缩放比例为 100%、圆角数值为 60 的矩形。将其垂直中心与止口线的中心对齐，矩形的右边线距离止口线右端 15.8 mm，如图 2.2.1.3.3 所示。

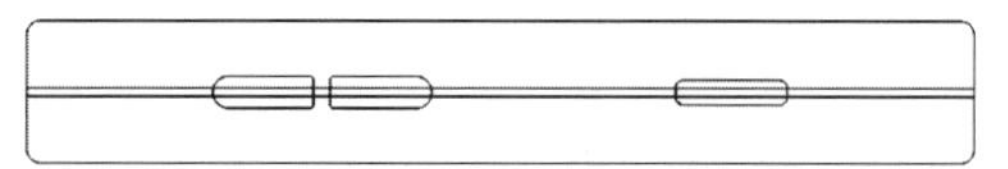

图 2.2.1.3.3

2.2.1.4 左视图轮廓线制作

左视图中的图形包括本体轮廓和耳机接口。

STEP1 在正视图的本体轮廓左侧创 建一个尺寸为 12mm × 25mm、缩放比例为 100%、圆角数值为 100 的矩形。在垂直方向上将矩形与正视图的本体轮廓中心对齐，将矩形转化为曲线（单击属性栏中的 按钮）。

图 2.2.1.4.1

STEP2 创建一条水平辅助线，使其与压克力饰片的顶边对齐。点选变量/对齐辅助线（View/Snap to Guidelines）命令。

STEP3 双击矩形进入节点编辑状态，将第二行的两个节点垂直向上移动，对齐到辅助线上，如图 2.2.1.4.1 所示。

图 2.2.1.4.2

STEP4 选择第二行中的一个节点，单击节点上方的曲柄，按一次 Ctrl + ↓ 键。

STEP5 对另外一个节点做同样的调整，结果如图 2.2.1.4.2 所示。

STEP6 用同样的方法调整矩形下部的轮廓，结果如图 2.2.1.4.3 所示。

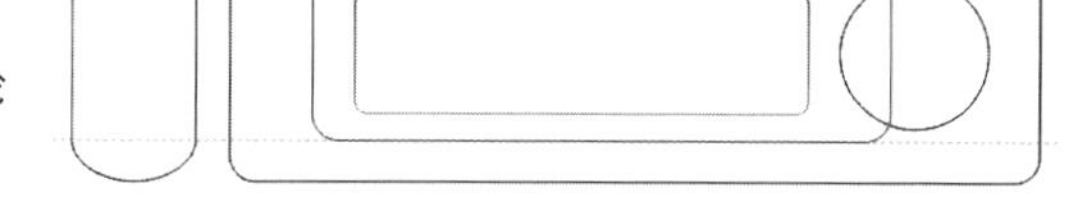

图 2.2.1.4.3

STEP7 创建一个矩形，水平长度为 0.7mm，垂直长度大于 25mm。将其中心与左视图本体轮廓中心对齐。

STEP8 选择矩形，按住 Shift 键，再选择本体轮廓，单击属性栏中的相交（Intersect）按钮 ，这样就得到了止口线图形，删除辅助矩形，结果如图 2.2.1.4.4 所示。

STEP9 绘制三个同心圆，直径分别为 4mm、4.4mm 和 5.2mm。

STEP10 将三个圆形群组，其中心与止口线中心对齐。小圆为孔洞图形，中间的圆为接口内侧图形，大圆为接口图形。结果如图 2.2.1.4.5 所示。

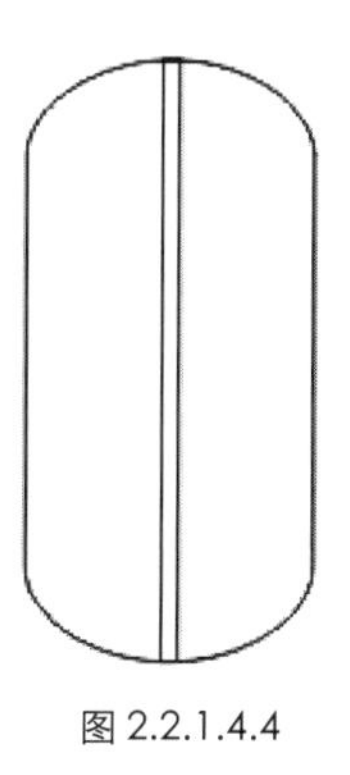

图 2.2.1.4.4

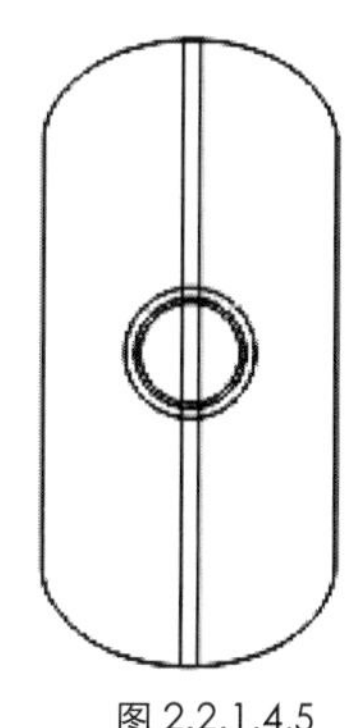

图 2.2.1.4.5

2.2.2 效果制作

MP3 播放器的外壳为浅灰色塑料材质，PLAY/STOP/FF/REW 按键为浅灰色磨砂金属材质，VOL+ 按键和 VOL − 按键为浅灰色塑料材质，其余的按键和耳机接口为电镀金属材质，HOLD 滑键为灰色塑料材质。

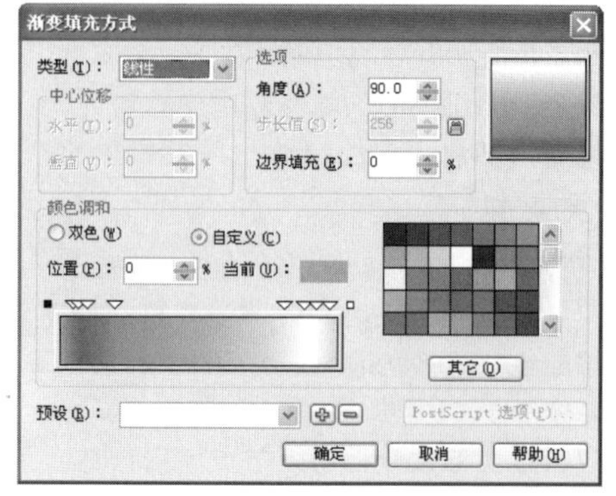

图 2.2.2.1.1.1

2.2.2.1 前视图效果制作

2.2.2.1.1 前视图本体效果

STEP1 选择本体图形，按 F11 键进入渐变填充方式（Fountain Fill）对话框。选择颜色调和（Color Blend）下的自定义 Custom）按钮，在渐变条上双击鼠标增加控制点，然后给控制点选择相应的颜色。填充设置参见图 2.2.2.1.1.1。

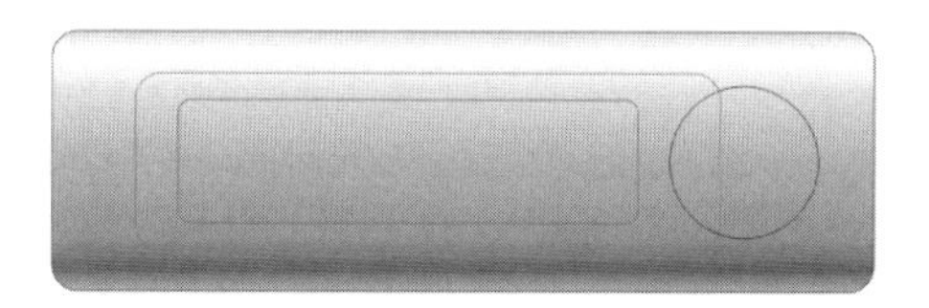

图 2.2.2.1.1.2

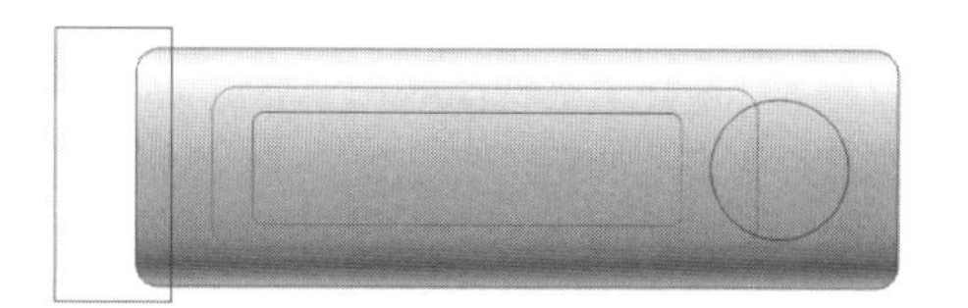

图 2.2.2.1.1.3

STEP2 此时的填充效果如图 2.2.2.1.1.2 所示。

STEP3 在本体图形的左端创建一个矩形，让其包围本体的左端，矩形的右边要超过本体的圆角节点。如图 2.2.2.1.1.3 所示。

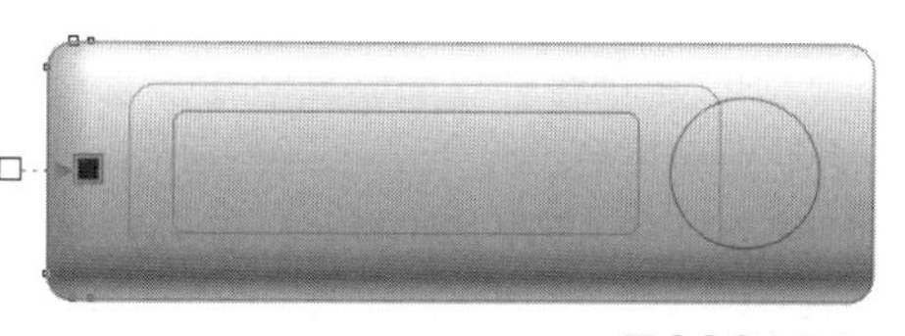

图 2.2.2.1.1.4

STEP4 选择矩形，按住 Shift 键，再选择本体图形，单击属性栏中的相交（Intersect）按钮，这样就得到了一个相交图形，删除辅助矩形。

STEP5 选择相交图形，单击属性栏中的“轮廓笔（Outline Pen）”图标右侧的三角按钮，在下拉菜单中选择“无”，这样就取消了图形的边框。也可以在右侧调色板上部一个标出对角线的白色方块上右击鼠标，取消图形的边框。对相交图形进行单色填充，从右侧调色板上拖拽 70%黑到相交图形上。

STEP6 保持相交图形的选择状态，在左侧工具箱里单击交互式透明工具（Interactive Transparency Tool）按钮，按住 Ctrl 键，按下鼠标左键向右拖拽一定距离，请参见图 2.2.2.1.1.4。

STEP7 将相交图形向右镜像复制一份，并将其和本体图形的右端对齐。

STEP8 选择复制图形，将其填充为白色，透明效果设置如图2.2.2.1.1.5所示。

图2.2.2.1.1.5

2.2.2.1.2 压克力饰片效果

STEP1 选择压克力图形，按F11键对其进行渐变填充编辑，颜色调和类型为双色（Two Color），从50%黑到白色，角度（Angle）数值设为90。此时的效果如图2.2.2.1.2.1所示。

STEP2 选择压克力图形，在空白处复制两份，并调整它们的位置，如图2.2.2.1.2.2所示。然后选择前面的复制图形，按住Shift键，再选择后面的复制图形，单击属性栏中的修剪（Trim）按钮，这样就得到了一个剪切图形，删除前面的复制图形，结果如图2.2.2.1.2.3所示。

STEP3 将剪切图形向下镜像复制一份，单击属性栏中的镜像（Mirror）按钮。结果如图2.2.2.1.2.4所示。

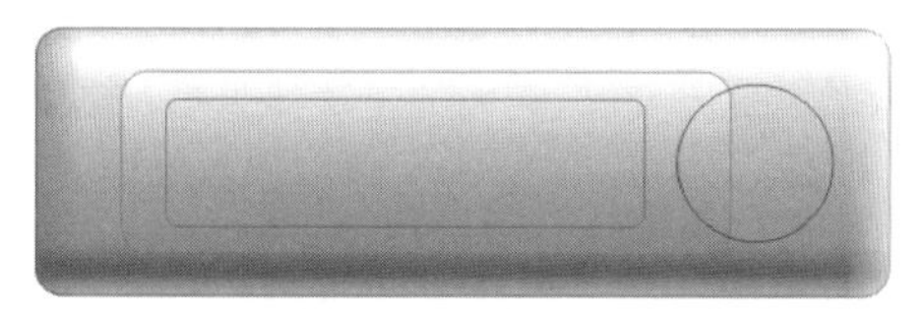

图2.2.2.1.2.1

图2.2.2.1.2.2

图2.2.2.1.2.3

STEP4 使剪切图形处于选择状态，去掉其边线，在左侧工具箱里单击交互式阴影工具（Interactive Drop Shadow Tool）按钮，在属性栏中预设列表（Preset）里选择Medium Glow，然后将阴影的不透明度（Drop Shadow Opacity）数值设为100，阴影羽化（Drop Shadow Feathering）数值设为10。再选择交互式透明工具，在属性栏中将透明度类型（Transparency Type）设为标准（Uniform），开始透明度（Starting Transparency）设为100。结果如图2.2.2.1.2.5所示。

STEP5 选择镜像复制得到的剪切图形，单击交互式阴影工具(Interactive Drop Shadow Tool）按钮，在属性栏中单击复制阴影属性（Copy Drop Shadow Property）按钮，在前一个剪切图形的阴影上单击，完成阴影属性复制。然后选择交互式透明工具，在属性栏中单击复制透明度属性（Copy Transparency Property）按钮，在前一个剪切图形上单击，完成透明度

图2.2.2.1.2.4

图 2.2.2.1.2.5

图 2.2.2.1.2.6

图 2.2.2.1.2.7

图 2.2.2.1.2.8

属性复制。

STEP6 选择先前的剪切图形，然后从菜单栏中选择效果 / 图框精确修剪 / 放置在容器中（Effects/PowerClip/Place Inside Container）命令，在压克力的上边缘单击，结果如图 2.2.2.1.2.6 所示。

STEP7 选择压克力图形，单击鼠标右键，在弹出的菜单中选择第二项编辑内容（Edit Contents），进入编辑状态。调整剪切图形的位置，如图 2.2.2.1.2.7 所示。

STEP8 调整完毕后，单击绘图页面左下角的完成编辑符号（Finish Editing Symbol）按钮。用同样的方法将镜像复制得到的剪切图形，放在压克力图形的下边缘处，然后单击鼠标右键，选择编辑内容，进入编辑状态，调整图形位置，将属性栏中阴影颜色（Drop Shadow Color）改为白色，然后单击完成编辑符号按钮。结果如图 2.2.2.1.2.8 所示。

2.2.2.1.3 LCD 效果

STEP1 选择 LCD 图形，将其填充为蓝色（CMYK 值为 C100、MYK 均为 0），去掉边框线。

STEP2 用制作压克力内部阴影的方法，制作 LCD 右上部的内部阴影，阴影颜色设为蓝黑色（CMYK 值为 C100、M100、YK 均为 0）。结果如图 2.2.2.1.3.1 所示。

STEP3 对 LCD 图形进行交互式透明效果处理，如图 2.2.2.1.3.2 所示。

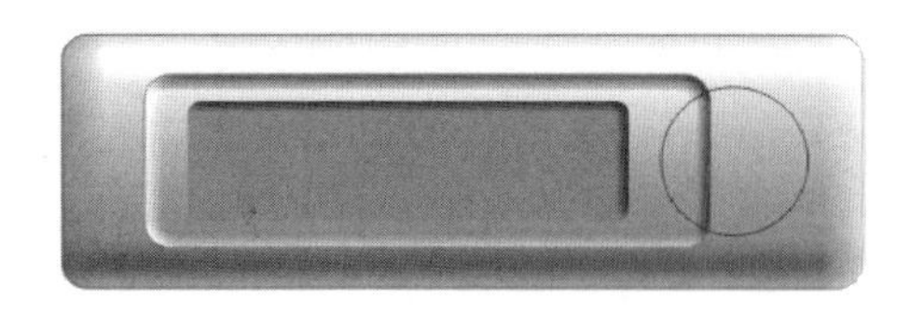

图 2.2.2.1.3.1

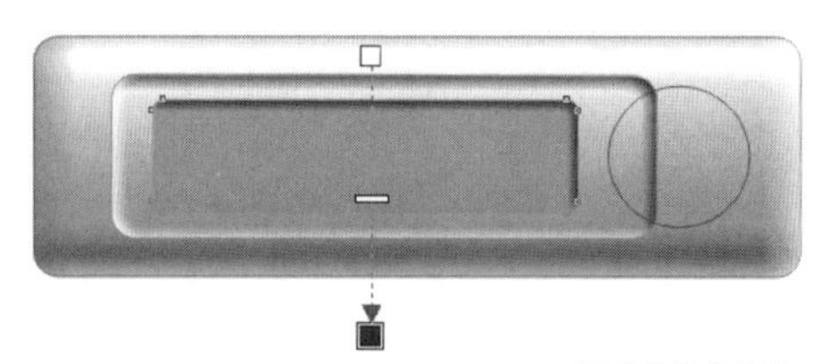

图 2.2.2.1.3.2

2.2.2.1.4 大按键效果

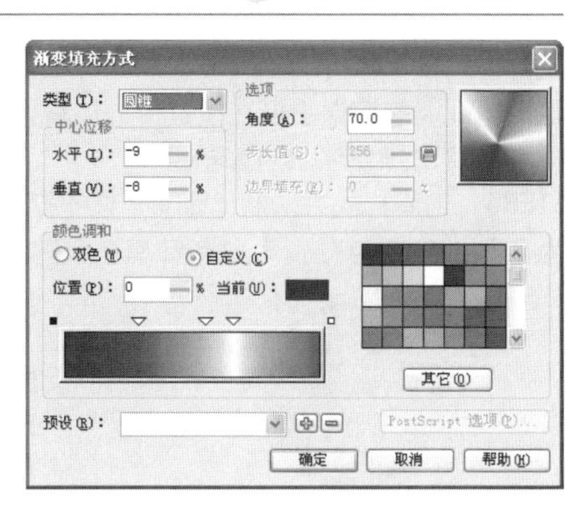

图 2.2.2.1.4.1

STEP1 选择按键图形，将其填充为黑色。然后原地复制一份（复制Ctrl + C、粘贴Ctrl + V），将直径改为14.2mm，去掉边线，按F11键对它进行渐变填充，渐变类型为“圆锥”。填充设置参见图2.2.2.1.4.1。

STEP2 选择直径为14.2mm的圆形，原地复制一份，将直径改为13.6mm，按F11键对它进行渐变填充，渐变类型为圆锥（Conical)。填充设置参见图2.2.2.1.4.2。

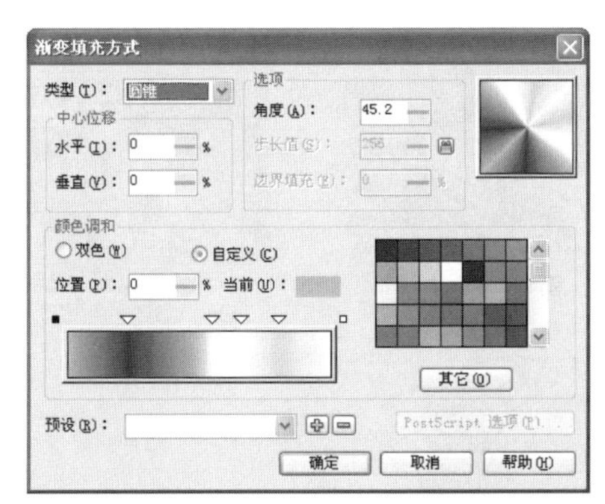

图 2.2.2.1.4.2

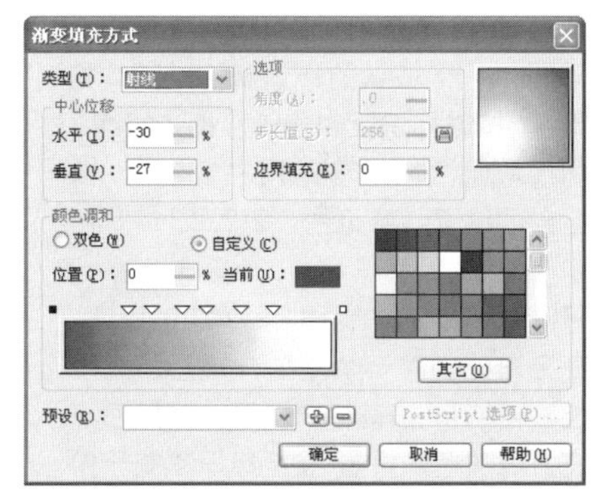

图 2.2.2.1.4.3

STEP3 选择直径为13.6mm的圆形，原地复制一份，将直径改为12.75mm，按F11键对它进行渐变填充，渐变类型为射线（Radial)。填充设置参见图2.2.2.1.4.3。此时大按键的效果如图2.2.2.1.4.4所示。

图 2.2.2.1.4.4

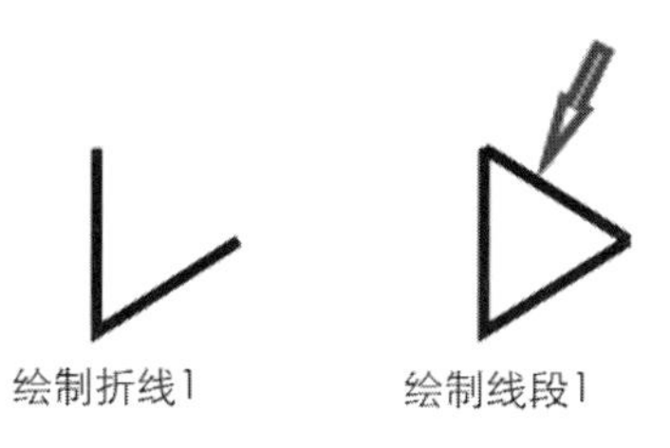

图 2.2.2.1.4.5

STEP4 接下来制作按键标识。单击左侧工具箱中贝塞尔工具（Bezier Tool）按钮，按照图2.2.2.1.4.5所示步骤制作PLAY按键标识图形。

STEP5 选择折线1，按F12键打开轮廓笔（Outline Pen）对话框。宽度（Width）单位设为点（Point)，线宽改为0.5pt，颜色(Color）为白色。用同样的方法调整折线2的属性，线段 1 和折线 3 的线宽为 0.5pt，颜色为黑色。折线 3 具有和折线 2 一样的透明属性。然后调整标识图形在按键中的位置，效果如图 2.2.2.1.4.6 所示。按键标识的具体尺寸和位置由操作者自行掌握。

STEP6 用同样的方法制作 STOP 按键标识图形，结果如图 2.2.2.1.4.7 所示。其中线宽均为 0.5pt，颜色分别为白色和黑色。

图 2.2.2.1.4.6

图 2.2.2.1.4.7

图 2.2.2.1.4.8

STEP7 FF 按键的标识制作过程：将 PLAY 按键标识复制一份，框选折线 1 和线段 1，水平移动向左复制一份，至合适位置。参见图 2.2.2.1.4.8 所示 。

STEP8 接下来制作 REW 按键标识，在空白处创建一个矩形，矩形的大小能够容纳 FF 按键标识即可，将矩形填充为浅灰色。将 FF 按键标识复制一份到新建的矩形上面，然后对复制的图形进行修改。选择贝塞尔工具，沿两条折线 1 分别绘制四条线段，结果如图 2.2.2.1.4.9 所示。删除两条折线 1，更改各线段的属性，如图 2.2.2.1.4.10 所示。其中线宽均为 0.5pt，两条线段 1 的颜色为 60%黑，折线 2 和折线 3的颜色互换。然后将图形向左镜像并调整它的位置，如图 2.2.2.1.4.11 所示。

图 2.2.2.1.4.9

图 2.2.2.1.4.10

图 2.2.2.1.4.11

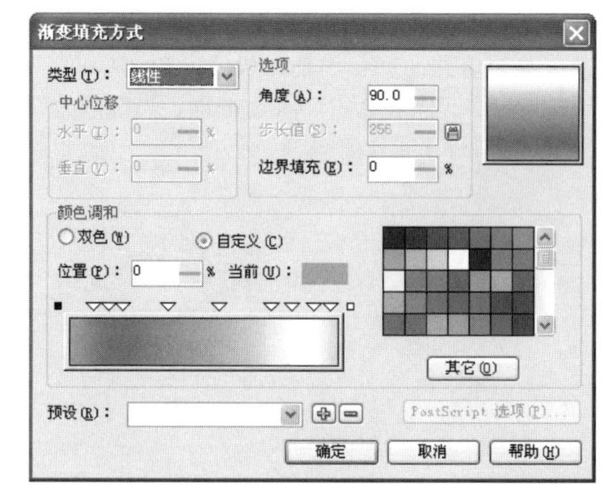

图 2.2.2.2.1.1

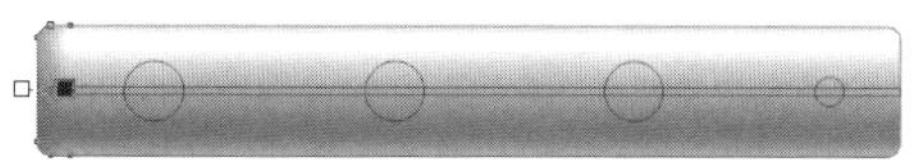

图 2.2.2.2.1.2

图 2.2.2.2.1.3

2.2.2.2 前视图效果制作

2.2.2.2.1 前视图本体效果

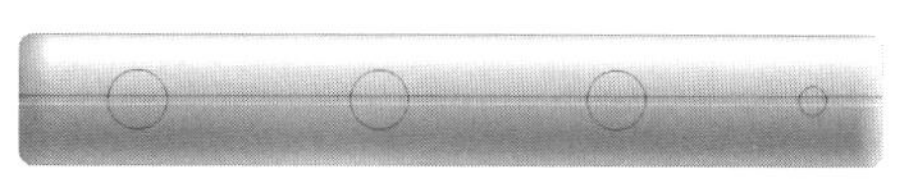

图 2.2.2.2.2.1

STEP1 选择前视图本体图形，按 F11 键对它进行渐变填充编辑，填充设置参见图 2.2.2.2.1.1。

STEP2 绘制一个矩形并通过相交运算得到左边图形，将它填充为 70%黑，去除边线并进行透明效果编辑，如图 2.2.2.2.1.2 所示。

STEP3 将相交图形向右镜像复制一份，将复制图形对齐到本体右端，填充为白色并进行透明效果编辑，如图 2.2.2.2.1.3 所示。

2.2.2.2.2 止口效果

STEP1 选择贝塞尔工具，绘制两条与止口等长的线段，分别对齐止口的上下边，然后删除原先的止口图形。

STEP2 将两条线段的线宽均设为 0.5pt，颜色均设为 70%黑。将上端线段进行透明效果编辑，透明度类型为标准（Uniform），透明度操作为减少（Subtract），其余设置不变。将下端线段进行透明效果编辑，透明度类型为标准（Uniform），透明度操作为添加（Add），其余设置不变。调整图形顺序，使两条线段在两端图形之后，结果如图 2.2.2.2.2.1 所示。

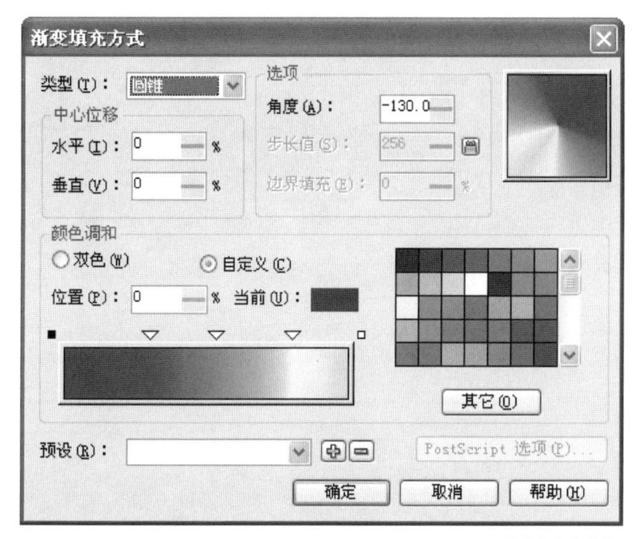

图 2.2.2.2.3.2

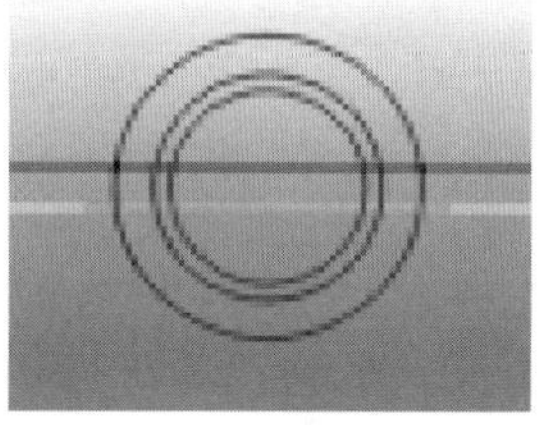

图 2.2.2.2.3.1

图 2.2.2.2.3.3

2.2.2.2.3 按键效果

STEP1 选择中间的按键图形，原地复制一份，将直径改为 4.1mm。再原地复制一份，将直径改为 3.5mm。结果如图 2.2.2.2.3.1 所示。

STEP2 选择大圆，去除边框，按 F11 键对它进行渐变填充编辑，渐变类型为“圆锥”，填充设置参见图 2.2.2.2.3.2。

STEP3 选择中间的圆，去除边框，填充为 90%黑。

STEP4 选择小圆，填充为 40%黑。将小圆原地复制一份，直径改为 1.7mm，去除边框，填充为白色。在左侧工具箱中单击交互式调和工具（Interactive Blend Tool）按钮，将光标放在直径为 3.5mm 的圆上，按下鼠标左键并拖动至白色的小圆内，松开鼠标。结果如图 2.2.2.2.3.3 所示。

STEP5 选择贝塞尔工具，绘制出如图 2.2.2.2.3.4 所示按键上新增的图形。然后去除边框，分别填充为黑色和白色，至此中间按键的效果制作完成了，如图 2.2.2.2.3.5 所示。

STEP6 将中间按键效果复制到另外两处按键上，并调整它们与止口线的顺序，结果如图 2.2.2.2.3.6 所示。

图 2.2.2.2.3.4

图 2.2.2.2.3.5

图 2.2.2.2.3.6

2.2.2.2.4 电源指示灯效果

STEP1 选择电源指示灯图形，原地复制一份，将直径改为 2.2mm。对大圆进行渐变填充处理，然后去除边框，填充设置参见图 2.2.2.2.4.1。

STEP2 再对小圆进行渐变填充处理，然后去除边框，填充设置参见图 2.2.2.2.4.2。结果如图 2.2.2.2.4.3 所示。

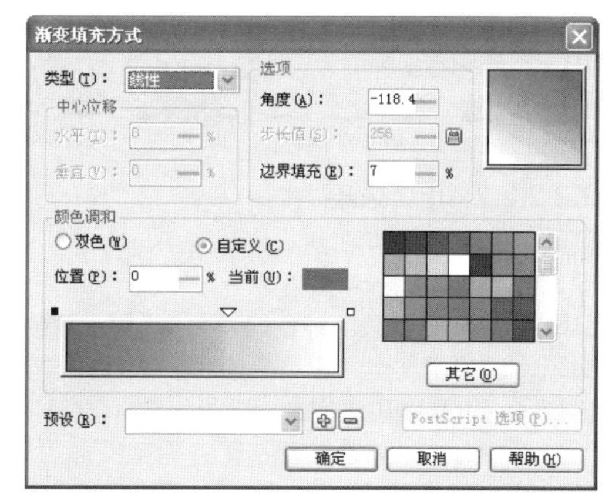

图 2.2.2.2.4.1

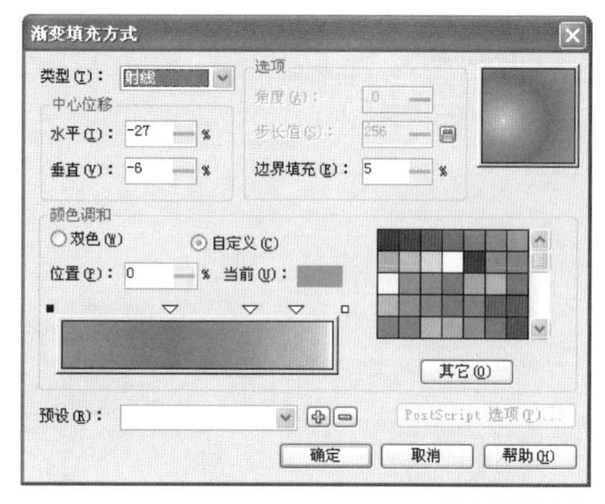

图 2.2.2.2.4.2

图 2.2.2.2.4.3

2.2.2.3 后视图效果制作

将前视图本体效果和止口效果复制给后视图，然后删除后视图中原先的止口图形。

2.2.2.3.1 按键效果

STEP1 选择左边的按键图形，去除边框并对它进行渐变填充处理，填充设置参见图2.2.2.3.1.1。

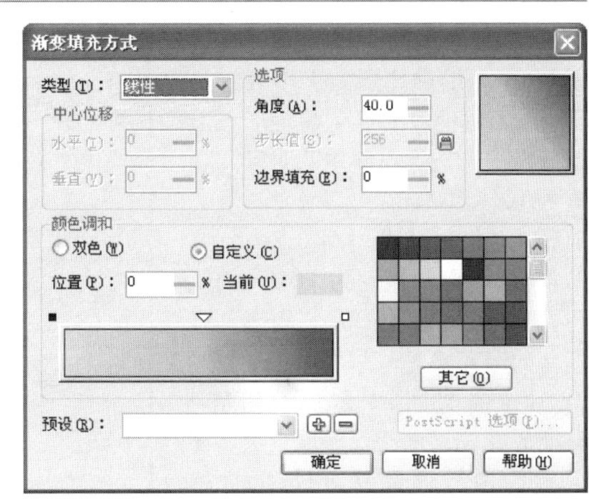

图2.2.2.3.1.1

STEP2 创建一个尺寸为8.2mm × 2.4mm、缩放比例为100%的矩形，左边两个圆角数值设为100，右边两个圆角数值设为20。将矩形与左边的按键图形进行中心对齐并进行渐变填充编辑，填充设置如图2.2.2.3.1.2。结果如图 2.2.2.3.1.3 所示。

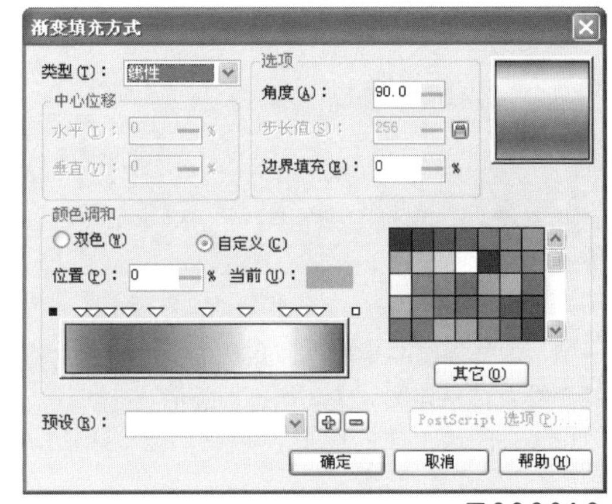

图2.2.2.3.1.2

STEP3 绘制一个矩形并通过相交运算得到左边图形，将它填充为80%黑，去除边线并进行透明效果编辑，如图2.2.2.3.1.4 所示。

STEP4 选择右边的按键图形，去除边框并对它进行渐变填充，填充设置参见图2.2.2.3.1.5。

STEP5 将前面STEP2中制作的图形效果向右镜像复制一份，并与右边的按键图形进行中心对齐。将相交图形的填充颜色改为白色，透明效果如图2.2.2.3.1.6 所示。

图2.2.2.3.1.3

图2.2.2.3.1.4

2.2.2.3.2 滑键效果

STEP1 选择滑槽图形，填充为30%黑。

STEP2 将滑槽图形复制两份，通过剪切运算得到滑槽右上部的阴影图形，去除边线，填充70%黑。结果如图2.2.2.3.2.1 所示。

STEP3 创建一个尺寸为7.2mm × 2.1mm、缩放比例为100%的矩形，圆角数值设为60。将矩形与滑键凹槽图形进行左部中心对齐并填充为10%黑。

STEP4 创建一个尺寸为0.2mm × 1.7mm、缩放比例为100%的矩形，圆角数值设为100。将矩形进行简单的渐变填充，线框颜色设为60%黑。结果如图2.2.2.3.2.2所示。

STEP5 单击页面空白区域，然后将属性栏中微调偏移（Nudge Offset）值设为0.7mm。将上面创建的矩形原地复制一份，按一次

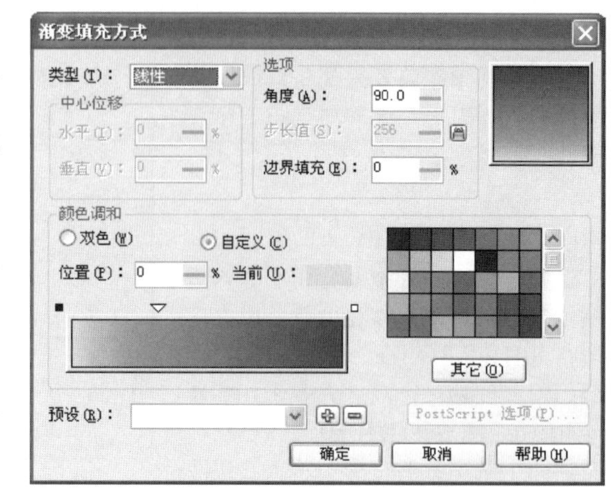

图2.2.2.3.1.5

图2.2.2.3.1.6

图2.2.2.3.2.1

→键，这样复制的矩形与原矩形的中心距就为0.7mm。按照同样的方法，依次向右再复制三份，结果如图2.2.2.3.2.3所示。

STEP6 框选上面的图形，将它们与STEP3中创建的图形进行中心对齐，结果如图2.2.2.3.2.4所示。

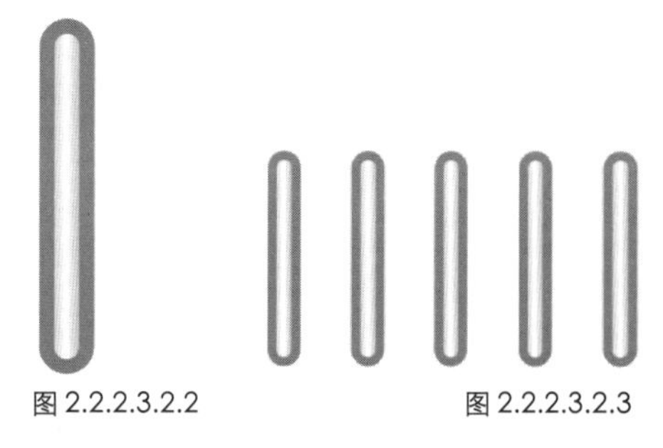

图2.2.2.3.2.2　　图2.2.2.3.2.3

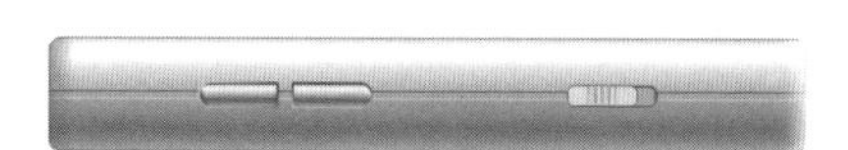

图2.2.2.3.2.4

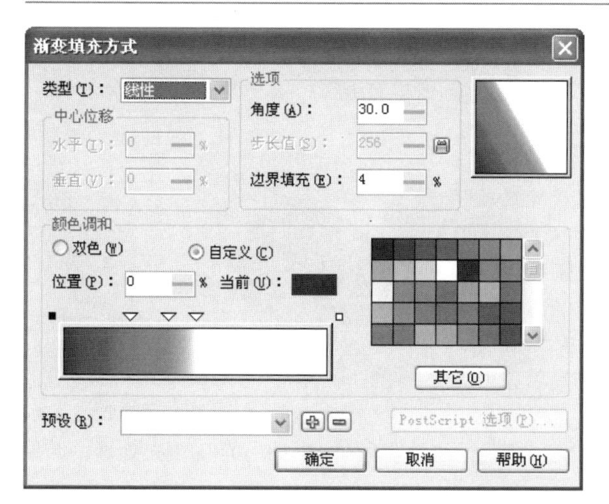

图 2.2.2.4.1.1

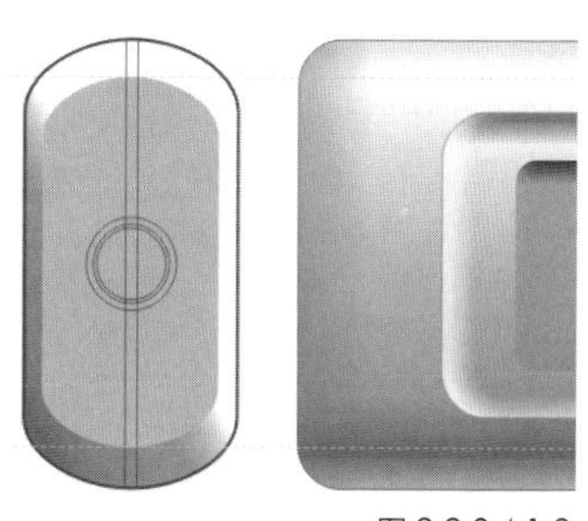

图 2.2.2.4.1.2

2.2.2.4 左视图效果制作

2.2.2.4.1 左视图本体效果

STEP1 选择左视图本体图形，边框线宽设为 0.5pt。按F11键对它进行渐变填充编辑，填充设置参见图 2.2.2.4.1.1。

STEP2 创建两条水平辅助线，将其分别对齐到正视图本体轮廓左上方和左下方的圆角节点处。点选变量 / 对齐辅助线（View/ Snap to Guidelines）命令。

STEP3 将左视图本体图形原地复制一份并向里缩小，使其上部端点和下部端点分别与两条辅助线对齐。去除边框，填充为25%黑。结果如图 2.2.2.4.1.2 所示。

STEP4 在左侧工具箱中单击交互式调和工具按钮，将光标放在大的本体图形上，按下鼠标左键并拖动至缩小的本体图形内，松开鼠标。结果如图 2.2.2.4.1.3 所示。

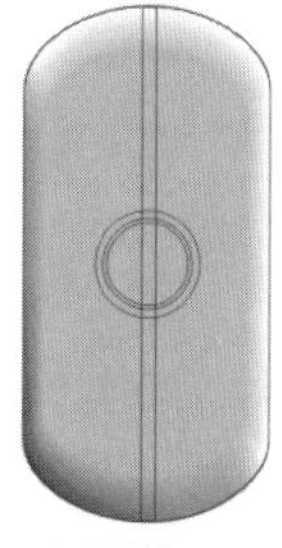

图 2.2.2.4.1.3

2.2.2.4.2 止口效果

用制作前视图止口效果的方法，制作左视图止口效果，结果如图 2.2.2.4.2.1 所示。

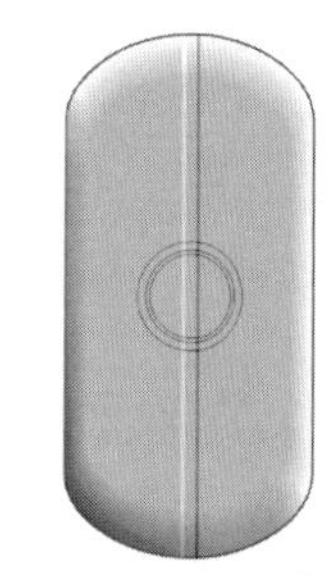

图 2.2.2.4.2.1

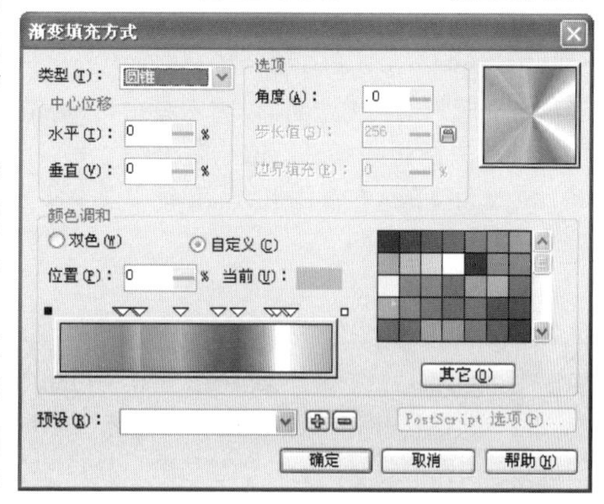

图 2.2.2.4.3.1

图 2.2.2.4.3.2

2.2.2.4.3 耳机接口效果

STEP1 选择接口图形（大圆），去除边框，进行渐变填充编辑，填充设置如图 2.2.2.4.3.1 所示。

STEP2 用鼠标右键在接口图形上单击并拖拽到接口内侧图形（中间的圆）上，光标变成十字后松开鼠标，在弹出的菜单中选择复制填充（Copy Fill）命令。这样接口图形的填充属性就复制给接口内侧图形了，然后把接口内侧图形填充的方向设为 180°，去除边框，结果如图 2.2.2.4.3.2 所示。

STEP3 选择孔洞图形（小圆），将其填充为黑色并去除边线。

图 2.2.2.4.3.3

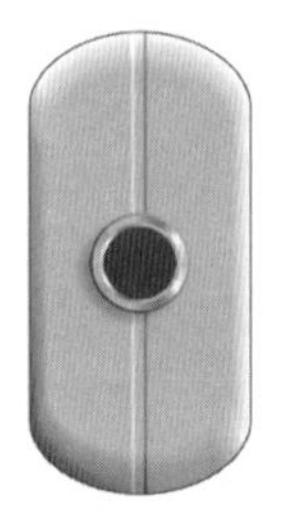

图 2.2.2.4.3.4

STEP4 选择接口图形，原地复制一份，将直径改为 5.5mm 并进行渐变填充处理，结果如图 2.2.2.4.3.3 所示。

STEP5 选择接口图形，在左侧工具箱里选择交互式阴影工具，然后设置适当的投影，参见图 2.2.2.4.3.4。

2.2.3 细节调整

2.2.3.1 压克力饰片效果

STEP1 选择压克力饰片图形，将其边线线宽设为 0.5pt，颜色设为 60%黑。

STEP2 绘制一矩形与压克力饰片图形通过相交运算得到上边图形，将它填充为白色，去除边线并进行透明效果编辑，位置调整在大按键图形之后。结果如图 2.2.3.1.1 所示。

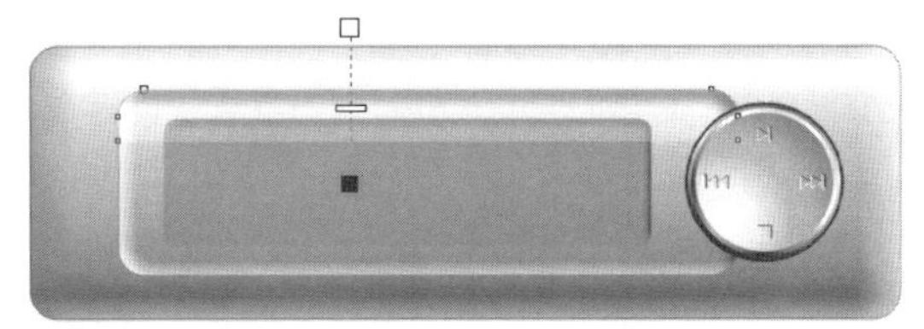

图 2.2.3.1.1

图 2.2.3.2.1

2.2.3.2 正视图的按键侧视效果

STEP1 创建一个尺寸为 3.5mm × 0.7mm、缩放比例为 100%的矩形，下部圆角数值设为 35。对其进行渐变填充编辑，参见图 2.2.3.2.1。

STEP2 将图形复制两份并调整位置，参见图 2.2.3.2.2。

STEP3 创建一个尺寸为 8.2mm × 0.7mm、缩放比例为 100%的矩形，左上部圆角数值设为 50，右上部圆角数值设为 10。对其进行渐变填充编辑，参见图 2.2.3.2.3。

STEP4 将上面的图形向右镜像复制一份，调整其渐变填充设置。然后将两个图形分别与后视图的两个按键两端对齐，然后将它们的底边对齐正视图的本体顶边。结果如图 2.2.3.2.4 所示。

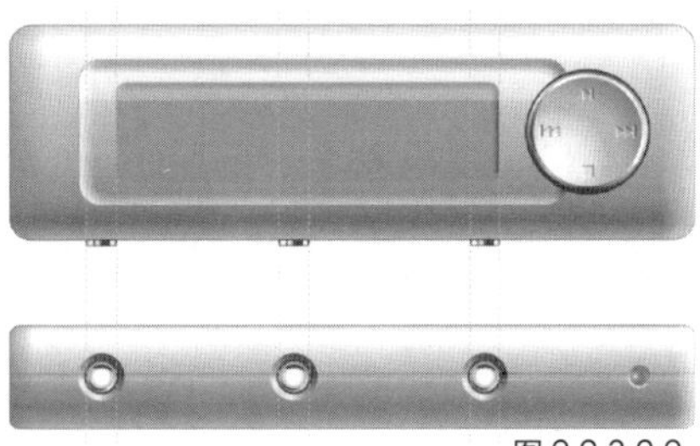

图 2.2.3.2.2

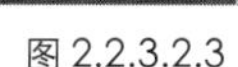

图 2.2.3.2.3

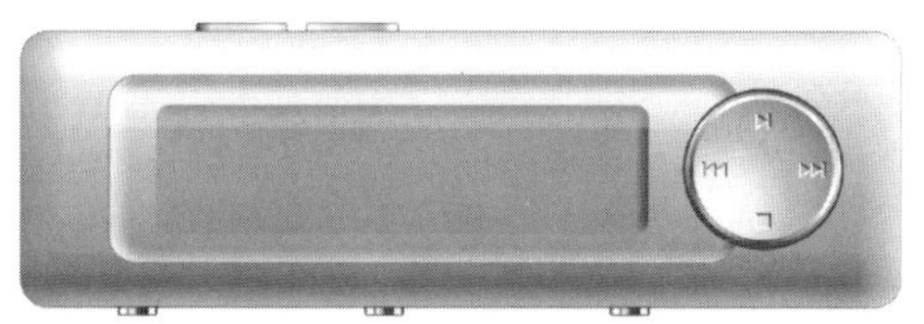

图 2.2.3.2.4

2.2.3.3 正视图的滑键侧视效果

STEP1 创建一个尺寸为 7.2mm × 0.3mm 的矩形，对其进行渐变填充编辑，参见图 2.2.3.3.1。

图 2.2.3.3.1

STEP2 将图形与后视图的滑键两端对齐，然后将它的底边对齐正视图的本体顶边。

STEP3 将前面图 2.2.2.3.2.3 所示的图形复制一份，与矩形进行中心对齐后垂直向下移动一些，调整它们的顺序，使矩形在前面。这样就得到了滑键侧视图，参见图 2.2.3.3.2 所示。

图 2.2.3.3.2

2.2.3.4 耳机接口的侧视效果

STEP1 选择贝塞尔工具，绘制如图 2.2.3.4.1 所示的图形，左边线长 4.4mm，右边线长 5.2mm，水平宽度为 0.5mm。

STEP2 对图形进行渐变填充处理，结果如图 2.2.3.4.2 所示。

STEP3 将图形复制两份并调整图形位置，结果如图 2.2.3.4.3 所示。

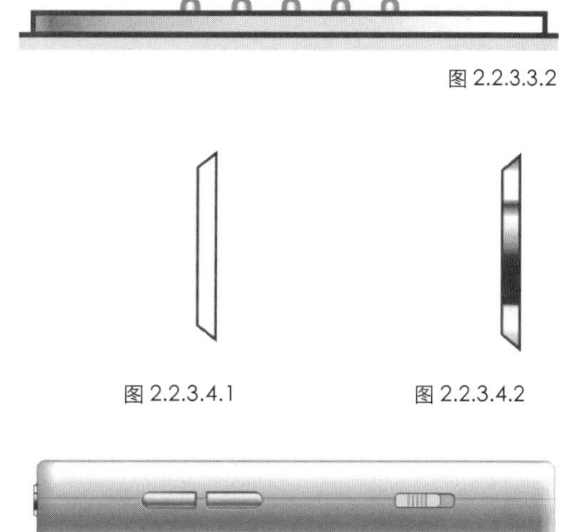

图 2.2.3.4.1　　图 2.2.3.4.2

2.2.3.5 大按键的侧视效果

STEP1 选择贝塞尔工具，绘制如图 2.2.3.5.1 所示的图形，上边线长 12.75mm，下边线长 13.6mm，垂直高度为 0.4mm。

STEP2 对图形进行渐变填充处理，结果如图 2.2.3.5.2 所示。

STEP3 绘制一矩形与图形通过相交运算得到上边缘图形，将其去除边框，进行渐变填充编辑，结果如图 2.2.3.5.3 所示。

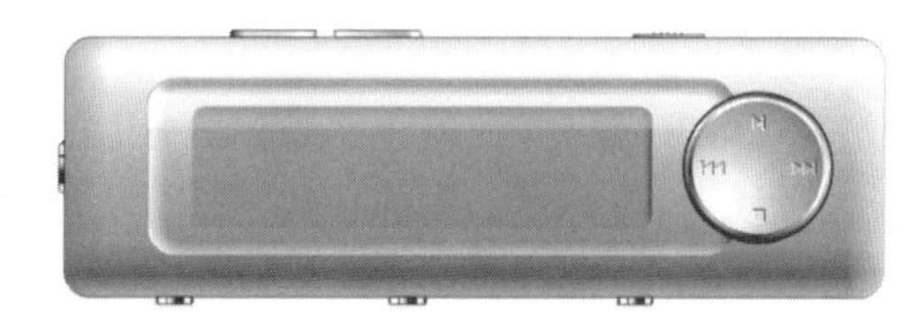

图 2.2.3.4.3

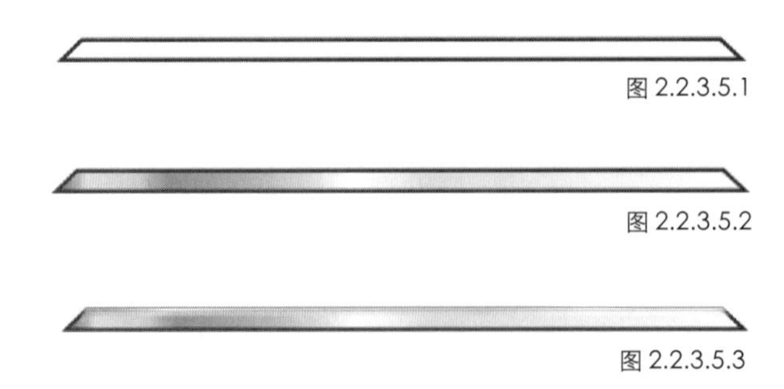

图 2.2.3.5.1

图 2.2.3.5.2

图 2.2.3.5.3

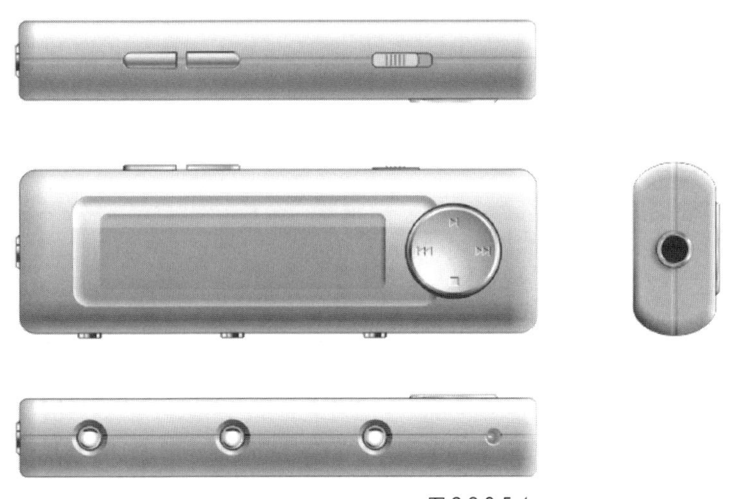

图 2.2.3.5.4

STEP4 将图形与正视图的大按键两端对齐，然后将它的底边对齐前视图的本体顶边。

STEP5 将图形向上镜像复制一份。

STEP6 将图形复制一份并旋转 270°，渐变填充角度改为 90°。

STEP7 调整各图形位置，结果如图 2.2.3.5.4 所示。

至此 MP3 播放器的产品表现效果图就完成了，由于篇幅有限，有些细节在这里没有表现，例如前视图的按键凹槽在正视图上的效果表现等等，希望读者通过所学方法能够把它们一一表现出来。

第三章 Photoshop 在计算机辅助工业设计中的应用

Photoshop 是世界闻名的平面设计软件，由 Adobe 公司开发，既可以运行在 Windows 系统上，也可以运行在苹果机上。产品设计师可以用 Photoshop 制作用于三维模型的贴图，也可以为渲染图作后期处理，更可以直接绘制概念设计的效果图。Photoshop 的强大功能可以制作各种各样的设计效果，是产品设计师必不可少的超强工具。

3.1 Photoshop 7.0 的工作界面

图3.1.1是打开Photoshop 7.0后出现的工作界面，A 是菜单栏，B 是工具箱，C 是标题栏，D 是绘制的页面，E 是泊坞，F 是调板，G 是状态栏，下面分别介绍各个部分的功能。

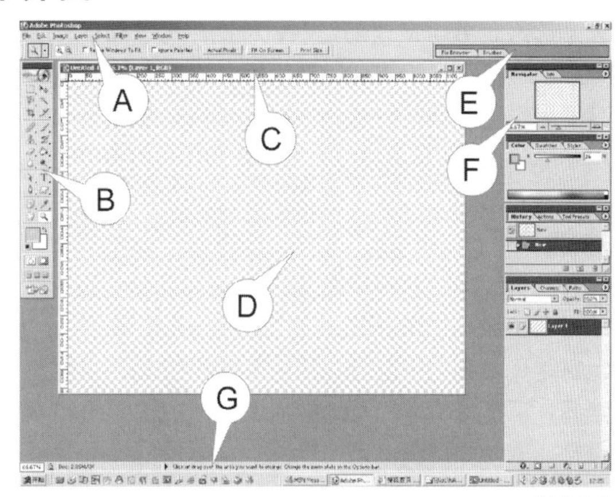

图 3.1.1

3.1.1 菜单栏

Photoshop 7.0 包括 9 个主菜单。单击主菜单名称，在打开的子菜单中选择所需命令即可。有一些子菜单后面跟有快捷键，可在不打开该菜单的情况下按快捷键执行该命令，熟记一些常用的快捷键，能够提高我们的工作效率。下面简单介绍一下每个菜单所包含的功能。

文件（File）

文件菜单中提供了多个对文档进行操作的命令选项，如新建、打开、保存和导出文件等，如果连接了扫描仪，可以通过执行导入命令来扫描图像。文件菜单内还提供了有关打印输出的命令，如打印、打印预览以及打印设置等。通过文件菜单，可以从 Photoshop 跳转到 Photoshop 自带的一个制作网页动画的 Image Ready 程序，还可以查看当前文档的相关内容，或关闭窗口和退出程序等。

编辑（Edit）

编辑菜单中有撤消、重做、剪切、复制、粘贴、拼写检查、填充、旋转等命令，还可以定义画笔和图案。在编辑菜单中，还有自定义单位和导线等命令。

图像（Image）

在图像菜单中可以设定图像的色彩模式，也可以调整图像的对比度、色彩平衡等。通过图像菜单中的命令可以复制图像，设定图像的尺寸、旋转图像、剪切图像等。

图层（Layer）

图层菜单中有新建图层、复制图层和删除图层的命令。图层菜单中还可以观察图层的属性和添加图层的样式，还可以添加填充图层和调整图层。如果当前层是文字层，在图层菜单中可以将文字转换成路径和形状，还可以将文字格栅化。在图层菜单中可以创建图层切片，添加图层蒙版和矢量蒙版，还可以群组和解组。图层菜单中还有向下或向上移动图层的命令，还可以对齐链接图层、合并图层，最后的命令是给粘贴进来的图像去黑边或白边。

选择（Select）

选区菜单中有全部选取、不选、重选和反选的命令。在选区菜单中还可以按色彩范围来选取和对选区进行羽化。选区菜单中的修改命令下面含有四个子命令，通过它们可以使选区建立边框、使选区平滑、使选区扩展和使选区收缩。在选区菜单中可以执行成长和相似的选取命令，还可以转换选区、加载选区和存储选区。

滤镜（Filter）

滤镜菜单中首先有抽出、液化和图案生成器三个命令。接下来是生成各种效果的滤镜，第一个滤镜是艺术效果，下面含有 15 个子命令，第一个子命令是艺术效果，其中包括：彩色铅笔、木刻、干画笔、胶片颗粒、壁画、霓虹灯光、绘画涂抹、调色刀、塑料包装、海报边缘、粗糙蜡笔、绘画涂抹、海绵、底纹效果和水彩。第二个滤镜是模糊，下面的子命令有模糊、进一步模糊、高斯模糊、动感模糊、径向模糊和特殊模糊。第三个滤镜是画笔描边下面有 8 个子命令：强化边缘、成角线条、阴影线、深色线条、油墨概况、喷溅、喷色描边和烟灰墨。第四个滤镜是扭曲，其中包括：扩散亮光、置换、玻璃、海洋波纹、挤压、极坐标、波纹、切变、球面化、旋转扭曲、波浪和水波。第五个滤镜是杂色，下面的子命令有添加杂色、去斑、蒙尘与划痕和中间值。第六个滤镜是像素化，其中包括彩色半调、晶格化、彩块化、碎片、铜板雕刻、马赛克和点状化 7 个子命令。第七个滤镜是渲染，下面的子命令有 3D 变换、云彩、分层云彩、镜头光晕和光照效果等 5 种。第八个滤镜是锐化，其中包括 4 个子命令：锐化、锐化边缘、进一步锐化和 USM 锐化。第九个滤镜是素描，其中有：基底凸现、粉笔和炭笔、炭笔、铬金属、炭精笔、绘图笔、半调图案、便条纸、影印、塑料效果、网状、图章、撕边和水彩画纸。

视图（View）

视图菜单中首先有校样设置、校样颜色和色域警告三个命令。其中校样设置中有 12 个子命令，它们是自定义、处理 CMYK、处理青版、处理洋红版、处理黄版、处理黑版、处理 CMY 版、Macintosh RGB、Windows RGB、显示器 RGB、模拟纸白、模拟墨黑。接下来是放大、缩小、满画布显示、实际像素、打印尺寸、显示额外内容、显示、标尺、对齐这 9 种命令。对齐到的命令下面含有 6 个子命令，它们是参考线、网格、切片、文档边界、全部和无。最后是锁定参考线、清除参考线、新参考线、锁定切片和清除切片等 5 种命令。

窗口（Window）

窗口菜单中首先是包含5个子命令的文档命令，子命令分别是层叠、拼贴、排列图标、关闭全部和新窗口。接下来是包含三个子命令的工作区命令，子命令分别是存储工作区、删除工作区和复位调版位置。再下面就是显示各种窗口的命令了，它们是：工具、选项、文件浏览器、导航器、信息、颜色、色板、样式、历史记录、动作、工具预设、图层、通道、路径、画笔、字符、段落和状态栏。

帮助（Help）

帮助菜单中有10条命令，依次为：Photoshop帮助、关于Photoshop、关于增效工具、调整图像大小、输出透明图像、系统信息、更新、支持、注册和Adobe Online。

3.1.2 工具箱

工具箱提供了大量创建和编辑图像的工具。图标按钮的右下方如有三角形标记，这表明其中包含其他隐藏的工具，在该按钮上按下鼠标左键，可显示一个展开式工具条，选择后作相应的编辑。

3.1.3 标题栏

标题栏显示文件的标题。

3.1.4 页面

显示绘图页面。

3.1.5 泊坞

可以将调版放到泊坞窗内，需要的时候还可以拖出来。

3.1.6 调板

默认的调板有导航器、信息、颜色、色板、样式、历史记录、动作、工具预设、图层、通道和路径。

3.1.7 状态栏

状态栏显示当前文件的编辑状态。

3.2 用Photoshop绘制汽车表现图

3.2.1 二维表现的优点

在工业设计中，三维数字表现越来越普遍。但是2D表现相对较快，更容易调整形态，可以清晰地表达设计师的意图。2D 表现特别适合设计的初期阶段。实际上，绘制几幅 2D 表现图，比建立一个三维的精确模型，在确定设计方案过程中，更容易缩短决策过程。虽然 2D 渲染图不能像三维模型那样从各个角度来观察，但它们有很强的吸引力。如果绘制出很深入的细节，2D 图也是很令人信服的。这些就是 2D 表现的主要优点。2D 表现的辅助优点是占用空间较小、很容易回到上一步以及可以用大型打印机或投影仪放大到所需的尺寸等等。另外在图像制作的早期阶段就可以给整个图像加阴影，从而很早就能对图像有一个整体的概念。因此，我们决定介绍一些用 Photoshop 绘制 2D 表现图的技巧。

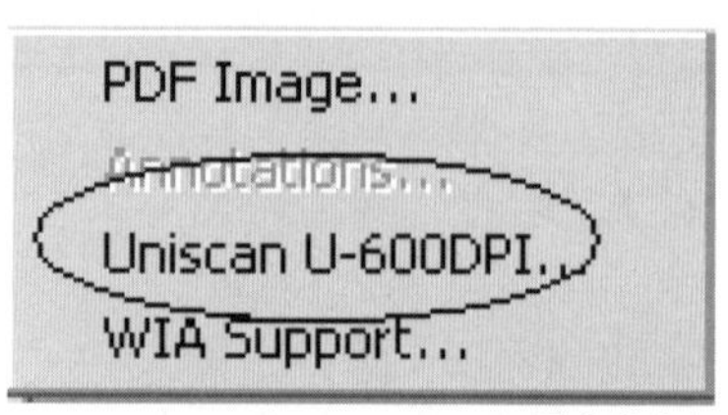

图 3.2.3.1

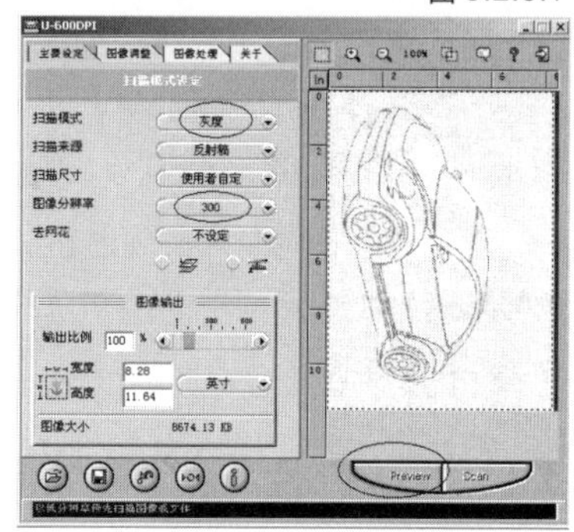

图 3.2.3.2

3.2.2 用 Photoshop 表现的优点

我们用 Photoshop 绘制表现图的过程是这样的：先将图像按照灰色图像来绘制，表现好图像的明度关系后再增加调整图层转成彩色图像，其明度的效果不会改变，以后调整色彩只需在调整图层里做修改，方法非常简单。

3.2.3 绘制前的准备工作

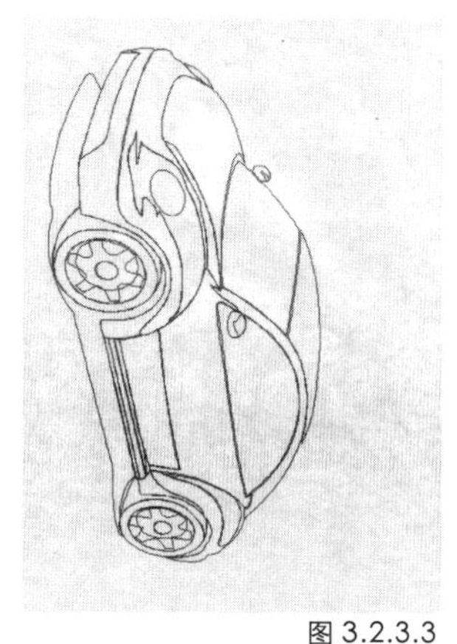

图 3.2.3.3

图 3.2.3.4

用 Photoshop 表达设计概念以前，首先要有手绘的概念草图。概念草图是设计师探讨产品造型、结构、色彩和功能的一种快捷的方法。有了概念草图，要把它们用扫描仪扫描进电脑里来。扫描仪各不相同，一般可以用 Photoshop 来扫，扫完以后最好存成一种压缩的文件格式如 jpg 的格式，然后导入到 Photoshop 里来，下面我们就从扫描开始。

首先打开扫描仪，把手绘的概念草图放到扫描仪里，再打开电脑，打开 Photoshop7.0。点击 File\Import，在弹出的菜单中选择 Uniscan U-600DPI（请见图 3.2.3.1，扫描仪各不相同，所以型号也不一样，大家可以选择适用的扫描仪）。在随后弹出的窗口中（请见图 3.2.3.2），设定灰度和分辨率并点击预览（如果概念草图绘制的是彩色的，也要选择灰度，因为我们在 Photoshop 中对色彩的实现是靠调整图层来完成的）。看到预览的效果后，再点击扫描。扫描的结果如图 3.2.3.3。

我们扫描的图纸是 A4 大小的，而且是竖式的，这就需要把它横过来。点击 Image\Rotate Canvas\90°CCW 就可以把图旋转成图 3.2.3.4 的样子。再点击 File\Save as，另存成“甲壳虫.psd”，psd 的文件格式是 Photoshop 的格式，可以带层，便于我们编辑。

3.2.4 在 Photoshop 中的设置笔形和虚拟内存

产品设计中的 2D 表现图不同于插图画，其目的是方便表达设计理念，所以设计者一定要用一种简单易懂的方法画出设计的外形。在正式操作以前应有很多的设置，所以我们就从这些设置开始。

首先设置各项自定义，请从 Edit 下选 Preferences 设置各种自定义的内容。大多数情况下，默认的设置都不要改。但在 Display & Cursors 项，要改成 Brush size。因为如果笔形不显示，我们很难判断所画的笔触有多宽。另在设置虚拟内存的硬盘一项，除起始盘外，要多选择几个硬盘分区。具体方法如下：

设置笔形，点击 Edit\Preferences\ Display & Cursors，弹出选项栏，如图 3.2.4.1 点选即可显示笔形。设置虚拟内存的空间，同样点击 Edit\Preferences，再选 Plug-Ins & Scratch Disks，弹出选项栏，如图 3.2.4.2 选择第二、第三和第四磁盘分区即可。

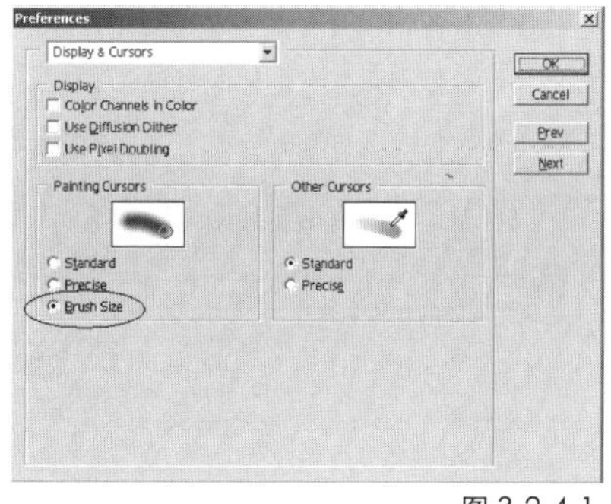

图 3.2.4.1

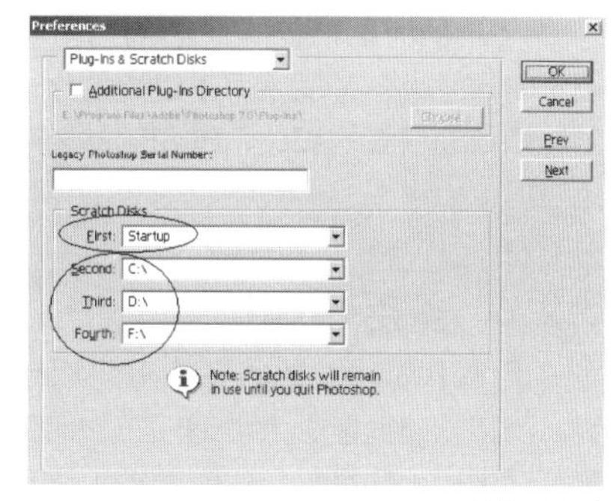

图 3.2.4.2

3.2.5 设置笔刷

下面再设置笔刷。首先要删除笔刷调板上的所有默认笔刷，再创建一套更适合你自己的笔刷，建立了一些尽可能细的笔刷。然后从 100 个像素开始，每一级 100，直到 999 个像素宽。999 个像素是 Photoshop 可以设置的最宽的笔刷。没有模糊边缘的笔刷只用于橡皮擦工具，因此多数笔刷都应设置成边缘模糊。具体方法如下：

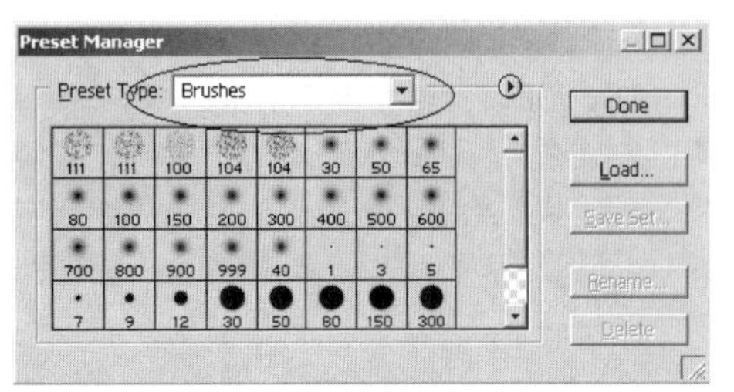

图 3.2.5.1

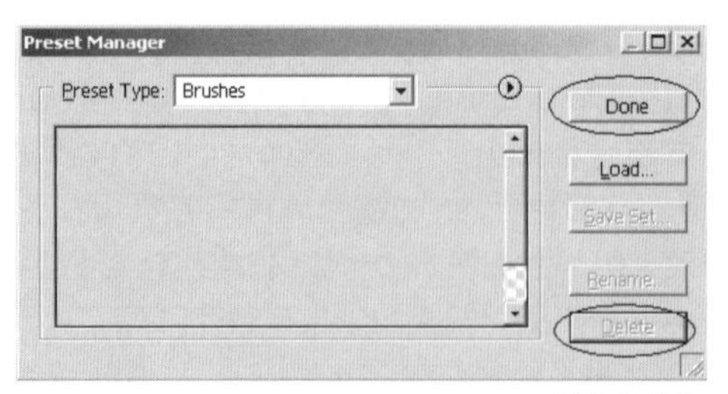

图 3.2.5.2

首先点击 Edit\Preset Manager，在弹出的选项栏中如图 3.2.5.1 选 Brush，再按键盘 Ctrl+A(全选)，将现有的笔刷全部选中，再如图 3.2.5.2 按 Delete，将所有的笔刷都删除，最后按 Done 结束。

要设置自己的一套笔刷，首先要先点击 Brush 旁边的向下的箭头 Brush ，再如图 3.2.5.3 设置不同像素的笔刷。图 3.2.5.3 显示的是 1 个像素，再点击旁边的箭头，弹出如图 3.2.5.4 的选项栏，选 New Brush，又弹出如图 3.2.5.5 的窗口，命名为 1（表示是像素为 1 的笔刷，也可以起其他的名称）。

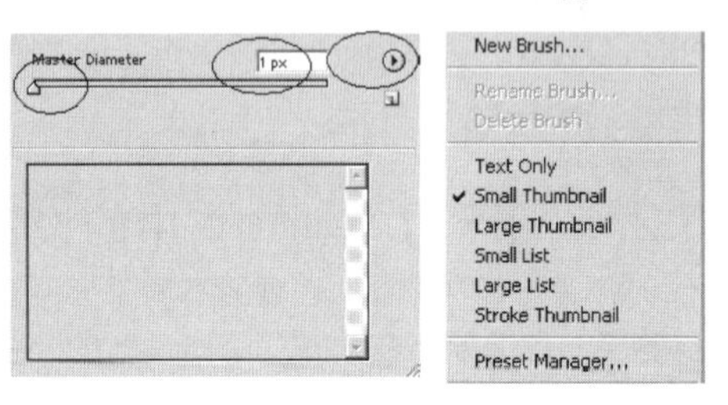

图 3.2.5.3　　图 3.2.5.4

图 3.2.5.5

其他的笔刷的设定请见图 3.2.5.6。大家可能已经看出，较模糊的笔刷从 30～999（Photoshop7.0 最大的笔宽 2500），不太模糊的笔刷从 1～300。

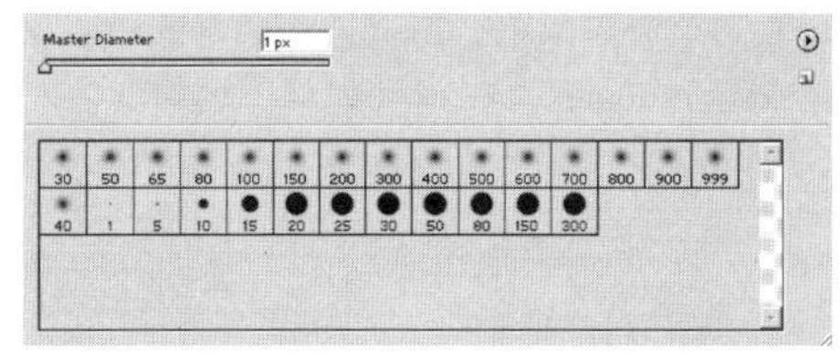

图 3.2.5.6

笔刷的大小和多少要视绘图的需要而定，图纸的尺寸大，笔刷就可以设定的大一些。小的笔刷绘制精细的部位，笔刷不够还可以随时添加。

3.2.6 多用快捷键

Photoshop 的很多命令可以使用快捷键。使用快捷键能极大地缩短工作时间，所以建议读者背一些最常用的快捷键。我们也会在后面的讲解中随时提示各种命令的快捷键。

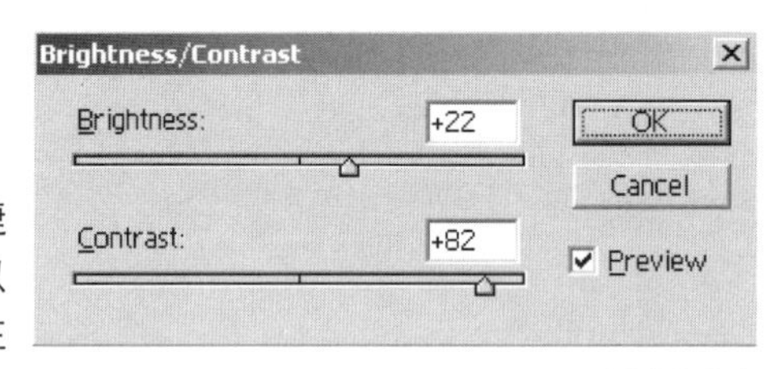

图 3.2.7.1

3.2.7 打开扫描图

首先我们要把扫描好的图片在 Photoshop 中打开。如果我们用铅笔绘制线稿，可能图片很灰暗，这就要在 Photoshop 中调整一下亮度和对比度。调整的方法是点击 Image\Adjustments\Brightness\Contrast，弹出如图 3.2.7.1 的调整栏。图 3.2.7.2 是按照图示调整的结果。对照未经调整的图 3.2.3.4，线条清楚多了，背景的灰色也去除了。

如果我们想把调整的过程作为一种Actions（行为）保存下来，那么下次再做时就可以自动完成了。保存Actions的方法是如图3.2.7.3点击Actions图标，再点击窗口下方的Create New Set 图标，弹出如图3.2.7.4的窗口，键入名称，点击OK。再点击窗口下方的Create New Action 图标，弹出如图3.2.7.5的窗口，键入名称，点击Record。此时已经开始记录我们所做的调整行为，再点击Image\Adjustments\Brightness\Contrast，弹出如图3.2.7.1的调整栏，调整成图3.2.7.2的效果后，再点击窗口下方最左边的Stop Playing\Recording图标，停止记录。此时Photoshop自动将我们所做的调整行为记录下来，储存在Actions里，重新打开Photoshop，也还会保留。

图3.2.7.2

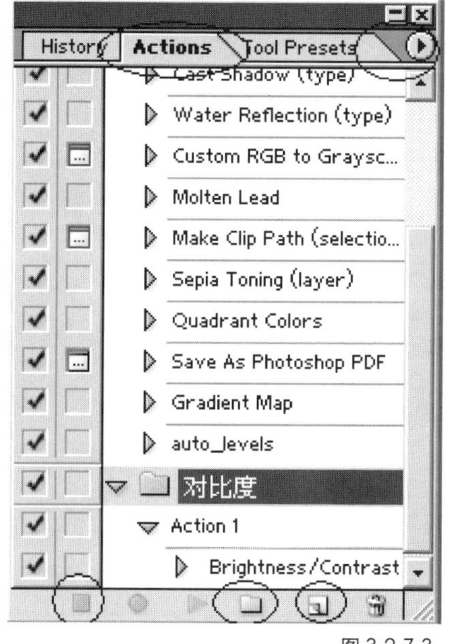

图3.2.7.3

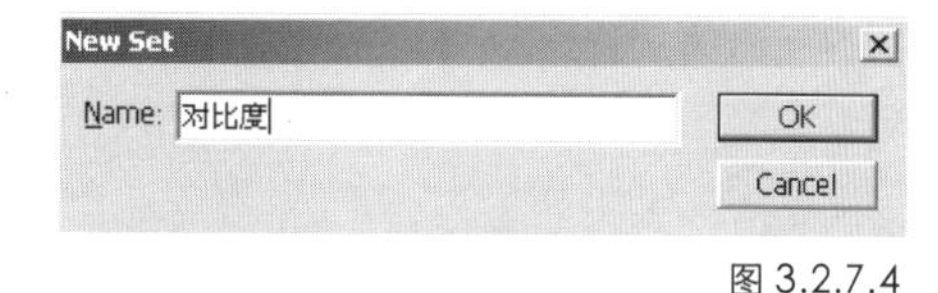

图3.2.7.4

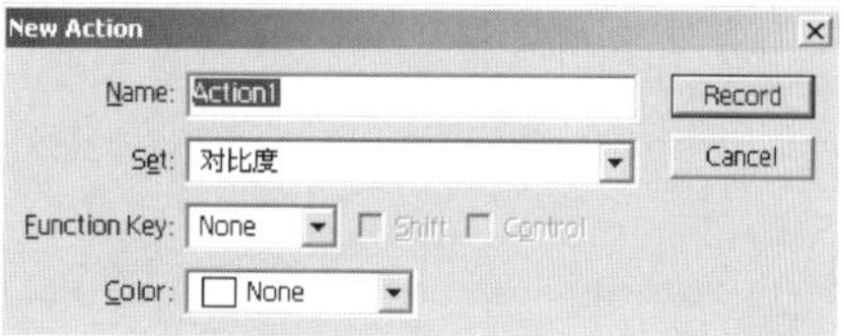

New Action

Name: Action1

Set: 对比度

Function Key: None Shift Control

Color: None

Record

Cancel

图3.2.7.5

如果我们想另外存成一个行为文件，可在图3.2.7.3右上角的三角形上点击，弹出图

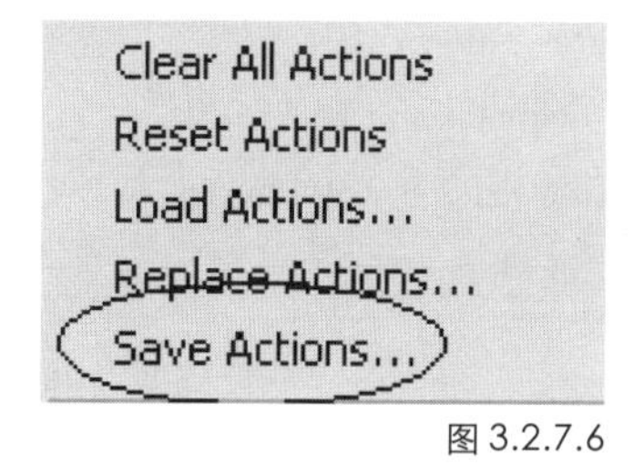

图3.2.7.6

图3.2.7.7

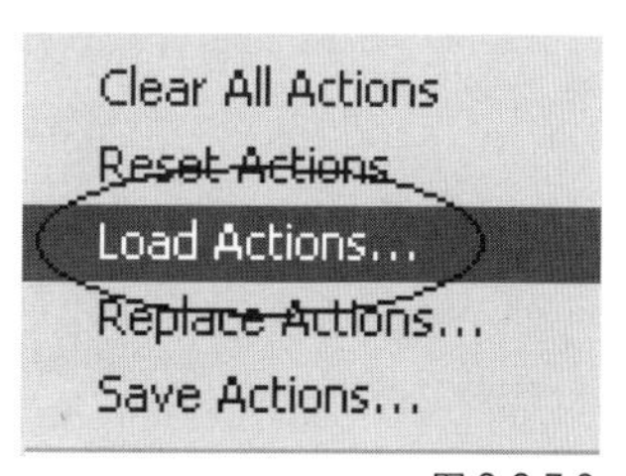

图3.2.7.8

3.2.7.6 的选项栏，如图选 Save Actions。再在弹出的图 3.2.7.7 中起上文件名，就把一个行为文件储存起来了。如果将来扫描后需要调整亮度和对比度，只需加载这个储存好的行为文件，并点击窗口下方的 Play selection 图标就可以了，如图 3.2.7.8。

假如扫描的图像是彩色的，则要选 Image\Mode\Grascale，把彩色图像转换成灰度图。调整亮度和对比度的操作都在灰度模式下完成，绘制好后再转成 RGB 模式。

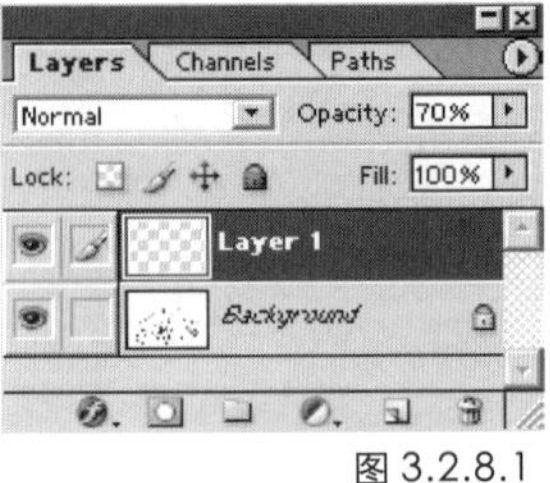

图 3.2.8.1

3.2.8 创建路径

通过对扫描下来的图用钢笔工具描画一遍来创建路径。如果直接在扫描的图纸上描画不容易分辨，则可以如图 3.2.8.1 所示，双击 Background(背景层)，更名为 DI_TI。再创建一个新层，拖放到 DI_TU 层下面。再将 DI_TU 层透明度

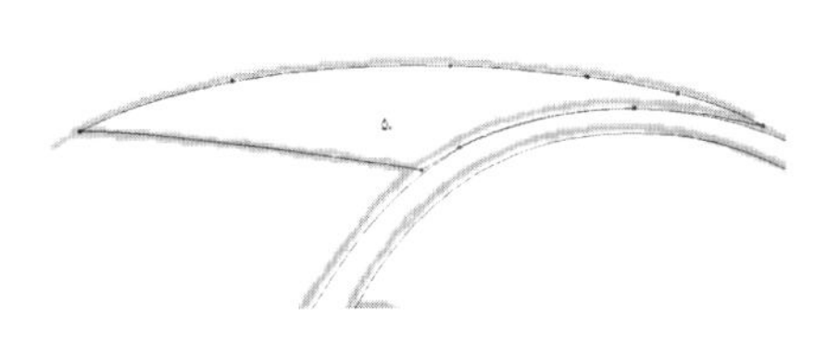
图 3.2.8.2

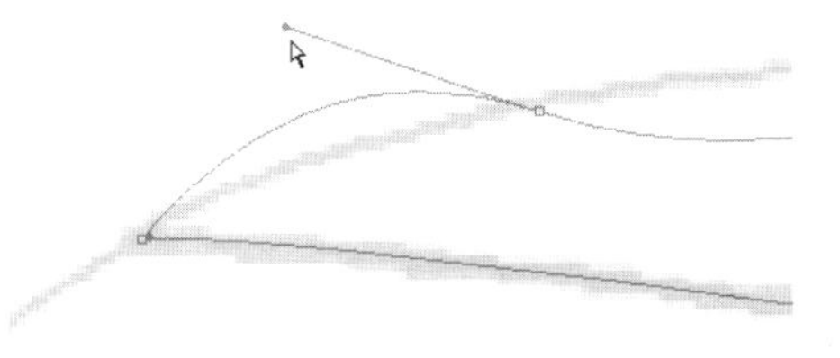
图 3.2.8.3

调至 20%。这样就能看清路径了。路径是用 Bezier 曲线绘制的。很多人觉得很难掌握。可是一旦你习惯了这些操作，就觉得不难了。开始画线时，不必画得非常精确，只画几个最基本的锚点。然后把图像放大，再调整细部，参见图 3.2.8.2。

绘制路径时选用钢笔工具，调整路径时选用直接选择工具。注意直接选择工具和路径选择工具是不同的。直接选择工

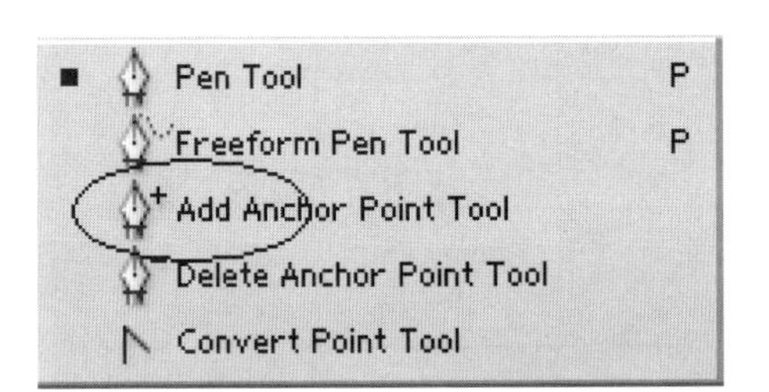

图 3.2.8.4

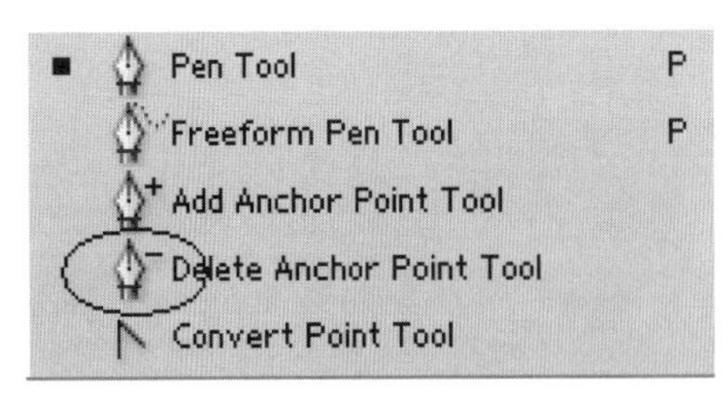

图 3.2.8.5

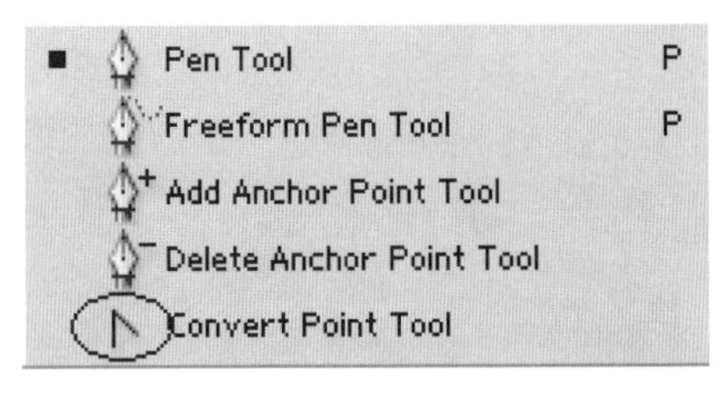

图 3.2.8.6

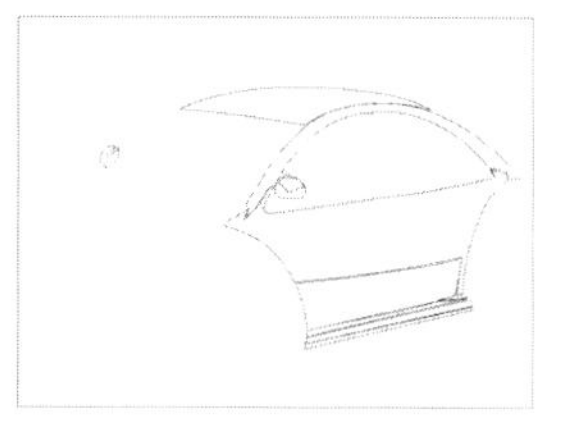
图 3.2.8.7

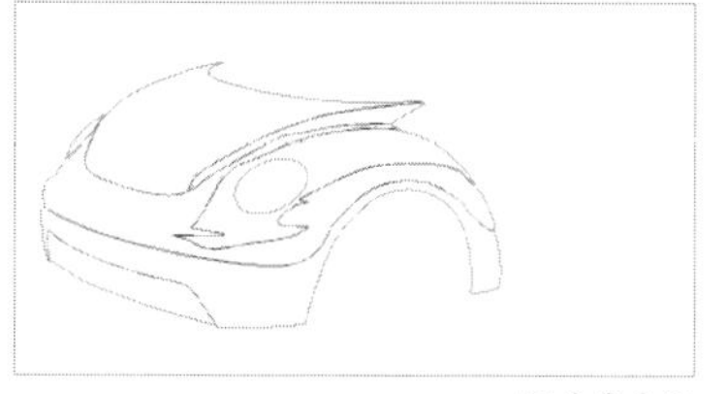
图 3.2.8.8

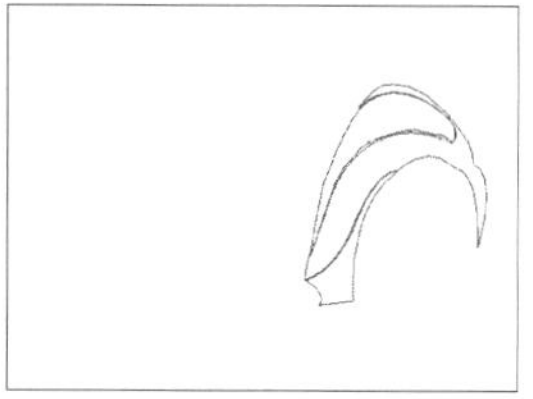
图 3.2.8.9

图 3.2.8.10

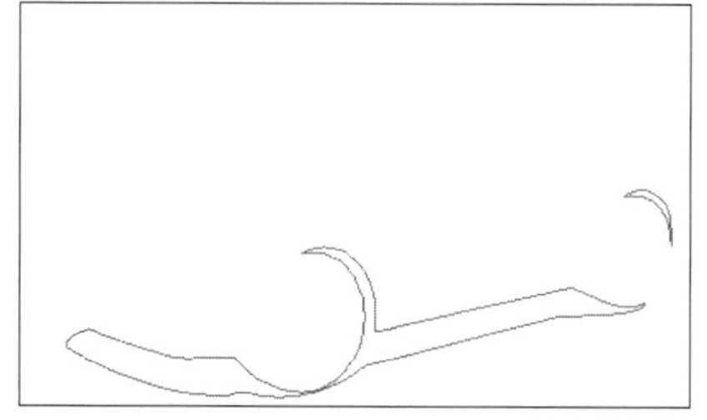
图 3.2.8.11

具的箭头是白色的，路径选择工具是黑色的。路径选择工具可以选择整条路径，直接选择工具可以调整控制点。想选择直接选择工具要按住路径选择工具，在弹出直接选择工具图标时松开鼠标。直接选择工具可以调整路径上每一个锚点的曲柄，如图 3.2.8.3。

增加锚点时要按住钢笔工具，如图 3.2.8.4 在弹出的菜单中选带加号的钢笔；减少锚点也要按住钢笔工具，如图 3.2.8.5 在弹出的菜单中选带减号的钢笔工具。要想把锚点的尖角模式改变成为平滑模式或者把锚点的平滑模式改变成为尖角模式，就需选择如图 3.2.8.6 的转换锚点工具 。

用这些工具我们应该绘制出如图 3.2.8.7 至图 3.2.8.12 的六组路径。路径调板的状况应如图 3.2.8.13。大家可以看出，路径是以汉语拼音命名为 “车身”、“前盖”、“后盖”、“车胎”、“阴影” 和 “内饰”（也可以英语或汉语命名）。分配的原则是将车身做几个大的区分，这样便于工作。

开始时可能很难分组，随着经验的积累，就会慢慢地掌握。以后我们要以这些路径创建各个选区，试想各个路径所构成的选区有些像拼图。

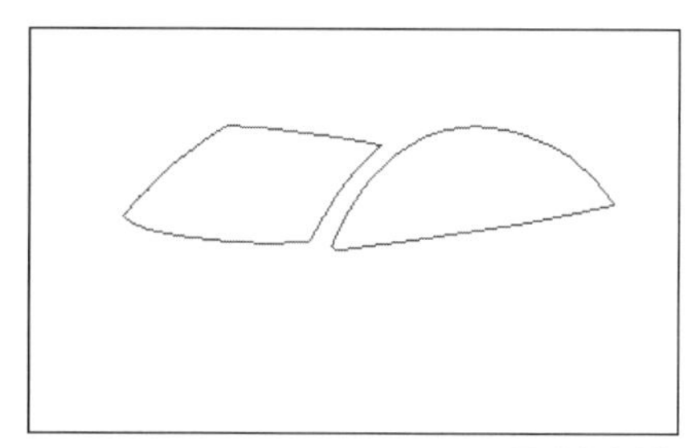
图 3.2.8.12

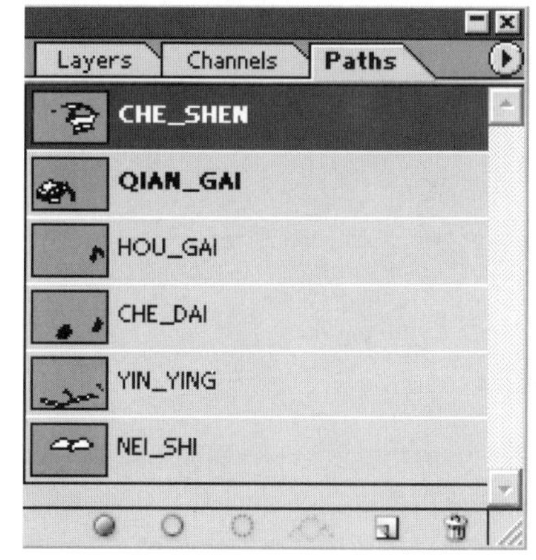

图 3.2.8.13

除去前面讲到的非规则的曲线用钢笔工具绘制外，还有一些标准的几何形，如轮胎和大灯的椭圆形等需要绘制。绘制这些标准的几何形时，按住Rectangle Tool(长方形工具)，在弹出的选项中选各种形状绘制工具。绘制轮胎和大灯的椭圆形选用的是Ellipse Tool(椭圆形工具)。绘制前要察看一下屏幕上方状态栏中是否选中的是Paths（路径），否则绘制出来的椭圆形是带填充的形状。

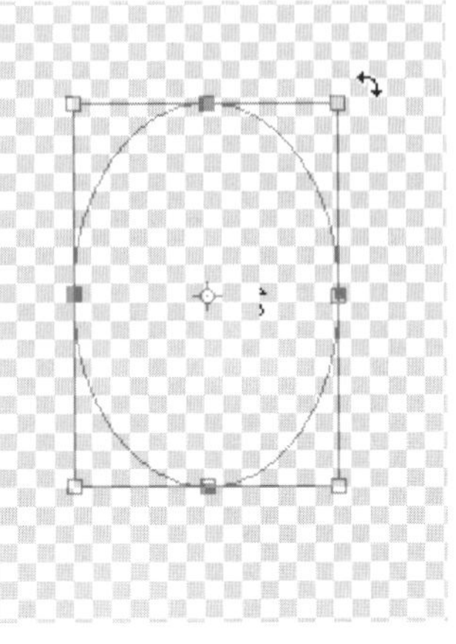
图 3.2.8.14

基本几何形的调整是点击Edit\Free Transform Path(编辑\自由变换路径，快捷键是Ctrl+T)进行缩放旋转等。同比例缩放是把鼠标放在四个角任意一个锚点上，朝对角线的方向前后拖动（如图3.2.8.14）。更复杂的调整可以点击Edit\Transform Path(编辑\变换路径)命令。在弹出如图3.2.8.15的选项栏中选择相应的编辑命令。其中Again(再做上一次的编辑)是重做一次前面做过的编辑；Scale(比例缩放)；Rotate(旋转)；Skew（倾斜）；Distort(扭曲)可以拉动任意角点做各种变形；Perspective(透视)可以拉动一个角点，对面的角点会移近或拉远，从而使路径产生透视变形；Rotate180°(旋转180°)；Rotate90°CW(顺时针旋转90°)；Rotate90°CCW(逆时针旋转90°)；Flip Horizontal(水平翻转)；Flip Vertical(垂直翻转)。

除以上的调整外，基本几何形的路径也可以用前面讲过的直接选择工具进行编辑。更复杂的几何形如商标等也可以从Illustrator中植入。植入的方法是点击File\Place,再选择

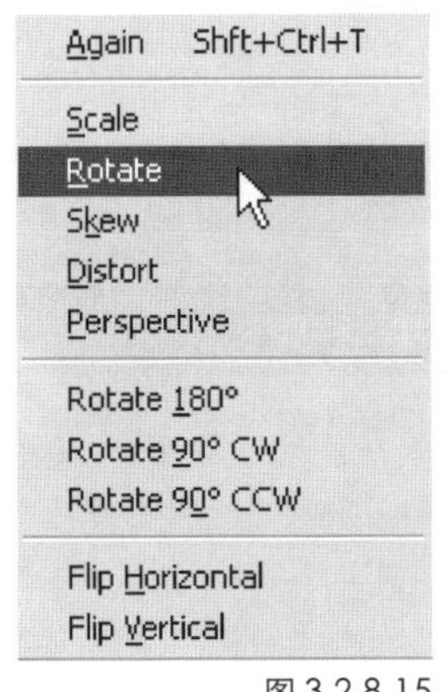

图 3.2.8.15

图 3.2.8.16

在Illustrator里绘制好的图形（Illustrator的绘制方法我们已经在第一章里介绍过），但植入进来的图形到Photoshop里后就变成点阵图了。在这种情况下，我们要按住Ctrl点击图形所在的图层，使图形变成选区，如图3.2.8.16，再点击Path调板下的使选区转成路径图标，即可将选区转成路径。

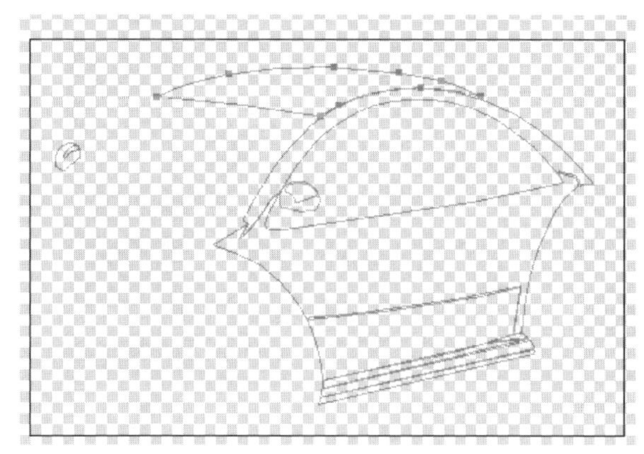

图 3.2.9.1

3.2.9 由路径创建通道

我们已经创建了六组路径，但实际绘制并不在路径里画，而是在选区里画。创建路径的目的是可以把路径转换成选区，再在选区里绘制。从路径创建选区的

图 3.2.9.2

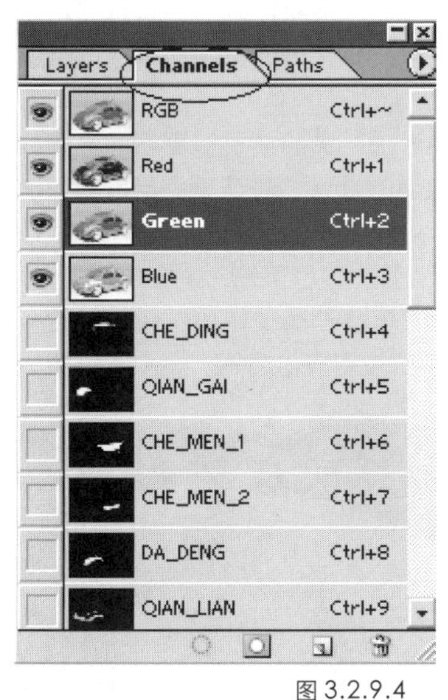

图 3.2.9.4

图 3.2.9.3

方法是点击路径选择工具，再如图 3.2.9.1 点击想创建选区的路径，最后点击路径调板下面的转换路径为选区的图标，即可把选择的路径转换成选区。

但在绘制过程中我们需要有些选区的边缘是模糊的或者说选区的边缘是要有羽化的。这种羽化分为两种，一种是选区的整个边缘都是羽化的（如图 3.2.9.2），另一种是选区的部分边缘是羽化的（如图 3.2.9.3）。我们不能每画一部分时对这一部分的羽化临时调整，这就需要把羽化的设定保存起来。保存羽化效果只能在通道里保存，这就是我们为

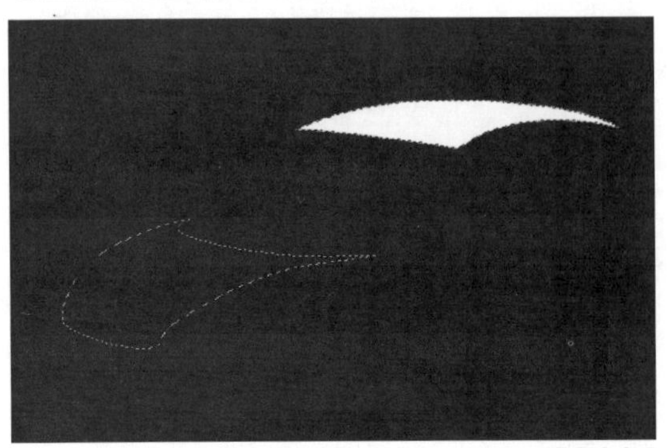

图 3.2.9.5

图 3.2.9.6

什么要建立若干个 alpha 通道的第一个原因。

建立通道的第二个原因是为了更好地保存和管理选区。因为选区的保存和加载只有通过通道来完成。把路径转换成选区只是临时的做法，更方便有效的做法是将各部分路径转换成选区，再由选区建立各部分的通道。绘制的时候可随时把通道转换成选区。图 3.2.9.4 是我们建立的通道。Photoshop 的通道是有限制的。彩色图像支持 24 个彩色通道，灰色图像只支持一个通道。如果把灰色图像转换成 RGB 模式的彩色图像，RGB 将分别占有一个通道，最终可储存的 alpha 通道只有 21 个。从选区创建 alpha 通道比从路径创建通道容易。如果有很多选区要创建通道，那就要分别从路径创建选区，再从选区创建通道。

从通道建立选区时还可以把通道进行多个组合，达到添加、减除或交错到当前选区的目的，最终创建理想的选区。如图 3.2.9.5 创建的是两个通道的选区，方法是在当前的通道（通道名是 CHE_DING）上按住 Ctrl 点击，建立了 CHE_DING 的选区，再按住 Ctrl+Shift 点击 QIAN_GAI 通道，就把 QIAN_GAI 通道的选区添加到了当前的选区里来，参见图 3.2.9.6。如果要从某个选区中减除就按住 Ctrl+Alt； 如果要由两个选区中产生交错的选区，就按住 Ctrl+Alt+Shift。

图 3.2.10.1

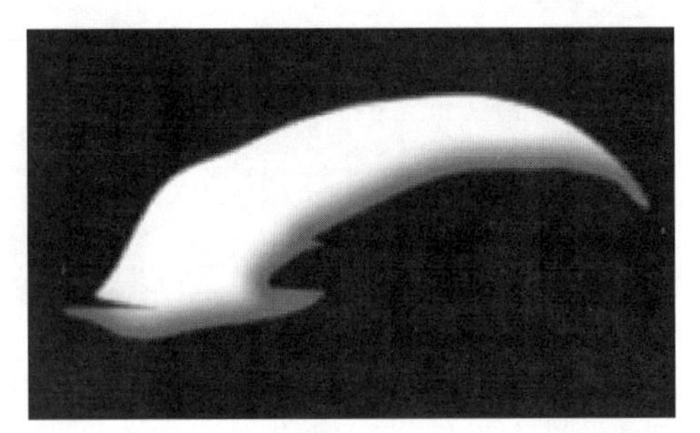

图 3.2.10.2

3.2.10 创建柔化的通道

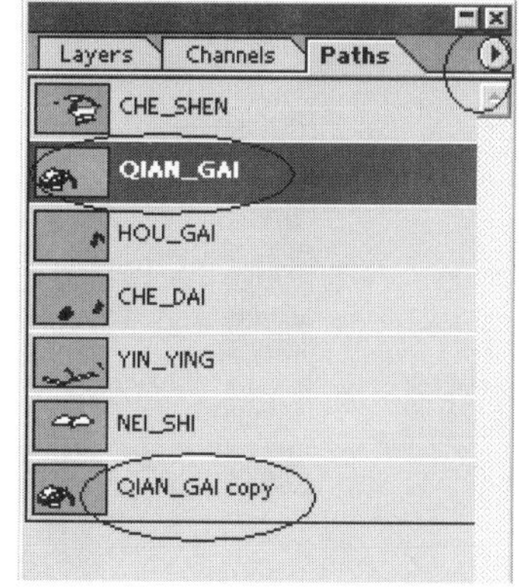

图 3.2.10.3

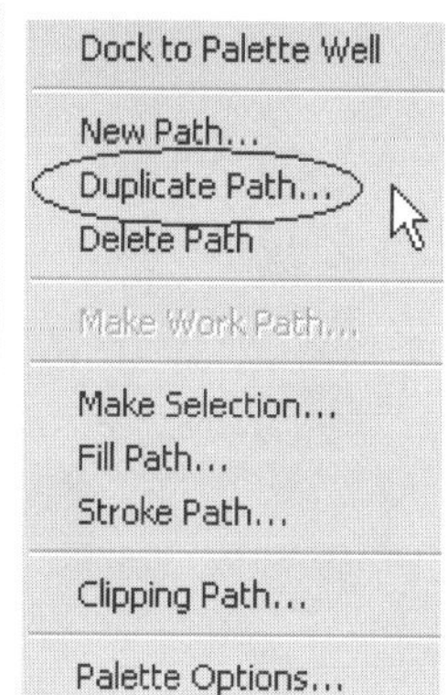

图 3.2.10.4

下面我们介绍如何创建柔化的通道。第一种方法是运用Stroke Path with Brush(描画路径)的技术,产生如图3.2.10.2的效果。图3.2.10.1和图3.2.10.2显示的是DA_DENG这个通道在柔化前和柔化后的效果。这种柔化的方法如图3.2.10.3先点击QIAN_GAI路径，再点击路径调板右上端的箭头，弹出图3.2.10.4的选项，选Duplicate Path(复制路径)。路径调板的底端生成QIAN_GAI Copy的新路径。点击这个新路径，在工具箱中点击路径选择工具，如图3.2.10.5选择多余的路径并删除。最后删到只剩下我们要保留的这条封闭的路径时，一小段一小段路径的删除就要改用直接选取工具，如图3.2.10.6逐段删除，直删除到如图3.2.10.7的样子。接着点击描画路径工具，绘制出图 3.2.10.8的效果。绘制前还要看一下笔刷的宽度和不透明度。笔刷的宽度可以按键盘上的[键变窄，按]键加宽。不透明度只需调整百分比就可以了。这种方法可

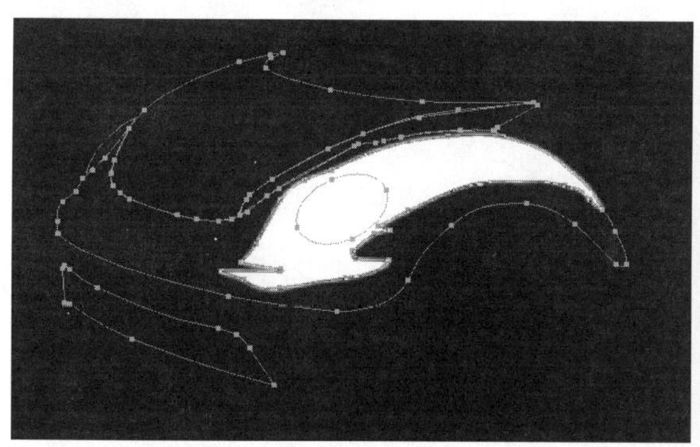
图 3.2.10.5

图 3.2.10.6

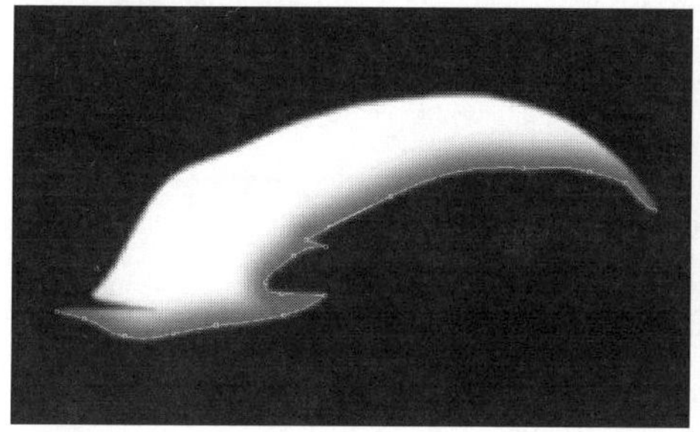
图 3.2.10.7

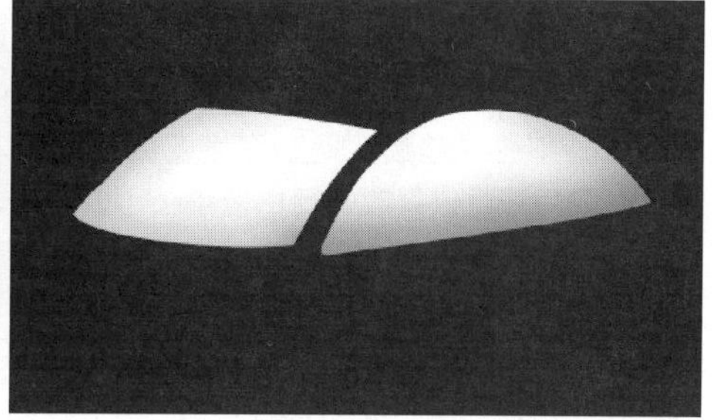
图 3.2.10.8

以在通道的某部分边缘产生均匀窄细的柔化效果。

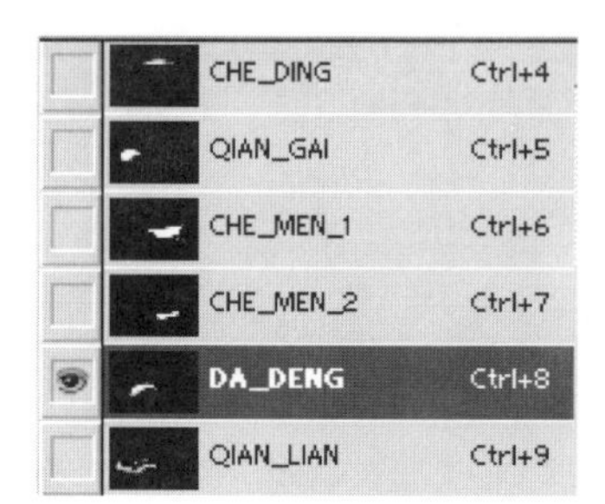

图 3.2.10.9

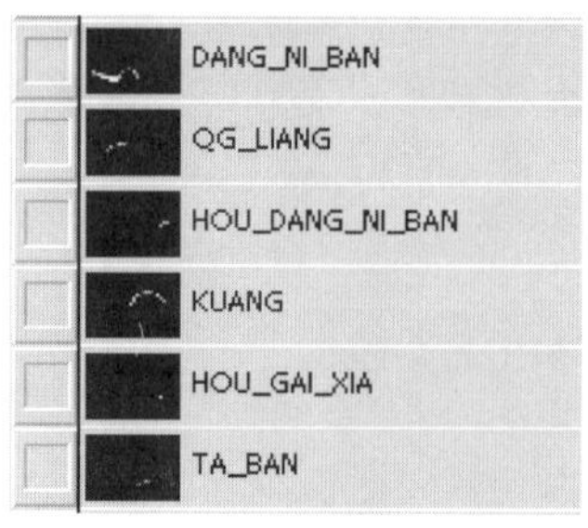

图 3.2.10.10

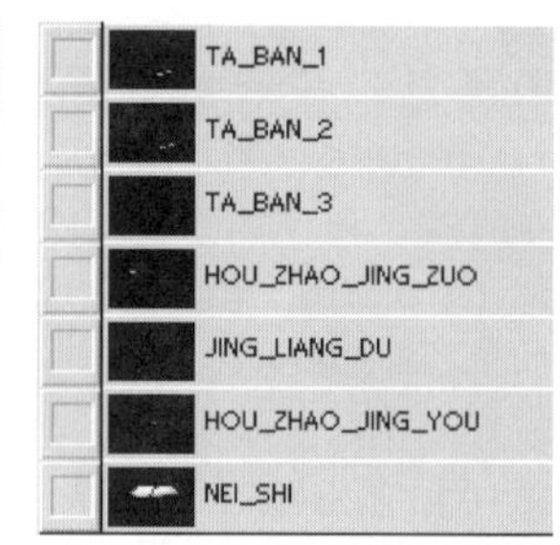

图 3.2.10.11

第二种方法是直接在通道上用灰黑颜色绘制，效果如图 3.2.10.8。如果想增加选区，也可以用白颜色绘制。柔化的程度取决于笔刷的柔化程度和颜色的不透明度。如果笔刷很柔软，不透明度的百分比又低，绘制出来的通道的柔化程度就越高，相反则柔化的程度就越低。改变笔刷柔软程度的方法除了在笔刷选项里直接选择我们先前设定好的笔刷外，也可以随意调节笔刷的柔软程度。方法很简单，只需按住 Shift+[或 Shift+] 就可以了。Shift+[是越来越柔化，Shift+] 是越来越硬化。通过以上的两种方法，我们可以建立起各种柔化程度的通道，也就可以建立各种羽化程度的选区了。运用第二种方法的时候，注意要绘制的均匀。可以将笔刷改成喷笔的模式，喷出均匀的效果。

图 3.2.11.1

最后本练习中根据各部位总共建立了19个alpha通道，参见3.2.10.9~ 图 3.2.10.11。这为我们下一步创建灰度图像奠定了基础。

3.2.11 创建灰色图像

首先显示出底图，再如图 3.2.11.1 用车顶的 alpha 通道创建选区。接下来如图 3.2.11.2 创建一个车顶的图层，绘制出如图3.2.11.3的效果。绘制时笔刷要宽大，颜色用黑白两色，不透明度的百分比设得低一些。笔刷宽大，不透明度的百分比设得低一些，就能保证绘制的均匀平滑，不生成笔痕。明暗程度要依据我们对设计的理解（以后还可以修改，用白色喷画可以加亮，用黑色喷画可以加暗）。用同样的方法像画素描一样绘制出车体的各个部位。绘制的结果如图3.2.11.4。注意绘制时每一部分要建立一个新层，便于以后调整颜色。

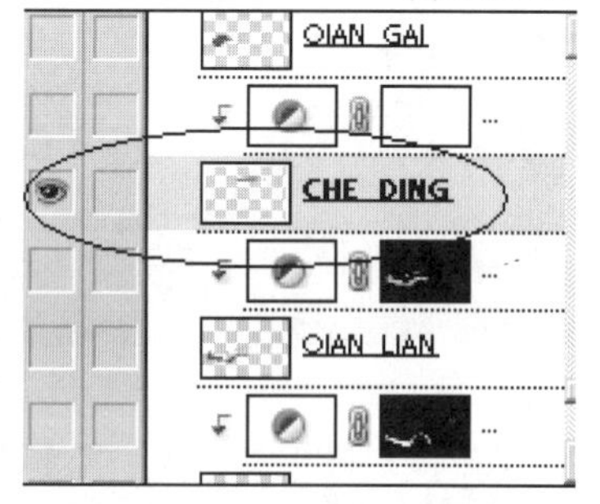

图 3.2.11.2

图 3.2.11.3

我们还要创建一个背景层，用渐变填充工具填

图 3.2.11.4

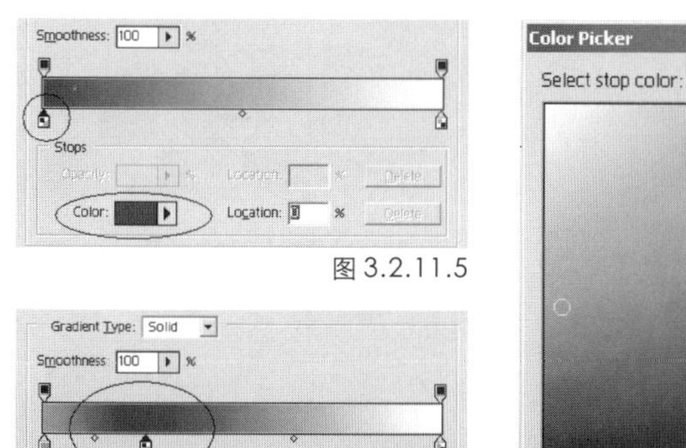

图 3.2.11.5

图 3.2.11.6

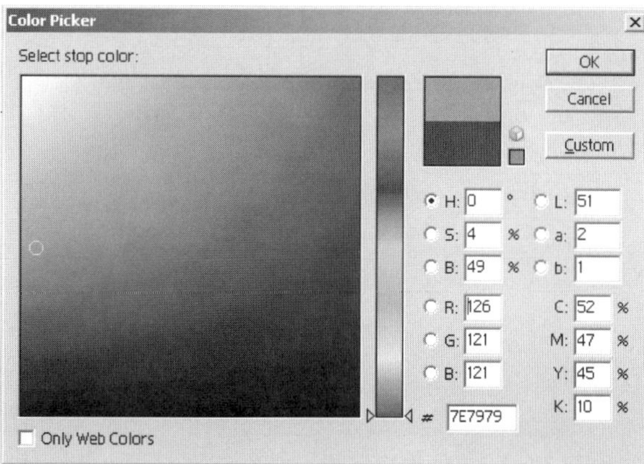

图 3.2.11.7

充成图 3.2.11.4 的效果。方法是点击渐变填充工具，再在状态栏上点击，弹出如图 3.2.11.5 的色彩设置窗口。设置好合适的灰色以后点击 OK。增加颜色只需如图 3.2.11.6 在色彩调棒下面点击一下，生成新的颜色节点，再点击下面 Color 旁边的色彩块，选择新的颜色就可以了,如图 3.2.11.7。渐变的颜色设置好后，就可以在背景层的画面上从上到下拉一下，生成渐变的填充。

3.2.12 创建调整图层

工作至此，我们一直是在灰度模式下操作，现在我们要把图像转换成彩色模式。选

Image下的mode，从弹出的菜单中选RGB Color。此时弹出图3.2.12.1的选项，问我们是否合并图层，如图选择不合并图层。再为每一图层增加一个Color Balance（色彩平衡）的调整图层，把灰度图像转换成彩色图像。在Color Balance的命令下，可分别调整Midtones（中间色调），Shadows（暗部）和Highlights（亮部）。首先总体调整Midtones，然后再微调Shadows和Highlights。调整图层是非常好用的功能。依靠调整图层，可以随时改变颜色。原始的

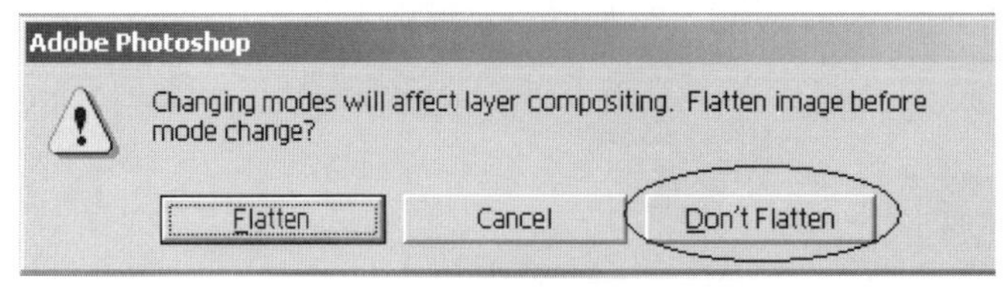

图3.2.12.1

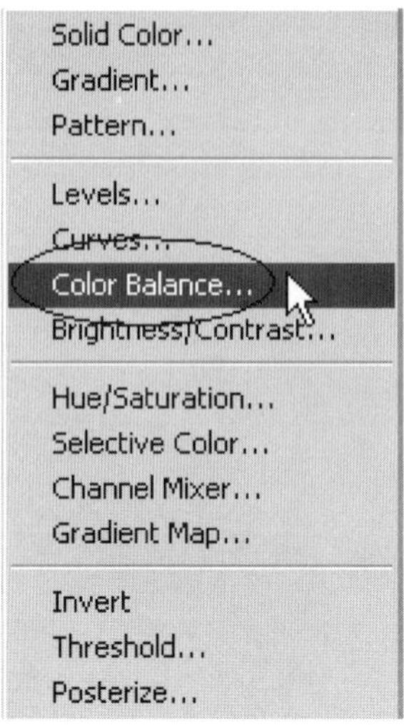

图3.2.12.2

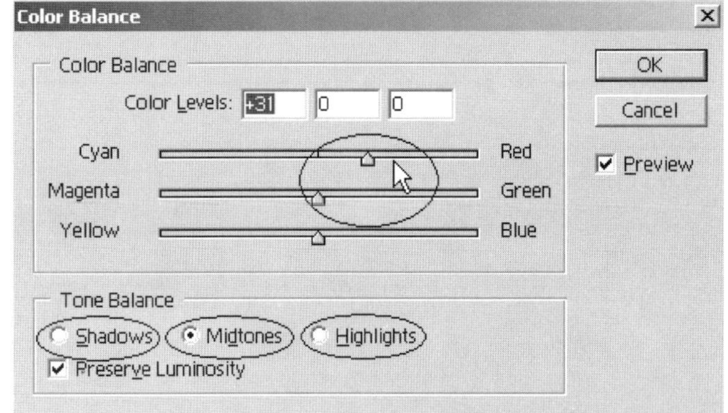

图3.2.12.3

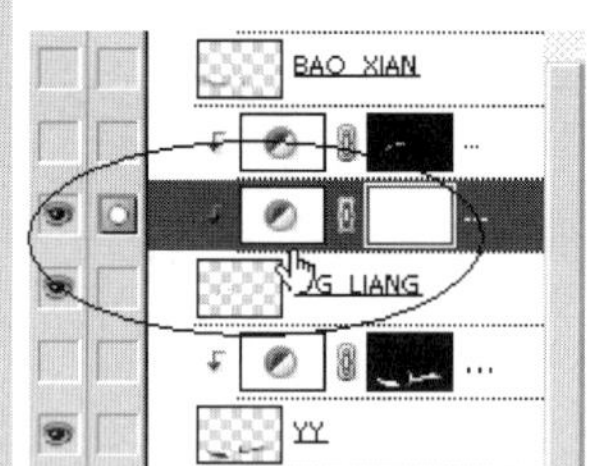

图3.2.12.4

图像靠黑白色的笔刷画出，颜色的体现依靠调整图层来完成。

增加调整图层的具体方法是这样的：首先点击图层调板下方增加调整图层的图标，弹出图3.2.12.2的选项菜单。如图选择Color Balance(色彩平衡)，又弹出色彩平衡的设置栏，如图3.2.12.3分别调整Midtones（中间色调）、Shadows（暗部）和Highlights（亮部）。

此外重要的一点是，在默认的状态下，增加的调整图层是对下面的所有图层产生影响的。我们需要的是每一个调整图层只对它下面的一个图层产生影响。这就要求我们在添加了调整图层以后，再如图3.2.12.4，用鼠标在调整图层和它下面的灰度图层之间点击一下（点击前会出现两个交叉重叠的圆环）。此时调整图层的前面将出现一个向下弯折的箭头，这表明我们创建了一个剪切调整图层，这个剪切调整图层只对它下面的灰度图层产生影响。

3.2.13 配合部件的处理

图 3.2.13.1

经过对每一个图层添加一个剪切调整图层后，调整出的色彩效果请参考彩色插页图2。画到目前，大的效果已经显示出来。有些部位如车轮、前大灯、雾灯、牌照、门把和徽章等等细节很复杂或透视不好表现的部件可以用3D软件来制作（具体方法可以参考本书后面有关三维建模和渲染的若干章节），也可以用图片代替，但样式要合适、透视角度要相符。用3D软件渲染各个角度更方便一些，但是所花费的时间会更长。

图 3.2.13.2

下面让我们以轮胎为例子来叙述如何把这些配合部件拼装到总体的画面里来。图3.2.13.1是我们在Rhino里创建的三维的车轮，图3.2.13.2是在Rhino里渲染好的图片。首先我们创建一个新层，并用路径工具画出轮胎的轮廓作为要插入的轮胎图像的标识，再用 Strake Subpath 画出轮胎要插入的位置。然后把渲染好的轮胎（要用选区把轮胎选中）拖放到大图里来。再用 Edit\Free Transform 命令调整大小，摆放到合适的位置（图 3.2.13.3）。摆放好以后，就可以将标识删掉。再运用调整图层调整色彩与车体相匹配。调整色彩时，可以单独调整某层，也可以将需要调整的层链接起来一起调整。

各个部件要放到不同的层里，车体也要放在很多单独的层里，以保证调整各层时不会影响到其他部件。图层多了，可以点击图层调板底部创建图层组的图标，创建一个图层组，把需要的图层放到图层组里便于管理。

图 3.2.13.3

3.2.14 最后完成

对于门上的局部线条等等，受光面是亮线，背光面是暗线。这些线条的生成使用Strake Subpath命令就可以了。首先在车体调整图层下面建立一个新层，然后使用Strake Subpath画出亮线条。高光部分应建立一个新的图层，放到车体的调整图层上方。如果你想让高光与车体的色彩有些区别，可以增加一些色彩。我们就在高光中加入了一点点蓝色。如果你要把绘制的效果以图纸的形式体现，你还要试验整个的打印过程。因为要达到打印的效果与屏幕上显示的一致是非常困难的。由于显示器和打印机的色彩生成形式是不同的，所以应该允许一定的偏差。另外由于室内光线、打印纸的质量等诸多原因，即使你已经调整了显示器的色温和打印机的驱动程序，还是不能得到满意的打印效果。在不能确定的情况下，最好先打印一张小幅面的图纸看一下效果。彩色插页是最后完成的效果。

用电脑画效果图的优点是便于修改。开始时可能有些不习惯，觉得有些复杂。但过一段时间后，你就会觉得在电脑上画图和在纸上用马克笔画图是一样的。用Photoshop画效果图还有很多种其他的方法，我们这里介绍的仅仅是其中的一种。另外如果配备一个写字板绘制起来比用鼠标更方便，更像用毛笔直接画在纸面上的感觉，希望大家实践。

第二部分　三维概念表现阶段

第四章　Rhino 在计算机辅助工业设计中的应用

Rhino 3.0 是功能非常强大的 NURBS（Non-Uniform Rational B-Spline 非均匀有理 B 样条）建模软件，超强的曲线相切的能力和曲面倒角的能力构成它在工业设计领域的适应性。优质的修剪和还原修剪功能可以反复修改曲面，模型随时可以炸开与结合的功能也使模型的编辑工作随意自如。它对计算机的硬件要求不高、运行速度快，并能导入和导出各种与其他软件兼容的文件格式，所以 Rhino 3.0 是工业设计界在概念设计阶段很理想的三维建模软件。

4.1　Rhino 3.0 的工作界面

图 4.1.1 是打开 Rhino 3.0 后出现的工作界面，A 是菜单栏，B 是命令栏，C 是标准工具栏，D 是主工具栏，E 是工作视窗，F 是状态栏，下面分别介绍各个部分的功能。

4.1.1　菜单栏

Rhino 3.0 包括 12 个菜单。几乎所有的常用工具均可以在菜单中找到，有的菜单内含有子菜单。下面简单介绍一下每个菜单所包含的功能。

文件（File）

文件菜单中提供了多个对文档进行操作的命令选项，其中有新建、打开、存档、精简存档、完整存档、另存新档、存为样板。另外还有关于输入和输出的命令四个，它们是：插入、输入、选择输出、基准点输出。接下来是注释和属性两项命令。再下面是打印、预览打印和打印设定。最后是 Worksession 管理器、传送、退出和最近打开的文档。

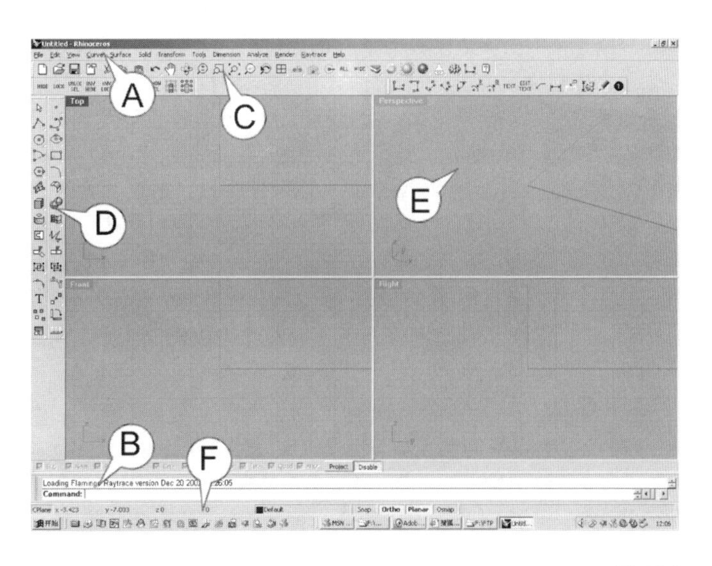

图 4.1.1

编辑（Edit）

编辑菜单中的的第一组命令是关于重做的，其中有复原、重做、多次复原、多次重做。第二组命令是：剪切、复制、粘贴和删除。下面是选择物体、控制点和可视性，其中选择物体命令内包含 20 个子命令，分别是：所有物体、取消、反选、前次选择、最后建立物体、点、曲线、多义线、曲面、复合曲面、多边形网格、灯光、标注、参考图块、依图层、依颜色、依名称、依群组、依图块和复制物体。控制点命令内包含 12 个子命令，分别是：打开控制点、关闭控制点、隐藏点、显示点、选择控制点、编辑权重、插入扭节点、插入节点、移除节点、显示编辑点、插入编辑点、横杆编辑器。可视性命令内包含 12 个子命令，分别是：隐藏、显示、选择已隐藏物体显示、切换隐藏和显示、锁定、解除锁定、选择已锁定物体解锁和切换锁定状态。接下来是群组、图块和图层三个命令。群组命令内包含 3 个子命令，分别是：群组、解散群组和设置组名称。图块命令内包含 3 个子命令，分别是：建立图块定义、插入图块零件和图块管理器。图层命令内包含 9 个子命令，分别是：编辑图层、改变物件图层、吻合物件图层、将物体定到当前图层、显示全部图层、开启一个图层、关闭一个图层、设置当前图层和设置当前图层到物件。再下面是结合、炸开、修剪、切开、重建、改变阶数、调节曲线的凸起部分、制作周期曲线。最后是透视拖曳方式和物件属性两条命令。

检视（View）

检视菜单中的第一组命令有 4 个。它们是最大化、平移、旋转和缩放。其中缩放命令内包含 8 个子命令，分别是：动态、窗选、标的物、所有物体、全部视窗所有物体、选择物体、全部视窗选择物体和视窗同步。下面是回复上一视点和重做下一视点两个命令。接下来一组命令是设置视景、已命名视景和视景规划三个命令。设置视景命令内包含 9 个子命令，分别是：平面、顶视、底视、左视、右视、前视、后视、透视和吻合背景影像图。视景规划命令内包含 6 个子命令，分别是：建立新视景、水平分割、垂直分割、4 个视景、3 个视景和从文件读取。再下面是设置基准面、已命名的 CPlanes 和背景点阵图。设置基准面命令内包含 15 个子命令，分别是：创建基准面的原点不做基准面的改变、重做基准面的改变、高度、旋转、3 个点、以物体、以目前视景、垂直、垂直曲线、X 轴、Z 轴、世界坐标上、世界坐标右、世界坐标前。背景点阵图命令内包含 8 个子命令，分别是：设置、移除、隐藏、显示、移动、对齐、比例、灰阶。最后是设置照相机、显示照相机、视景内容和旋转照相机 4 个命令。其中设置照相机命令内包含 8 个子命令，分别是：基准面顶部、基准面底部、基准面左方、基准面右方、基准面前方、基准面后方、放置目标和放置照相机及目标。

曲线（Curve）

曲线菜单中的第一组命令有 2 个。它们是点物体和点群。其中点物体命令内包含有 7 个子命令，分别是：单一点、多个点、最靠近点、覆盖点、标记曲线起点、标记曲线终点、平分曲线依…。点群命令内包含有 4 个子命令，分别是：建立点群、增加点、移除点和点群截面。接下来的一组命令是线、多重线、矩形、多边形、自由造型。其中线命令内包含有 12 个子命令，分别是：单一线、多重线、垂直曲线、垂直 2 曲线间、相切于曲线、相切于 2 曲线、相切_垂直、角度、二等分、通过 4 点、曲面法向量、垂直基准面。多重线命令内包含有3子命令分别是：多重线、通过点、在网格上。再往下的一组命令是圆形、弧、椭圆、抛物线、圆锥、弹簧线 、螺旋线。圆形命令内包含有5个子命令，分别是：中心点_半径、直径、3点、相切_相切_半径和相切到3曲线。弧命令内包含有7个子命令，分别是：中心点_起点_角度、起点_终点_点、起点_终点_方向、起点_终点_半径、相切_相切_半径、起点_点_终点和相切到3曲线。椭圆命令内包含有3个子命令，分别是：从中心点、直径和由焦距。抛物线命令内包含有2个子命令，分别是：焦距_方向和顶点_焦距。接下来的一组命令是：延伸曲线、倒圆角、倒斜角、偏移曲线、桥接曲线、Z视窗投影曲线和通过曲线产生截面轮廓。其中延伸曲线命令内包含有5个子命令，分别是：延伸曲线、直线延伸、弧形延伸、以圆弧延伸到点和延伸到曲面。最后的三个命令是转换、从物件产生曲线、曲线编辑工具。其中转换命令内包含有2个子命令，分别是：曲线转成直线和曲线转成圆弧。从物件产生曲线命令内包含有13个子命令，分别是：投影、拉回投影、复制边缘线、复制外框、相交线、轮廓、截面、描绘轮廓线、提取ISO曲线、提取点、提取线框、建立UV曲线和应用UV曲线。曲线编辑工具命令内包含有5个子命令，分别是：吻合、公差范围内整修、平滑曲线、调整封闭曲线起点和简化线和弧。

曲面（Surface）

曲面菜单中的第一组命令有6个。它们是：平面、放样、单轨扫出、双轨扫出、旋转成形和沿轴线旋转成形。其中平面命令内包含有5个子命令，分别是：对角、3点、垂直于、通过点和相交截面。接下来的一组命令是：网状曲面、角落点、边缘曲线、由平面曲线、点网格。再下面的一组命令是曲线挤出、填补、覆盖和从阴影图档产生。其中曲线挤出命令内包含有5个子命令，分别是：直线、沿曲线、到点、带状和收缩成锥形。最后的7个命令是：延长曲面、曲面圆角、曲面倒角、偏移曲面、桥接曲面、展开曲面和曲面编辑工具。其中曲面编辑工具命令内包含有8个子命令，分别是：吻合、融合、还原修剪、析出修剪、依ISO分割、收缩裁切曲面、调整端点凸起和依据折痕分解曲面。

实体（Solid）

实体菜单中的第一组命令有5个。它们是：长方体、球体、圆柱体、圆锥体和截头圆锥体。其中长方体命令内包含有2个子命令，分别是：对角线_高度和3点+高。球体命令内含有3个子命令，分别是：中心点_半径、直径和3点。接下来的一组命令是椭圆体、抛物体、管体、弯管体、环状体和文字。其中椭圆体命令内包含有2个子命令，分别是：从中心点和从焦点。抛物体命令内包含有2个子命令，分别是：焦点_方向和顶点_焦点。再下面的一组命令是挤出体、边界倒圆角、封闭平面的孔和分离曲面。其中挤出体命令内包含有4个子命令，分别是：直线、沿着曲线、到点和收缩到锥形。挤出平面命令内包含有4个子命令，分别是：直线、延曲线、到点和收缩到锥体。最后的一组命令是：联集、差集和交集。

转换（Transform）

转换菜单中的第一组命令有7个。它们是：移动、复制、旋转、3D旋转、比例、托移变形和镜像。其中比例命令内包含有 4 个子命令，分别是：3D 缩放、2D 缩放、1D 缩放和不规则比例缩放。接下来的一组命令是：定位、阵列、设置点和投影到平面。其中定位命令内包含有 6 个子命令，分别是：2 点、3 点、在曲面上、垂直曲线、曲线到边缘上和映射到基准面。阵列命令内包含有 5 个子命令，分别是：矩形、环形、沿曲线、沿曲面和沿曲面曲线。最后一组命令是：扭转、弯曲、渐变、沿曲线流动、平滑化和移动 UVN。

工具（Tool）

工具菜单中的第一组命令有 5 个。它们是：物件捕捉、多边形网格、多边形网格参数、3D 数位测量和指令。其中物件捕捉命令内包含有 23 个子命令，分别是：无、端点、靠近、单点、中点、中心点、交点、垂直、相切、四分点、节点、从、垂直从、相切从、沿直线、沿同方向、在两者之间、在曲线上、在曲面上、投影到平面、禁用物体捕捉、锁定捕捉物体和物体捕捉对话框。多边形网格命令内包含有 7 个子命令，分别是：从 NURBS 物体、焊接、统一法向、减少、应用到曲面、从封闭多重线和从 NURBS 控制的多边形。多边形网格参数命令内包含有 7 个子命令，分别是：3D 面、平面、立方体、球体、圆锥体、圆柱体和选项。3D 数位测量命令内包含有 7 个子命令，分别是：连接、中止连接、校正、设定比例、暂停、手绘曲线和截面曲线。指令命令内包含有 5 个子命令，分别是：历史记录、从剪贴簿粘贴、从文件读取、输入指令别名和输出指令别名。接下来的一组命令是：工具栏布局、插件管理器、许可证管理器和选项。其中许可证管理器命令内包含有 3 个子命令，分别是：工作群组点、登入许可和登出许可。

标注（Dimension）

标注菜单中的命令有 12 个。它们是：线性标注、对齐标注、旋转标注、半径标注、直径标注、角度标注、引线、区块文字、注解、标注文字归位、制作 2D 工程图和标注设定。

分析（Analyze）

分析菜单中的第一组命令有 5 个。它们是：点、曲线、曲面、质量性质和最大边界框。其中曲线命令内包含有 4 个子命令，分别是：打开曲率梳图、关闭曲率梳图、检查几何连续性和误差。曲面命令内包含有 7 个子命令，分别是：曲率分析、脱模角度分析、环境贴图、斑马线渲染分析、产生 UV 坐标点、评估 UV 坐标点和设定点误差。质量性质命令内包含有 7 个子命令，分别是：面积、面积质心、面积惯性、体积、体积质心、体积惯性和流体静力学。接下来是长度、距离、角度、半径、边界工具、诊断、圆形曲率和显示法线 8 个命令。其中边界工具命令内包含有 5 个子命令，分别是：显示边缘线、分割边界线、合并边界线、结合 2 裸露边界和重建边界。诊断命令内包含有 5 个子命令，分别是：显示、检查、选择最坏物体、审核和审核 3DM 文件。

渲染（Render）

渲染菜单中共有 10 个命令，它们依次是：平涂、预览渲染、渲染、建立聚光灯、建立点光源、建立指向性光源、建立矩形光源、建立线光源、当前渲染器和特性。其中当前渲染器命令内可以选择 Rhino 自带的渲染器或外挂的其他渲染器。

帮助（Help）

帮助菜单中共有 12 个命令，它们是：使用帮助、常见问题、学习 Rhino、联机帮助、指令列表、特性概述、技术支援、订购犀牛、检查更新、注册、外挂和关于 Rhinoceros。其中学习 Rhino 命令内包含有 6 个子命令，分别是：初识犀牛、教程、打开教程模型、网上教程、犀牛技法图书和培训。外挂命令内包含有 3 个子命令，分别是：关于外挂、下载外挂和犀牛脚本。

4.1.2 命令栏

在命令栏内输入操作命令和数值，就可以创建各种模型。在操作过程中，命令栏内还会提示我们下一步如何操作，达到用户和系统之间的交互。在命令栏的上方是用户所使用过的所有历史命令的记录。按 F2 键，系统会弹出历史命令列表框，在这里可以查询建立模型过程中所使用过的命令。

4.1.3 标准工具栏

标准工具栏中包含有新建文件、打开旧文件、保存文件、复制、粘贴、输入输出文件和打印等一般应用软件常有的按钮。

4.1.4 主工具栏

主工具栏包含了大多数创建和修改模型的工具。凡是按钮上带有白色小三角形的，其中都藏有弹出式子工具栏。按住某个带有白色小三角形的按钮，就会弹出子工具栏。另外，将鼠标停留在某个按钮上，系统将显示用左键点击或用右键点击的功能。

4.1.5 工作视窗栏

工作视窗是建立和修改模型的工作空间，默认的视窗共有 4 个，顶视图、前视图、右视图和透视视图，用户可以根据自己的需要将视窗切换成左视图、后视图和底视图。

4.1.6 状态栏

状态栏位于整个工作界面的最下方，显示出系统操作时的各种信息。

4.2 用Rhino制作双曲面的治疗仪模型

4.2.1 用Rhino建模前的准备工作

用Rhino建模前，可以通过两种方法为三维建模做准备工作。第一种是用扫描仪将手绘的三视图扫描进电脑。再把三视图导入到三维的软件里来，在三维的软件里参照三视图片建立模型。第二种是利用我们在第一章里学过的利用Illustrator所作ai格式的矢量图形，在三维软件里直接导入。第二种方法的好处是可以直接利用导入的曲线创建三维曲面。

4.2.2 导入图片

首先打开Rhino 3.0，新建一个文件(快捷键Ctrl+N)，并将文件命名为SAN_WEI_JIAN_MO，见图4.2.2.1。同时点击 No Template (不使用模板）进入Rhino。这表明我们不用模板完全建立一个新的文件，这个选项默认的单位是毫米。再点击 View ，选择Background Bitmap\Place（背景图片\置入),见图4.2.2.2。这样做是置入一张手绘草图图片，此图由Photoshop扫描好，储存成jpg格式，作为三维建模的参考。

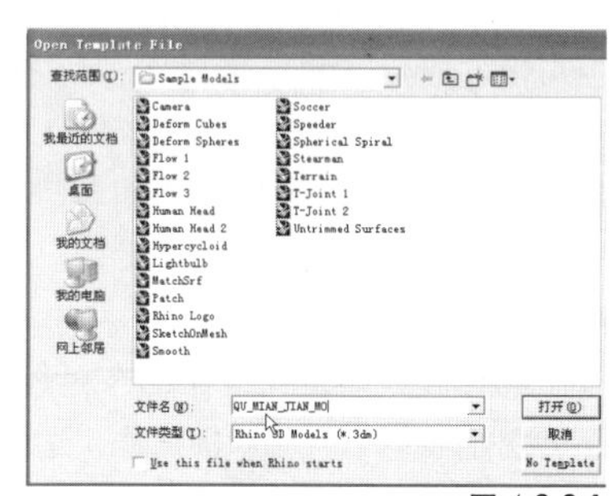

图 4.2.2.1

图 4.2.2.2

接下来选择以前扫描好的图片（如图4.2.2.3)。此时命令栏内出现First corner的指令，要求我们输入图片左下角的位置（如图4.2.2.4)。我们输入0，0。第一个0代表X轴的坐标位置，第二个0代表Y轴的坐标位置。这表明我们要把这张图片的左下角放在X轴的0点和Y轴的0点上。然后，系统会提示我们输入Second corner or length。这就要求我们知道图片的实际大小。如何知道图片的实际大小呢?这个工作要在Photoshop里面完成。

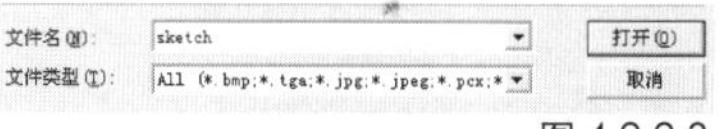

图 4.2.2.3

下面我们就在Photoshop里测量一下我们要置入的图片的大小。测量的方法是在打开的图片上方点击右键（如图4.2.2.5)，在弹出的选项栏中选Image size，得知图片的尺寸是128mm宽和153mm高(请注意图4.2.2.6中单位已经改选成mm)。还可以将扫描得到的每英寸300个像素减少至150像素，以便减小文件的存储量。

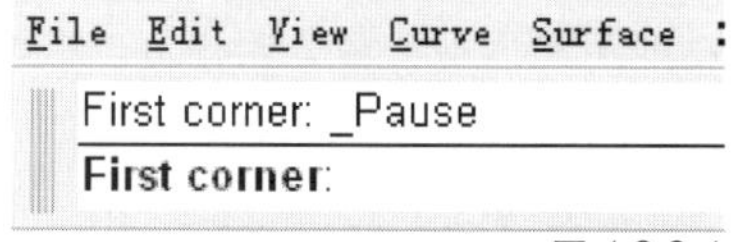

图 4.2.2.4

在获知要置入的图片的具体尺寸以后，我们就可以回到Rhino里来，输入另外一个角点的坐标位置：128,153。其中@代表以第一个角点为起点，接下来的两个数值表示第二个角点坐标在X轴向向右延伸

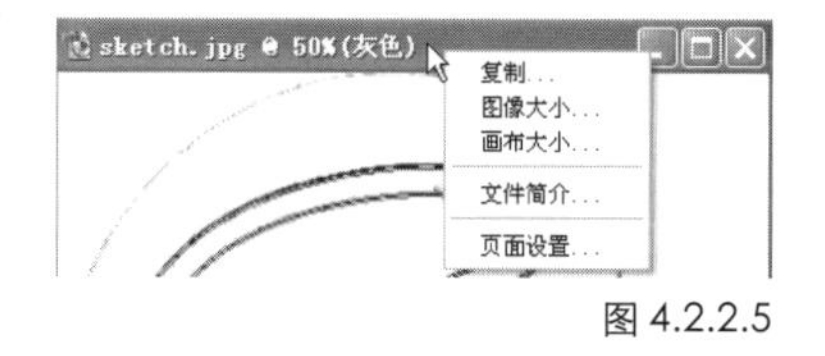

图 4.2.2.5

128mm，Y 轴向向上延伸 153mm 的坐标位置。这时图片就会以 1 : 1 的比例关系置入到建模空间里来。置入后的效果应如图 4.2.2.7。这时画面上的网格影响观察，我们可以按一下键盘上的 F7，将网格隐藏起来（再按 F7 网格又显示出来）。

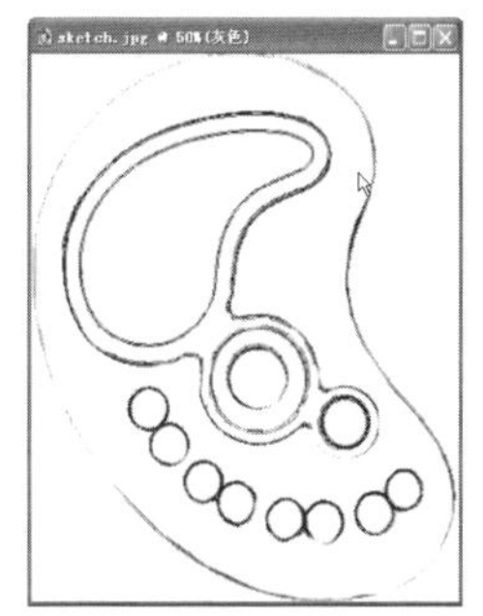

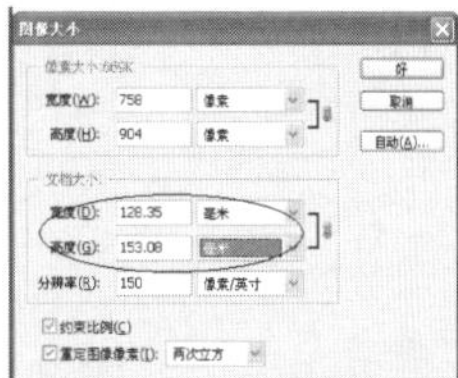

图 4.2.2.6

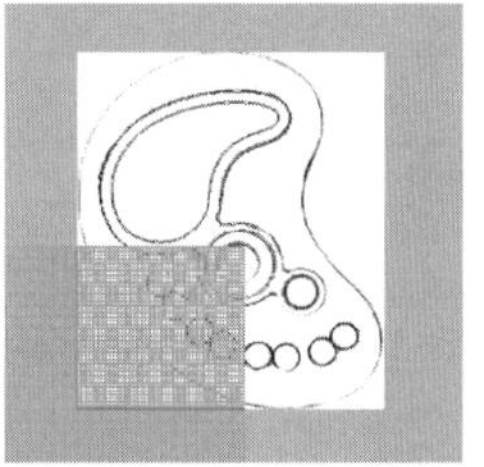

图 4.2.2.7

4.2.3 在草图的基础上绘制二维曲线

下面我们要参考置入的图片绘制二维曲线。第一步双击 TOP 视图上的 TOP 名称，切换成为一个大的窗口。然后选择 Control point curve（控制点曲线）工具，在 TOP 视图中沿参考图片绘制外轮廓。效果如图 4.2.3.1。绘制后可能不准，可在选中这条曲线的情况下，点击 Control point on 图标，显示出控制点便于调整。最后要使整条曲线平滑，为下一步生成三维模型奠定良好的基础。调整好以后，在图标上点击一下右键，就可以将控制点隐藏。

接下来，为了生成一个腰果一样的壳体，我们要用 Rhino 里 Surface 下的 Rail revolve 的技术。这种技术需要三条线，一条是我们刚才已经绘制好了的叫做 Rail curve 的外轮廓线，另外还需要一条叫做 Profile curve 的截面曲线和一条叫做 Rail Revolve Axis 的中轴线。

首先为了便于绘制我们先把置入的图片隐藏起来。选 View\Background bitmap\Hide 就可以把背景图片隐藏起来。再选工具，如图 4.2.3.2 绘制出一条曲线。这条线只有两个控制点，我们要增加至 4 个控制点。方法是选中这条线后再选 Edit\Rebuild，在弹出的对话框中如图 4.2.3.3 设置。在这个设置里我们设定了 4 个控制点。然后，我们切换到前视图，将这条具有 4 个控制点的曲线调整成图 4.2.3.4 的形状。注意第一个控制点要和第二个控制点在一条垂直线上，第三个控制点和第四个控制点在一条水平线上。这样做的结果是能保证这条曲线的第一个控制点和垂直线相切，第四个控制点和水平线相切。

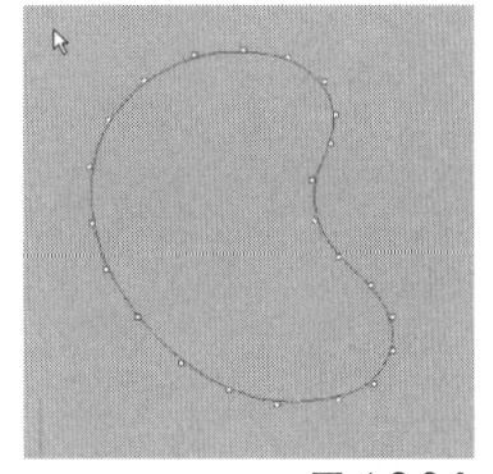

图 4.2.3.1

画好后的结果从透视视图里看应如图 4.2.3.5。

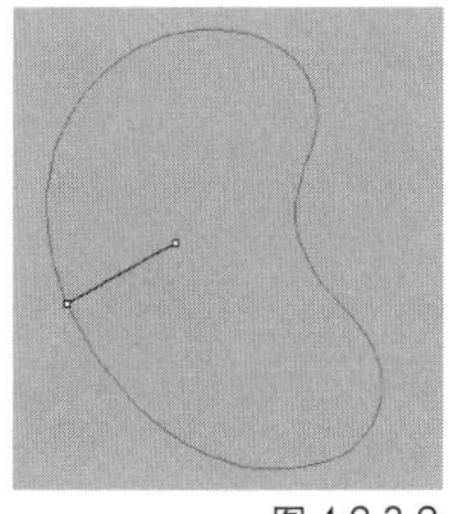

图 4.2.3.2

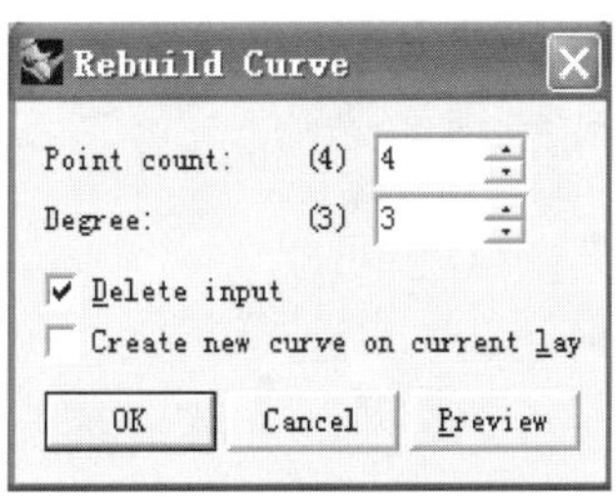

图 4.2.3.3

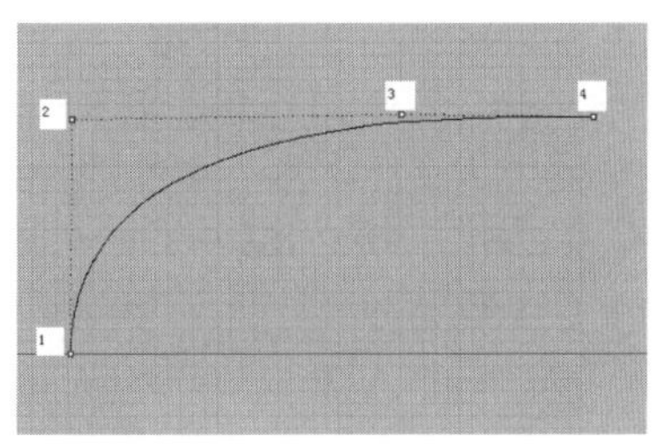

图 4.2.3.4

接下来我们还要画一条过控制点 4 的垂直线，这条线要在前视图里绘制，不要用捕捉，效果如图 4.2.3.6。最后再点击捕捉 Snap Ortho Planar Osnap 并将这条线移动到图 4.2.3.7 的位置（直线的上端点要捕捉到曲线的第 4 个控制点上）。至此我们建立 Rail revolve 三维曲面所需要的三个必备条件都准备好了。

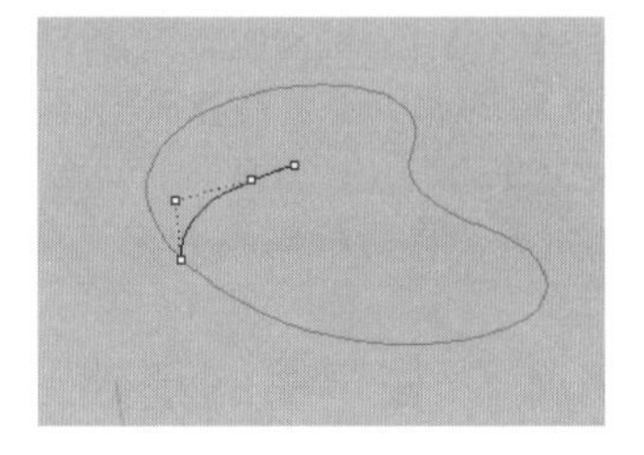

图 4.2.3.5

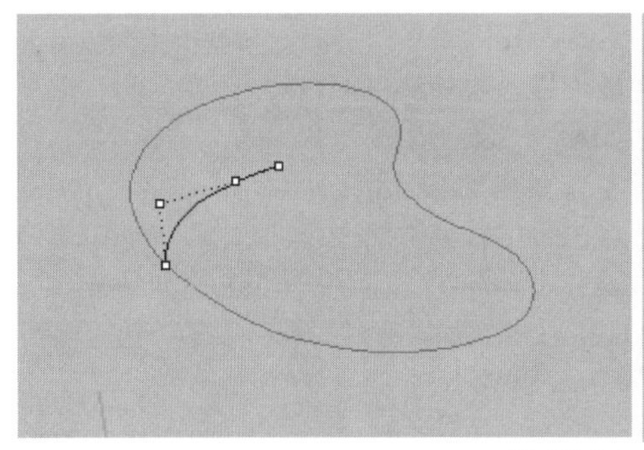

图 4.2.3.6

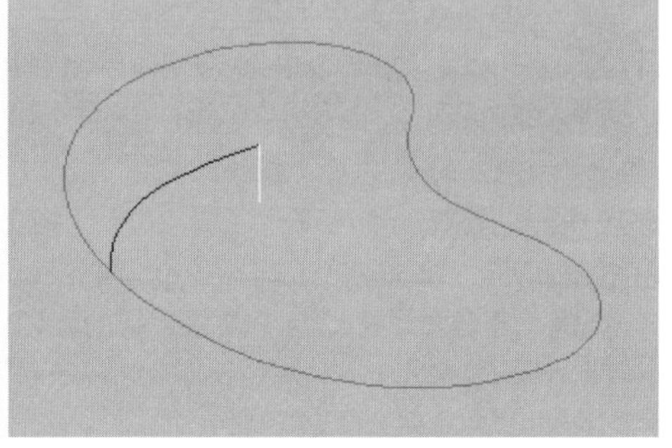

图 4.2.3.7

4.2.4 用二维曲线生成三维曲面

下面选 Surface\Rail Revolve 命令，这时命令行要求选择 Profile Curve，我们就选图 4.2.4.1 所示为 1 的曲线。接下来命令行会提示选择Rail curve，选图4.2.4.1 所示为 2 的轮廓线。接着命令行提示选择 Start of Rail Revolve Axis，我们就选择图 4.2.4.1 所示为 3 的直线的上端点。最后命令行提示我们选择 End of Rail Revolve Axis，我们就选择图 4.2.4.1 所示为 3 的直线的下端点。这时场景中就会生成如图 4.2.4.2 所示的三维曲面。这就是我们所做的治疗仪的上半部壳体。

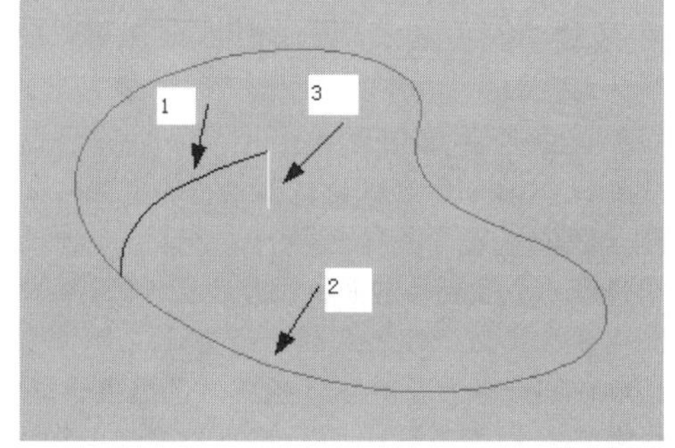

图 4.2.4.1

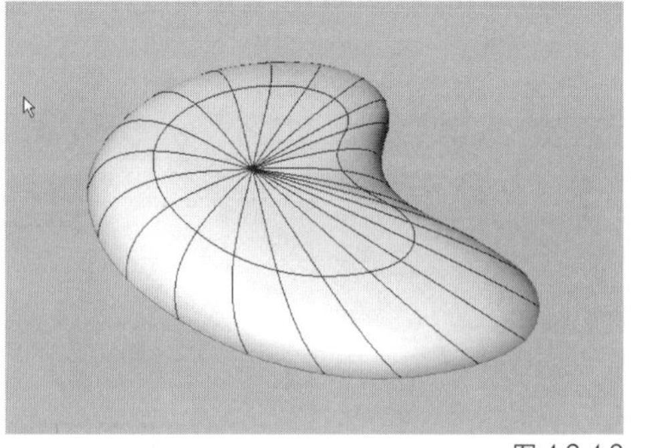

图 4.2.4.2

这一部分的技术要点是：1. 曲线的绘制要平滑。2. Profile curve 曲线的端点要和水平线及垂直线相切。3. 轴线要垂直，轴线的上端点要和侧面曲线的端点捕捉到一起。4. 在最后生成曲面的时候，拾取各部分曲线的顺序不要错。

4.2.5 用曲线分割三维曲面生成屏幕的凸台

下面我们要用曲线在三维的壳体上分割制作出治疗仪屏幕的凸台。首先绘制出凸台的外轮廓曲线，效果如图 4.2.5.1。方法如下：先按照参考图片的位置用工具绘制一个圆形，在命令行 Radius <23.850> (Diameter): 上输入直径 50。效果如图 4.2.5.2。再分别用捕捉的方法以直径 50 的圆心为中点绘制三个圆形，直径分别是 17、18 和 34，效果如图 4.2.5.3。

再用移动工具将直径 17 的圆形移动到距直径 50 的圆形 X 轴 45.52，Y 轴 33.15 的位置。将直径 18 的圆形移动到距直径 50 的圆形 X 轴 59.32，Y 轴 42.01 的位置。将直径 34 的圆形移动到距直径 50 的圆形 X 轴 33.21，Y 轴 29.57 的位置，效果如图 4.2.5.4。

要想精确的移动物体，必须要在命令行内输入数值。方法是当命令行要求输入 Point to move from(从何点移动)时，要用捕捉形式捕捉到直径 50 的圆形，再在命令行内输入 @ 和 X、Y 轴的数值，X 轴和 Y 轴之间要加入一个逗号。比如，将直径 17 的圆形移动到距直径 50 的圆形 X 轴 45.52，Y 轴 33.15 的位置时，输入的数值是这样的：@45.52,33.15。

下面我们要在四个圆形之间绘制出不同半径的连接线，要保证连线的两端与相邻的两个圆形相切。这里我们要用的工具是两端相切生成弧线。方法是点击并按住弧线工具，在弹出的选项中选择两端相切生成弧线工具。画的时候要先选一个圆形，再选另外一个圆形。这时会出现相切的标志，如图 4.2.5.5。当两个圆形都被拾取以后，命令行会提示我们输入半径，此时输入 60。接着会要求我们选择弧线，我们移动鼠标，选择如图 4.2.5.6 的弧线，连接的效果如图 4.2.5.6。

按照以上方法，参照图 4.2.5.1 各个弧线的半径参数，连接的最后效果如图 4.2.5.7。

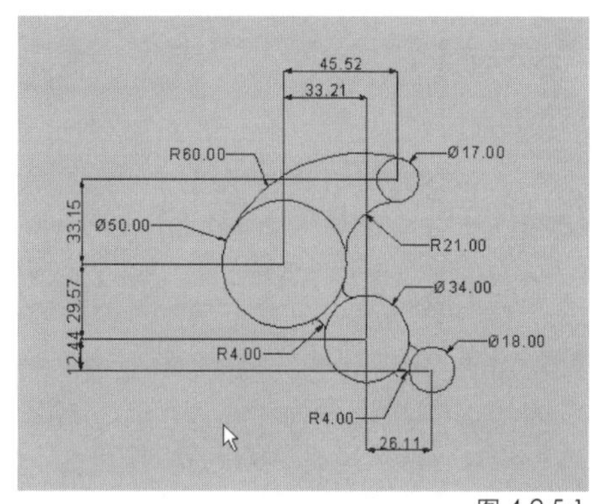

图 4.2.5.1

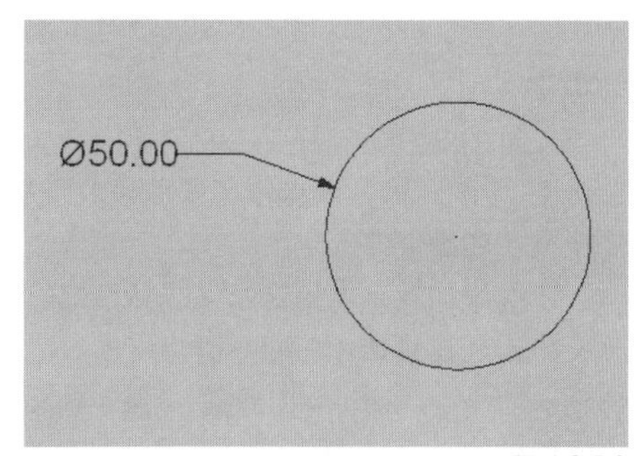

图 4.2.5.2

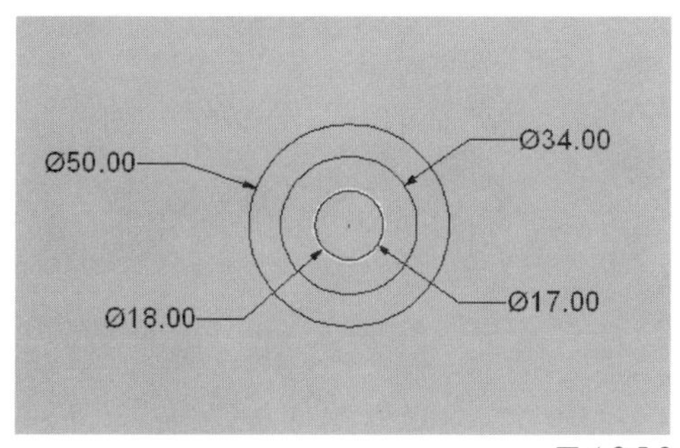

图 4.2.5.3

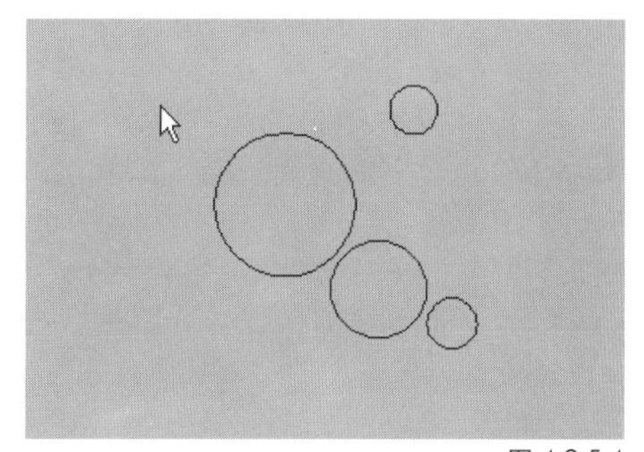
图 4.2.5.4

再使用修剪工具，将曲线全部选中后点击右键，再用左键逐一点击要修剪掉的曲线，把多余的曲线删掉，最后完成的效果见图 4.2.5.8。

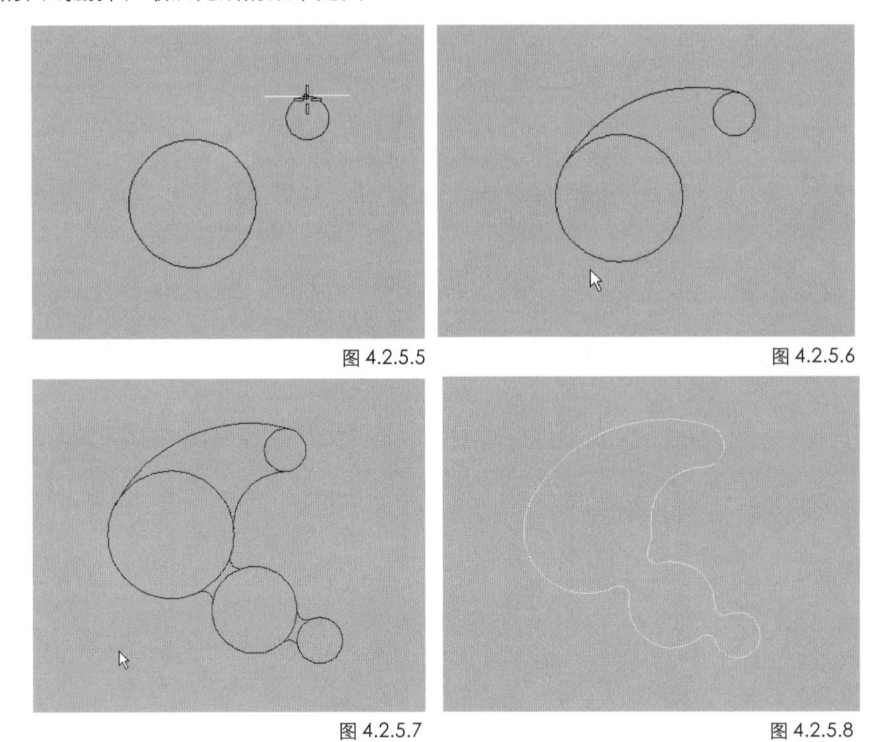

图 4.2.5.5　图 4.2.5.6

图 4.2.5.7　图 4.2.5.8

二维的曲线绘制好后，我们还要把这些曲线 Join(连接)成一整条曲线。方法是先点击 Join 图标，再依次点击各条曲线就连接好了。连接好以后，再点击曲线就可以一次性地把整条曲线全部选中了。

下面我们就可以用这条曲线从三维的壳体剪切出透镜的凸台。先把三维的壳体显示出来。方法是在 Hide(隐藏)键上点击右键，所有隐藏的物体就全部显示出来了。效果应如图 4.2.5.9。再点击 Split(分解)键，命令行上提示我们：Select objects to split(选择要分解的物体)，用左键点击一下壳体后再点击右键。命令行上又提示我们：Select cutting

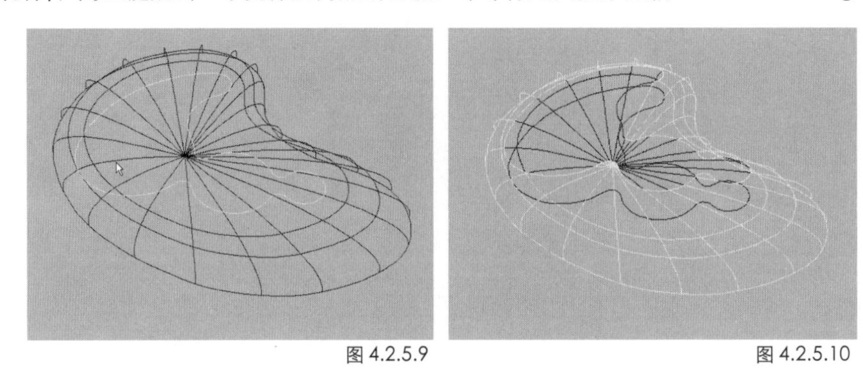

图 4.2.5.9　图 4.2.5.10

objects(选择切割物体)，用左键点击一下前面绘制的曲线。系统就会用曲线将三维曲面切割开。切割的结果是三维曲面被分割成四块，效果如图4.2.5.10、图4.2.5.11、图4.2.5.12和图4.2.5.13。我们还要将这四块分别连接成两块。一块是凸台，一块是凸台外部的壳体。

连接三维曲面的方法和连接二维曲线的方法一样，也是点击 Join（连接）按键后，再分别点击要连接的曲面。连接后的曲面应如图 4.2.5.14 和图 4.2.5.15。

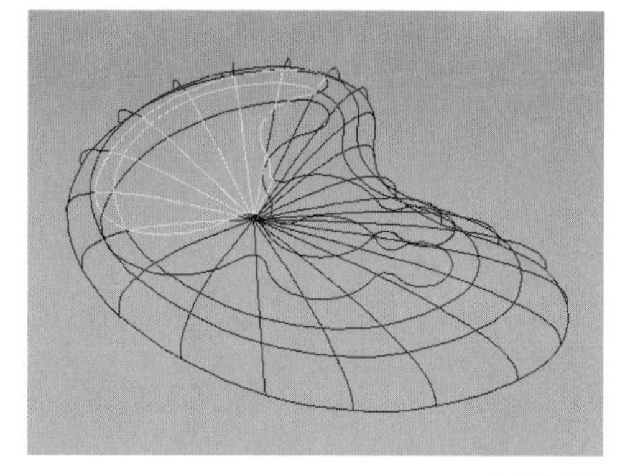

图 4.2.5.11

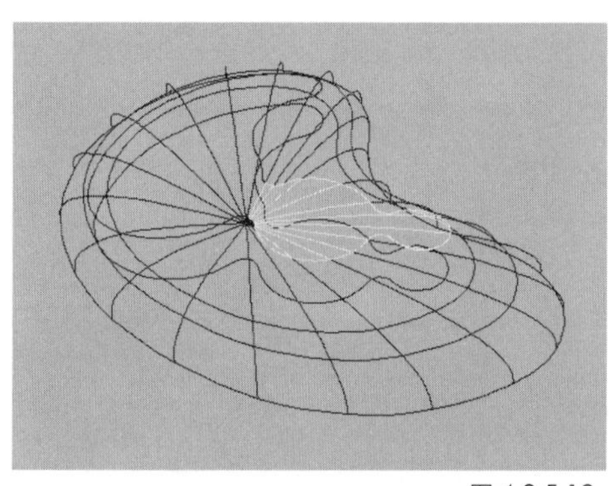

图 4.2.5.12

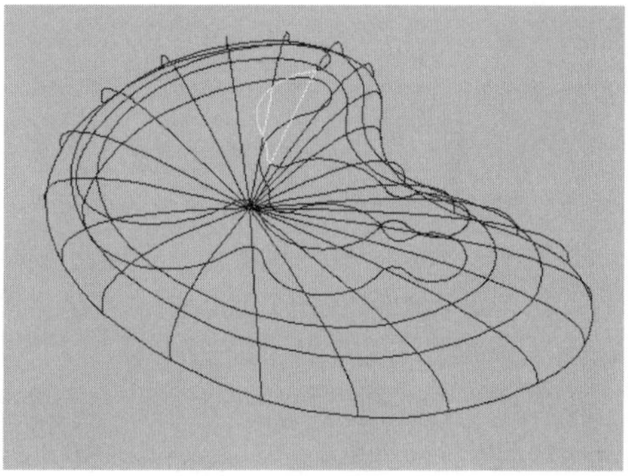

图 4.2.5.13

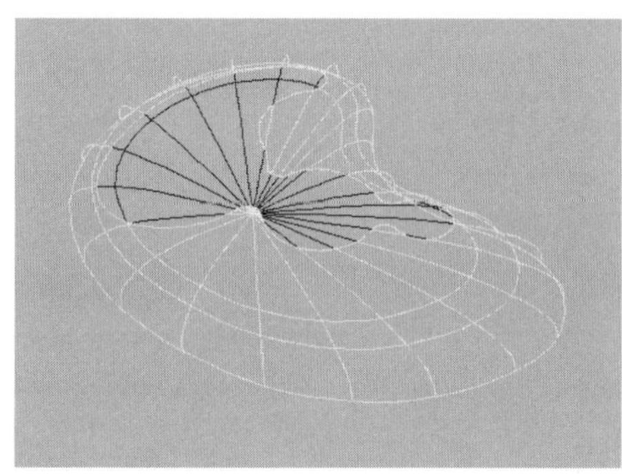

图 4.2.5.14

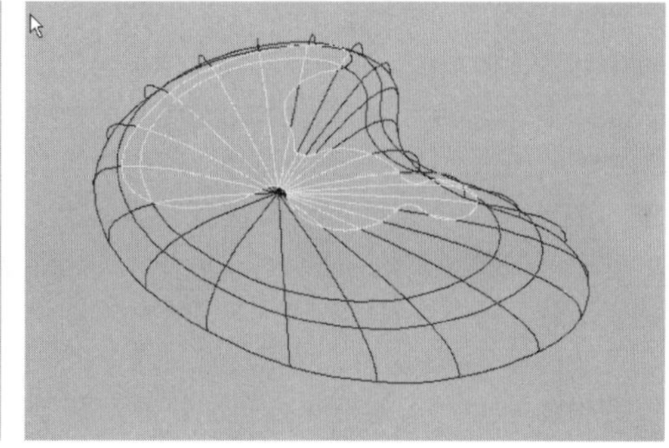

图 4.2.5.15

4.2.6 用曲线分割壳体生成按钮周围的圆孔

下面我们还要用曲线切割出按钮周围的圆孔。首先依然是绘制出圆形的曲线，点击圆形工具，按图 4.2.6.1 所示绘制 9 个圆形曲线。

绘制好后，还要将相邻的两个圆形先切割、后连接起来，所得结果应如图 4.2.6.2 和图 4.2.6.3。最后将壳体显示出来，按先前的方法切割，效果应如图 4.2.6.4。

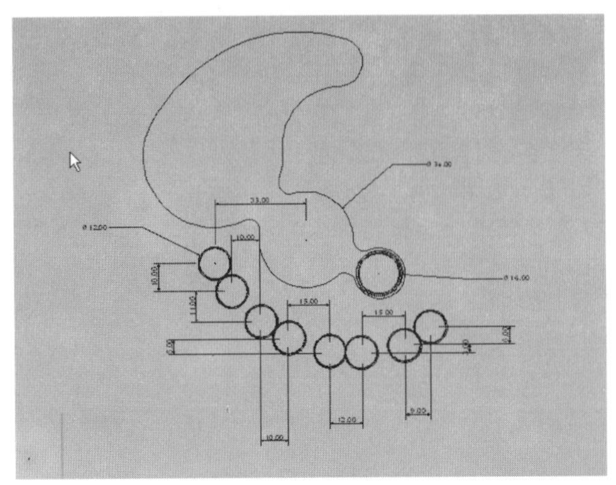

图 4.2.6.1

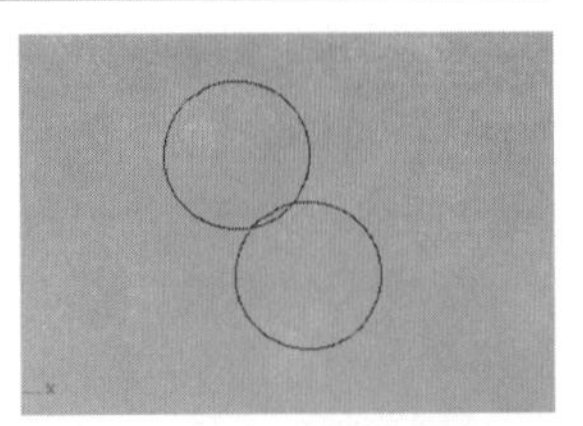

图 4.2.6.2

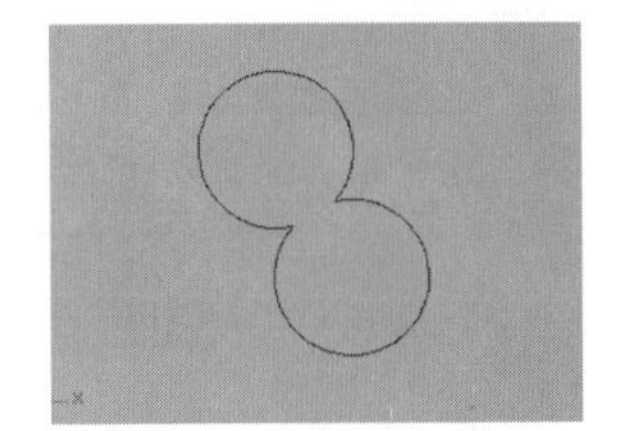

图 4.2.6.3

4.2.7 建层

进行到现在，我们要对场景稍作管理。通过建立图层可以更好地操作。建层的方法是点击 Edit Layers(编辑图层)图标，弹出图 4.2.7.1 的窗口，窗口中只有一个默认层，点击图标创建一个新层，并命名，如图 4.2.7.2。

把模型放到某个图层中去的方法是选中要改变图层的物体，再按住图标，弹出如图 4.2.7.3 的选项栏，点击Change Object Layer(改变物体的图层的)的图标，弹出如图4.2.7.4的选项栏，点击要选择的图层，物体就放到该层里去了。

运用以上的方法，我们可以先建立一个放置曲线的图层，把三维的曲面和二维的曲线放到不同的图层便于管理。随着模型越建越复杂，大家还可以建立更多的图层利于操作。关闭图层的方法是点击图层名称右边的灯泡图标，使其呈灰色状态即可，如图 4.2.7.5。现在为了便于下面的操作，我们暂时把曲线图层关掉，需要的时候再打开。

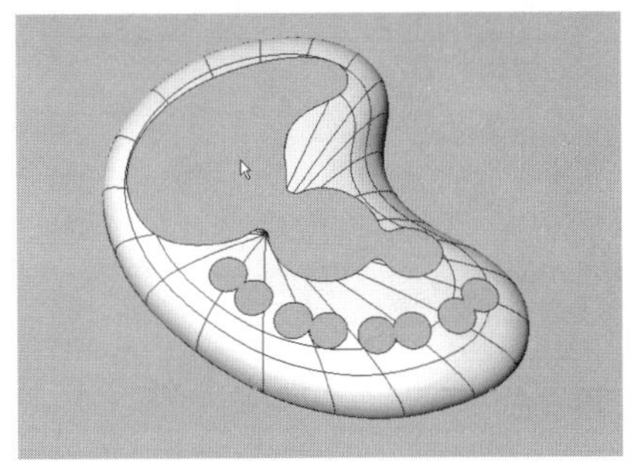

图 4.2.6.4

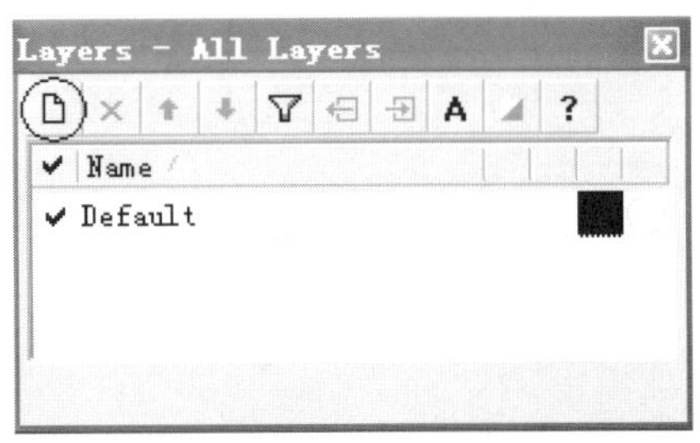

图 4.2.7.1

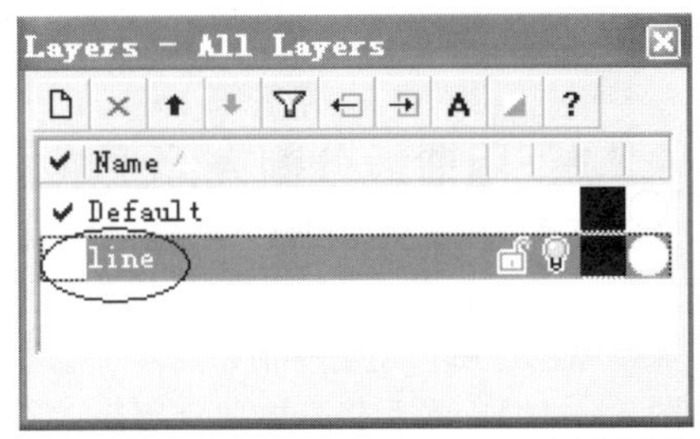

图 4.2.7.2

4.2.8 制作屏幕凸台

下面我们继续制作屏幕凸台。首先把从壳体上切割下来的屏幕模型显示出来，并向上移动 3mm。效果如图 4.2.8.1。移动时先选移动工具，再在前视图内点击屏幕部分，如图选择

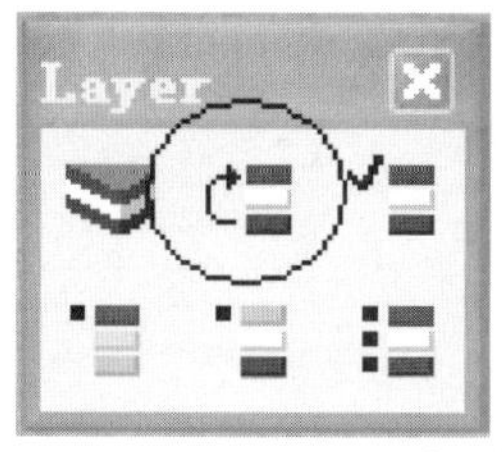

图 4.2.7.3

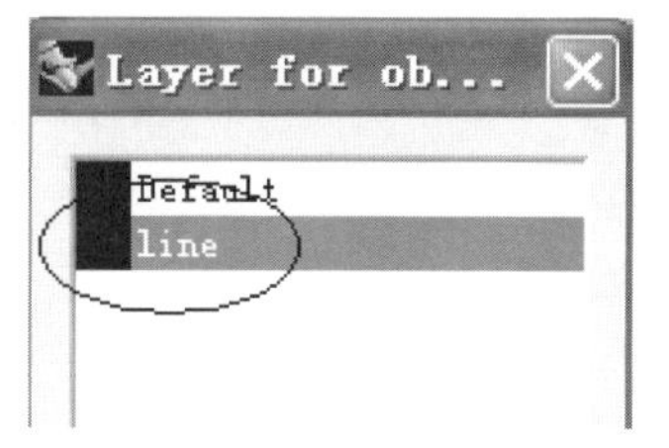

图 4.2.7.4

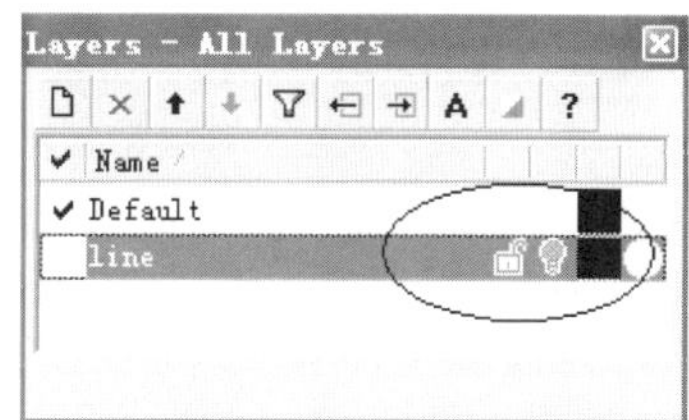

图 4.2.7.5

移动的起点。命令行提示我们移动到何处，在命令行内输入 @0，3，0，向上移动 3mm，结果如图 4.2.8.2。

接下来选 Surface\Extrude\Straight(曲面\拉伸\直线型)命令，命令行提示我们选择曲线或曲面，在顶视图选取凸台曲面。这时命令行提示输入 Extrusion Distance(拉伸距离)，输入 @0，0，-3，表明在当前位置沿着 Z 轴向下拉伸 3mm，点击右键完成。拉伸后的效果应如图 4.2.8.3。

下面我们来做倒圆角。选 Fillet Surface 工具，命令行提示我们选择第一个曲面，同时括号内的倒角半径显示是 1。首先我们在命令行上输入 2，再选择凸台曲面。这时命令行提示我们选择第二个曲面，我们选刚刚拉伸生成的曲面。系统自动生成一条倒圆角的曲面。效果如图 4.2.8.4。大家可能注意到圆角并没有沿着凸台全部生成，只生成了一半，因此我们还要继续倒圆角，直到全部倒完为止。

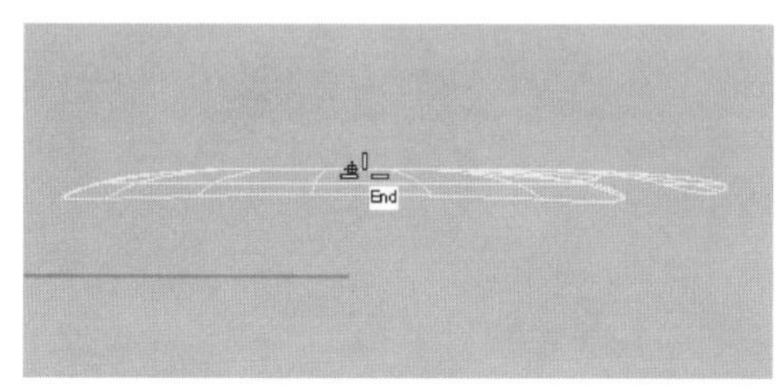

图 4.2.8.1

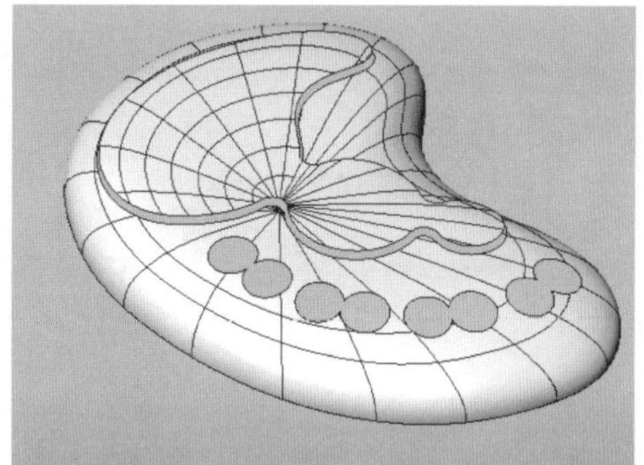

图 4.2.8.2

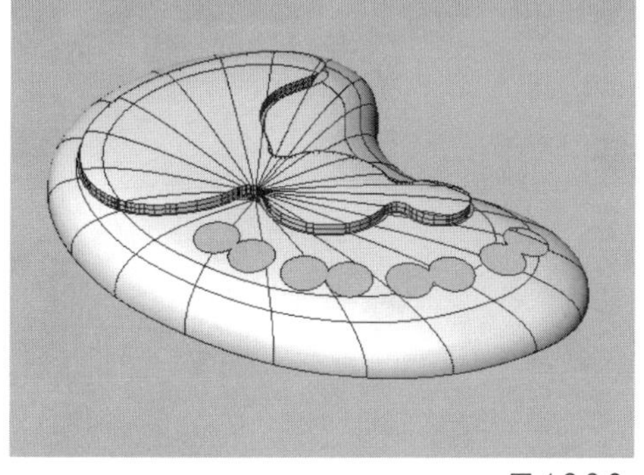

图 4.2.8.3

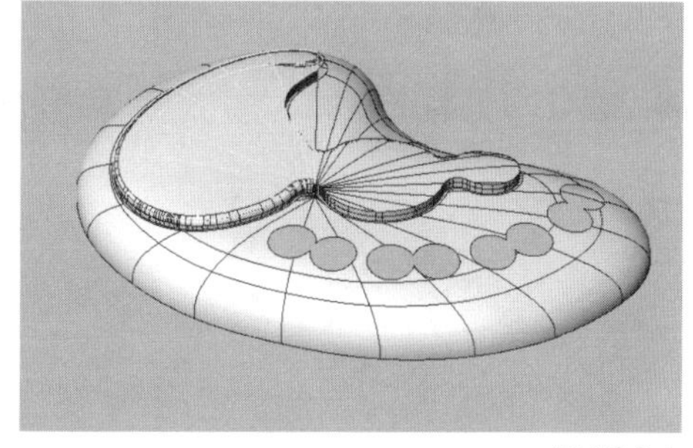

图 4.2.8.4

4.2.9 制作圆孔的倒圆角

用同样的方法，制作圆孔的倒圆角。首先点击 Extrude Straight（直线拉伸），再选择壳体上的圆孔，系统会弹出选项栏，问选择 Surface(曲面)还是 Edge（边），我们选择边，如图 4.2.9.1。把全部的圆孔边缘都选中以后，点击右键，命令行提示我们输入拉伸的距离，输入 @0，0，-5。拉伸后的效果如图 4.2.9.2。

接下来即可按我们在 4.2.8 小节中介绍过的方法给圆孔倒圆角。倒的时候圆角的半径为 1，Extend(延伸)设为 No（如按照默认的 Yes 来倒角，会出现如图 4.2.9.3 的情况）。全部倒完以后，把模型的其余部件都显示出来，效果应如图 4.2.9.4。

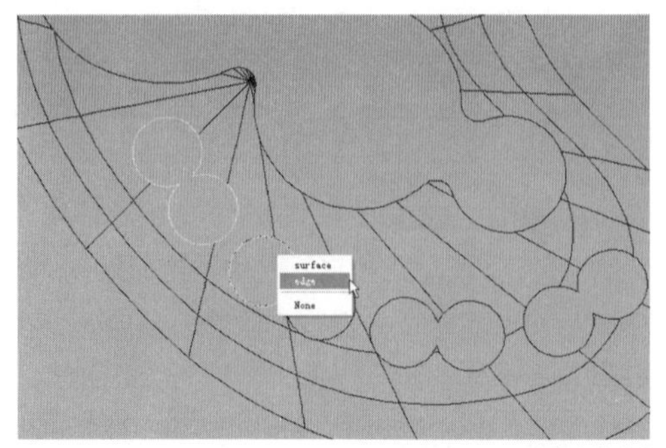

图 4.2.9.1

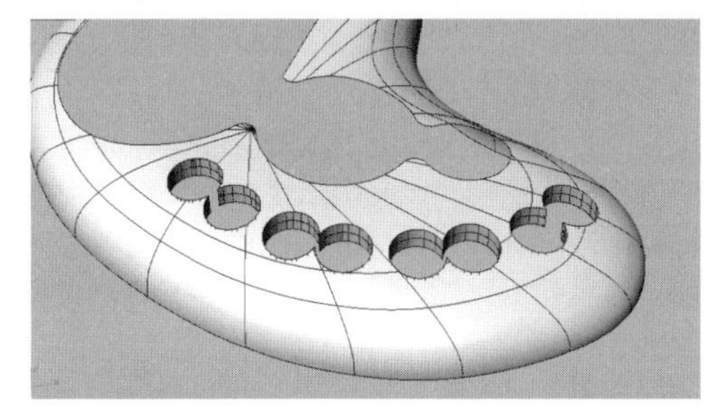

图 4.2.9.2

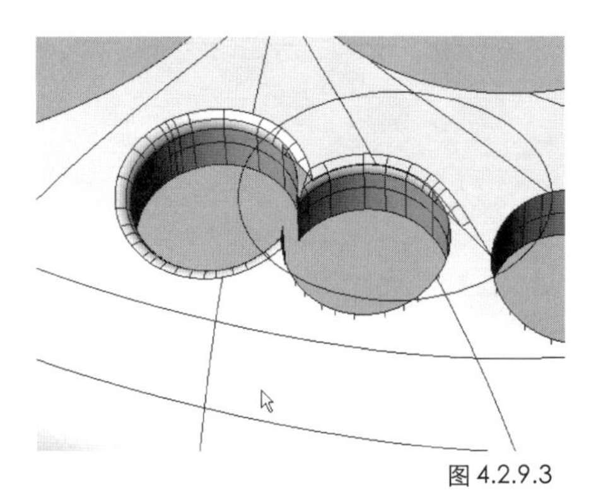

图 4.2.9.3

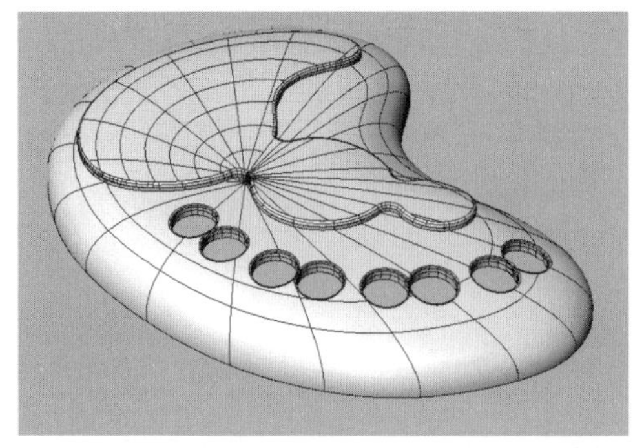

图 4.2.9.4

4.2.10 剪切透镜、模式键和开关键

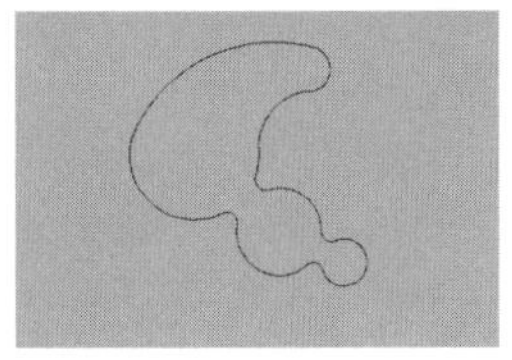

图 4.2.10.1

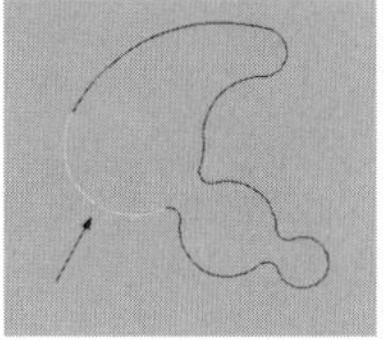

图 4.2.10.2

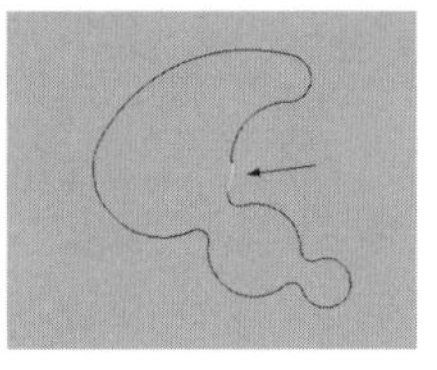

图 4.2.10.3

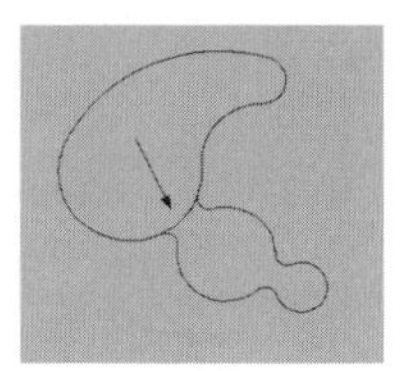

图 4.2.10.4

打开我们在前面创建的曲线图层，显示出如图 4.2.10.1 的曲线。按住 Fillet Curves (曲线倒角)图标，在弹出的选项里选择 Blend Curves(融合曲线)。这时命令行提示我们选择第一条曲线，我们如图 4.2.10.2 选择。这时命令行提示我们选择第二条曲线，我们如图 4.2.10.3 选择。最后生成如图 4.2.10.4 的效果。

根据以上方法再制作出如图 4.2.10.5 的融合曲线，并把箭头所指的曲线隐藏。再选 Join(结合)，把图中的曲线结合起来，请见图 4.2.10.6～图 4.2.10.8。

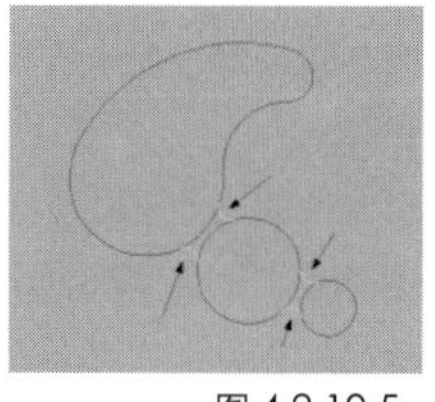
图 4.2.10.5

图 4.2.10.6

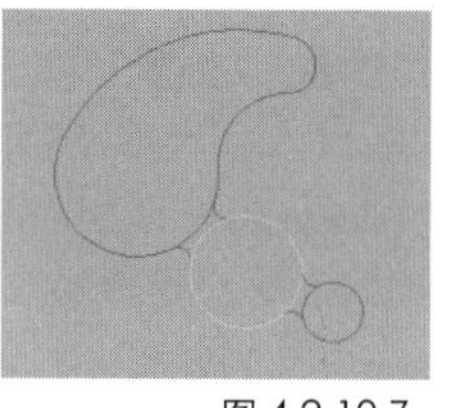
图 4.2.10.7

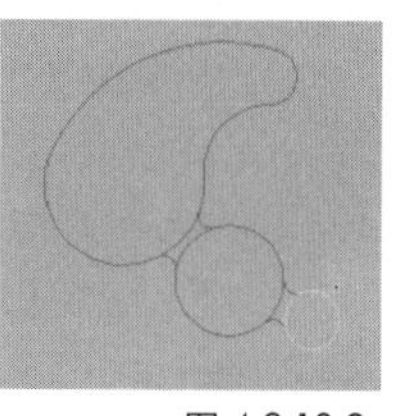
图 4.2.10.8

下一步按住 Fillet Curves(倒角曲线)，在弹出的选项中选 Offset Curve(位移曲线)，按照命令行如图 4.2.10.9 选择第一条曲线，再在命令行上输入 5，最后在曲线内部点击左键。生成的图形应如图 4.2.10.10。其余两个圆形也做位移曲线，位移的距离分别是 4 和 3。效果如图 4.2.10.11 和图 4.2.10.12。

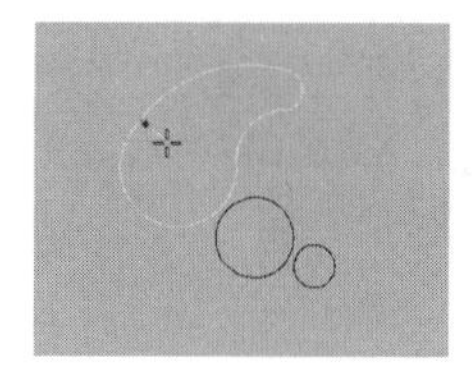
图 4.2.10.9

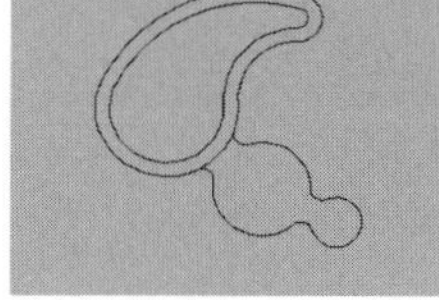
图 4.2.10.10

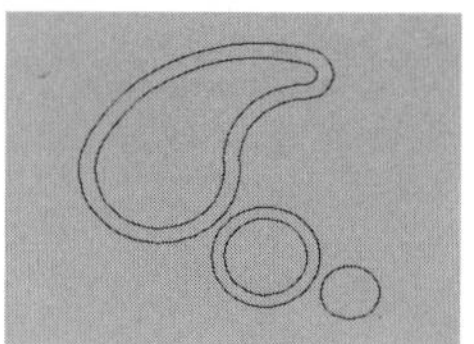
图 4.2.10.11

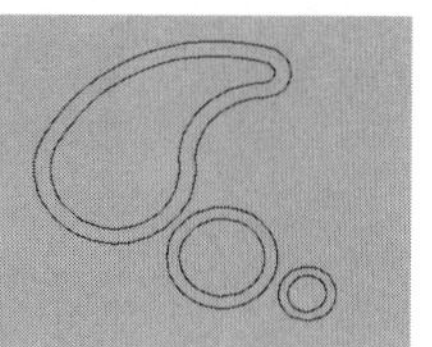
图 4.2.10.12

下面我们利用这三条曲线来剪切凸台曲面，生成透镜、模式键和开关键的开孔。方法是点击 Split(分解)，按照命令行提示选择被分解的物体即凸台曲面，如图 4.2.10.13。接着继续按照命令行提示选择分解曲线，如图 4.2.10.14。系统即分解出如图 4.2.10.15 的透镜曲面。模式键和开关键的切割面也如前述制作。只是模式键和开关键的曲面要删除掉。最后完成后的效果应如图 4.2.10.16。

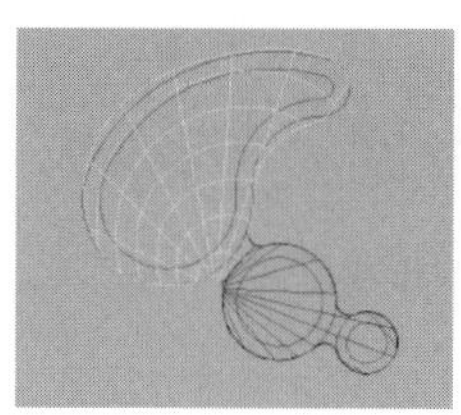
图 4.2.10.13

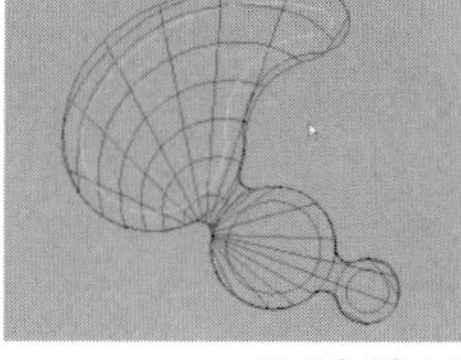
图 4.2.10.14

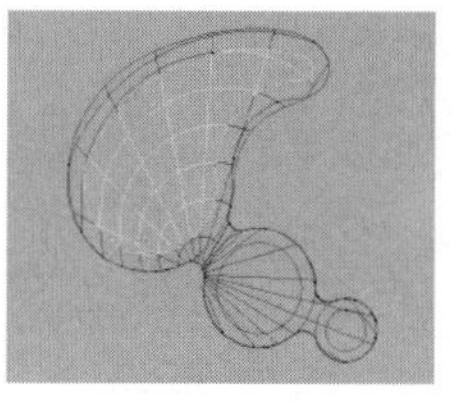
图 4.2.10.15

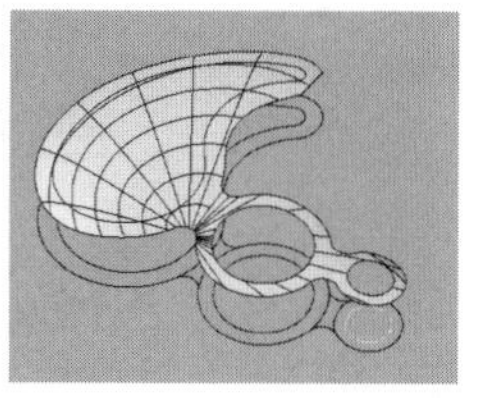
图 4.2.10.16

4.2.11 制作模式键和开关键的倒圆角

按照我们在4.2.8和4.2.9两小节里介绍的方法制作模式键和开关键圆孔的倒圆角。所得的结果应如图4.2.11.1，圆角的半径为2。

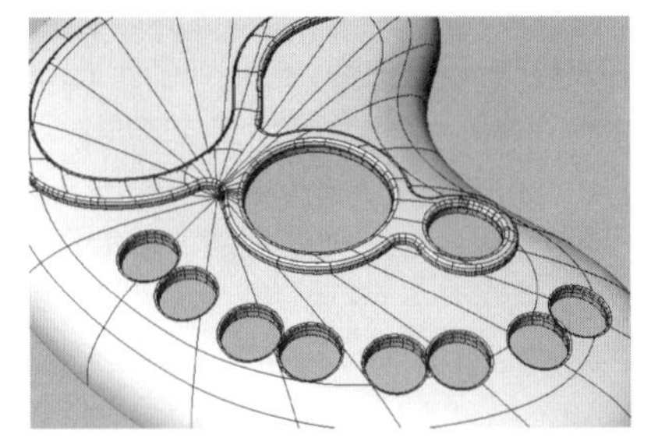

图4.2.11.1

4.2.12 制作模式键

按住Box（方块）键，在弹出的选项栏中选Torus(圆环)。这时候命令栏提示输入圆心，我们在顶视图任意位置点击一下。命令栏接着提示输入半径，输入8.5。这时命令行提示输入直径，输入5。所得结果如图4.2.12.1。半径所指的是圆环的内径，直径所指的是圆环的管径，管径是5，则圆环的外径就是27。效果如图4.2.12.2。

下面把圆环移动到模式键圆孔中来，效果如图4.2.12.3、图4.2.12.4和图4.2.12.5。

接下来绘制两条直线，并用Offset（位移）工具将两条直线复制成四条线，位移的距离设成0.2。再用Split(切割)工具将圆环切割成四等分，间隙是0.2。结果如图 4.2.12.5。在凸台上的位置应如图4.2.12.6。

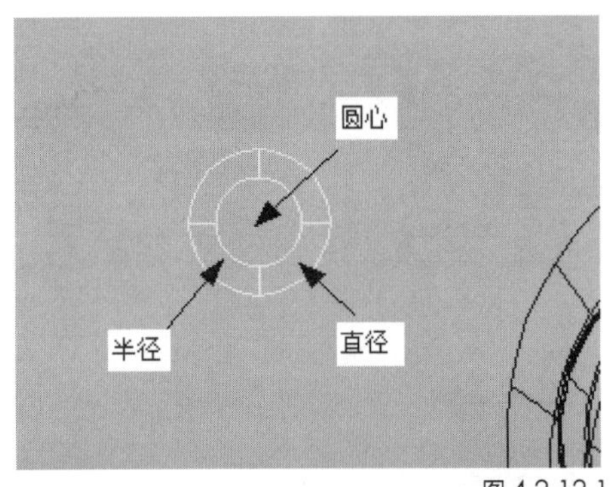

图4.2.12.1

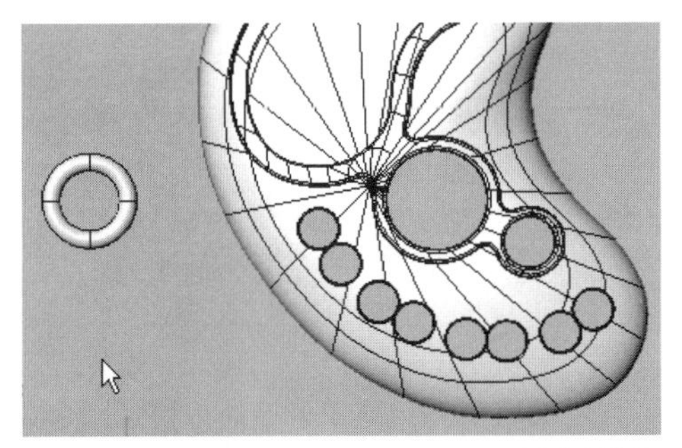

图4.2.12.2

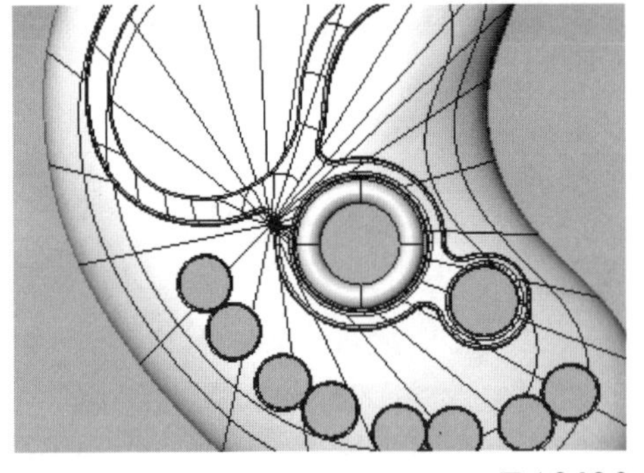

图4.2.12.3

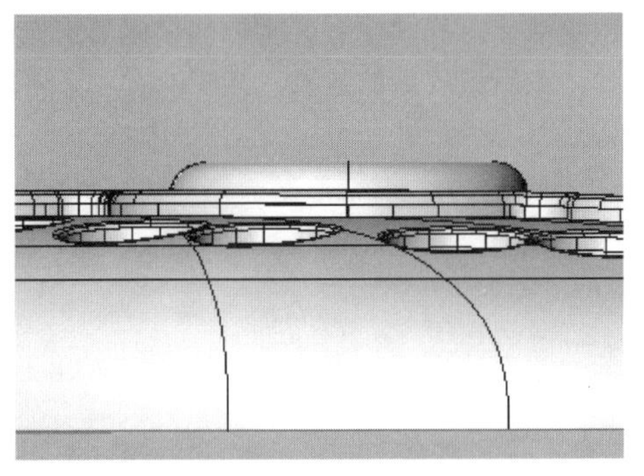

图4.2.12.4

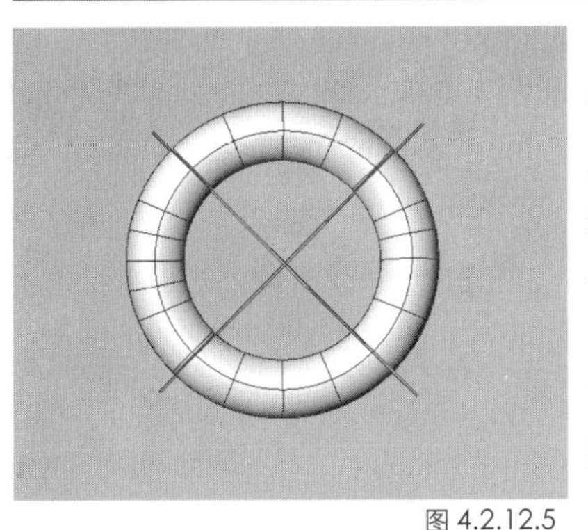

图 4.2.12.5

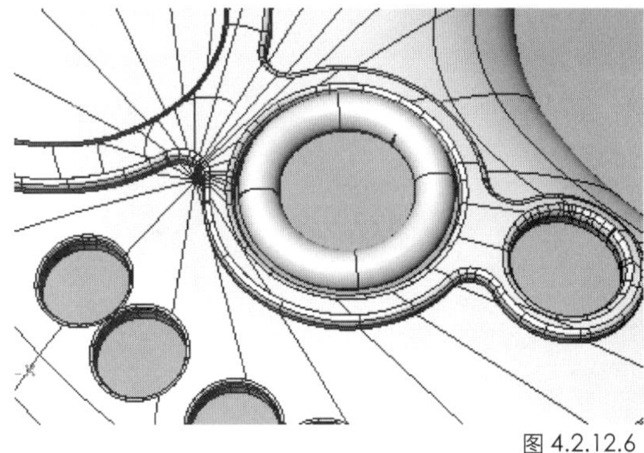

图 4.2.12.6

4.2.13 制作开关键、强弱键和选择键

三种键的制作方法一样。都是用圆球工具创建圆球，再在显示控制点图标上点击，将控制点显示出来。在前视图向上移动最下面的一组控制点，圆球的形状发生变化，效果如图 4.2.13.1。三种按键的圆球直径分别如图 4.2.13.2。最小的按键用复制工具复制 7 个，位置如图 4.2.13.2。

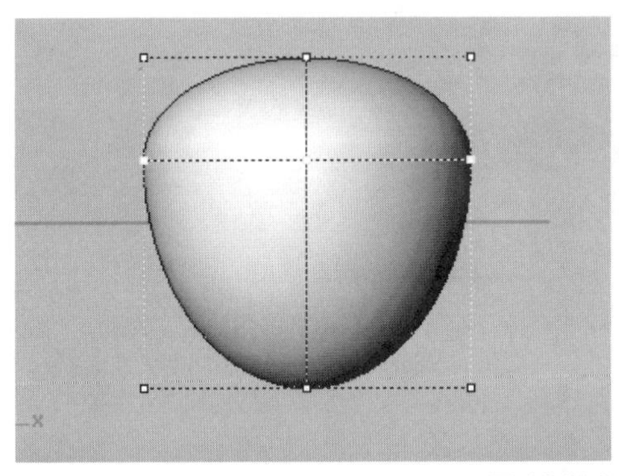

图 4.2.13.1

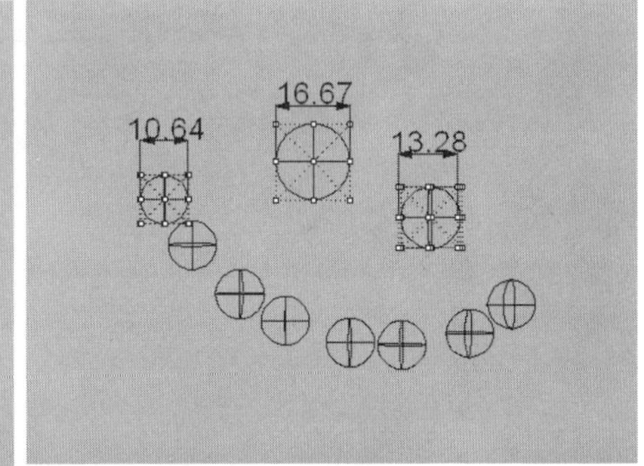

图 4.2.13.2

4.2.14 制作底壳

底壳的制作方法和上壳体一样，另切割出电池盒盖的形状，见图 4.2.14.1、图 4.2.14.2 和图 4.2.14.3。具体的制作方法可以参照前面所讲述的内容。

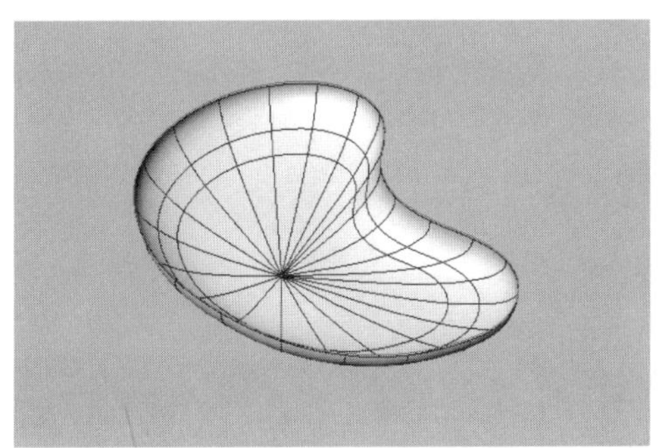

图 4.2.14.1

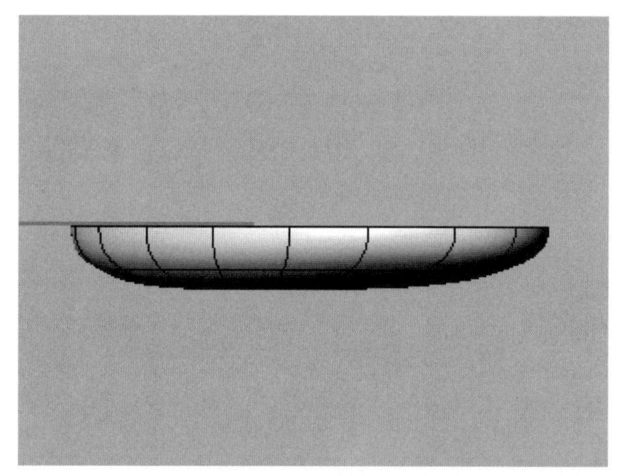

图 4.2.14.2

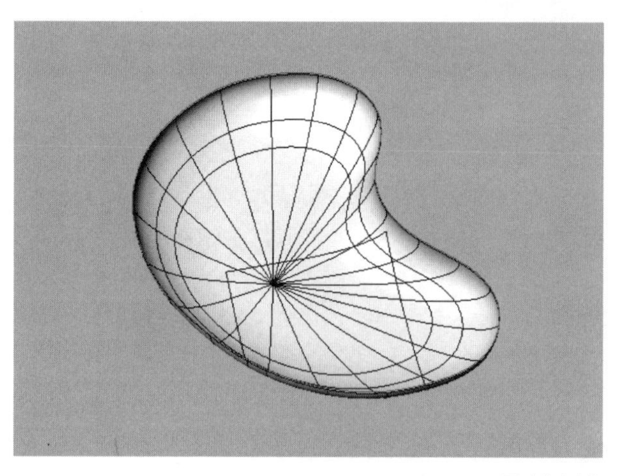

图 4.2.14.3

第五章　3ds max 在工业设计中的应用

3ds max 6.0 是美国 Discreet 公司开发的三维设计软件，具有很强的建模、渲染和动画功能，在全世界应用非常广泛。在工业设计界，3ds max 广泛用于概念设计的三维表达阶段，成为工业设计师功能强大、易于掌握的超强工具。

5.1 3ds max 6.0 的工作界面

图 5.1.1 是打开 3ds max 6.0 后出现的工作界面，A 是菜单栏，B 标准工具栏，C 是工具箱面板，D 是工作视窗，E 是时间标尺，F 是状态栏，下面分别介绍各个部分的功能。

5.1.1　菜单栏

3ds max 6.0 包括 15 个菜单。几乎所有的常用工具均可以在菜单中找到，有的菜单内含有子菜单。下面简单介绍一下每个菜单所包含的功能。

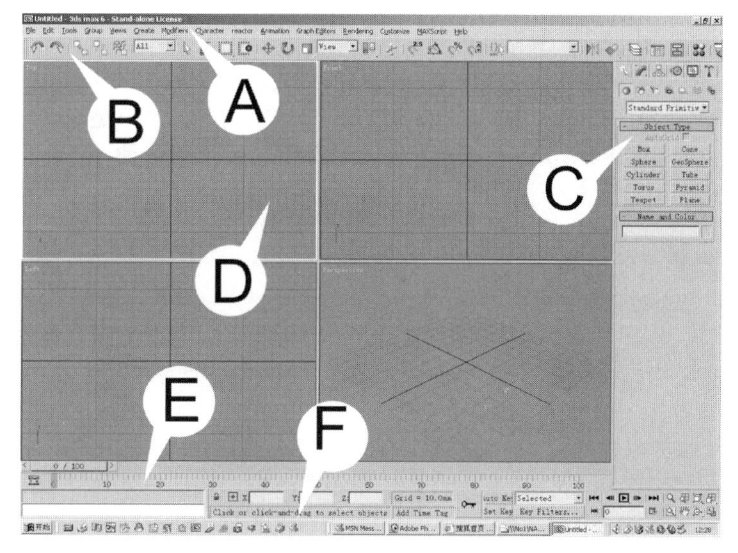

图 5.1.1

文件（File）

文件菜单中提供了多个对文档进行操作的命令选项，其中有新建、重建、打开、打开最近编辑过的文件、存档、另存新档、存为复制、储存所选择的物体。另外还有关于输入和输出的命令 8 个，它们依次是：外部参考物体、外部参考场景、合并、合并动画、替换、输入、输出和选择输出。最后的 5 个命令是归档、信息统计、文件属性、察看图片和退出。其中归档命令内包含 3 个子命令，分别是归档、资源收集和贴图 / 光域网的路径编辑器。

编辑（Edit）

编辑菜单中的有 13 种命令，它们是：复原、重做、保留、恢复、删除、复制、全选、不选、反选、依据某种类型选择、圈选、修改命名的选择集和物体属性。其中依据某种类型选择命令内包含 6 个子命令，分别是：颜色、名称、方形选、圆形选、围栏选和套索选。另外在圈选命令内包含 2 个子命令，分别是：圈选和界选。

工具（Tools）

工具菜单中共有22个命令。它们依次是：按数值转换物体、选择面板、显示面板、图层管理、灯光列表、镜像、阵列、对齐、快照、按间隔复制、法线对齐、对齐相机、对齐视图、放置高光、只显示所选物体、重命名物体、指定节点颜色、色彩调板、相机匹配、抓拍视图、测量距离和通道信息。

群组（Group）

群组菜单中共有8个命令。它们依次是：群组、把大组解散、打开组、关闭组、添加到组、从组中去处、分解所有组和装配。其中装配命令内包含有7个子命令，分别是：装配、拆除、打开、关闭、添加、移出和炸开。

视图（View）

视图菜单中恢复视图的变化、重做视图的改变、存储激活的视图、恢复激活的视图、网格、视图背景、刷新背景图像、重设背景图像的转换、显示转换范围框、显示幻影、显示关键帧、使选择的物体阴影显示、显示附属物体、从视图创建相机、向场景中添加默认的灯光、刷新所有视图、激活所有贴图、不显示所有贴图、拖动数值框改变数值大小时视图随着刷新、适应递减开关和专家模式。其中网格命令内包含有4个子命令，分别是：显示主网格、激活主网格、激活网格物体和将网格对齐到视图。

创建（Create）

创建菜单中共有14条命令，它们依次是：标准的基本形、扩展的基本形、AEC物体、复合物体、粒子系统、面片、NURBS、动力学物体、形状、相机、辅助物体、空间扭曲和系统工具。其中标准的基本形命令内包含有10个子命令，分别是：平面、立方体、圆锥体、球体、几何球体、圆柱体、圆管、圆环、金字塔形体和茶壶体。扩展的基本形命令内包含有12个子命令，分别是：多面体、环结、倒角的方体、倒角的圆柱、油罐、胶囊、纺锤、L形挤压、C形挤压、波形环、胶管和棱柱。AEC物体命令内包含有17个子命令，分别是：植物、围栏、墙、地形、轴心门、推拉门、折叠门、楼梯、L形楼梯、U形楼梯、旋转楼梯、遮篷窗、竖铰链窗、固定窗、轴心窗、推拉窗和投射窗。复合物体命令内包含有17个子命令，分别是：变形、抛撒、包裹、连接、柔体网格、合并形状、地域、放样和网格生成器。粒子系统命令内包含有7个子命令，分别是：粒子源流、喷洒、雪、暴风雪、粒子阵列、粒子云和超级喷洒。面片命令内包含有2个子命令，分别是：方形面片和三角形面片。NURBS命令内包含有4个子命令，分别是：可控点曲面、点曲面、可控点曲线和点曲线。动力学物体命令内包含有2个子命令，分别是：减震器和弹簧。形状命令内包含有11个子命令，分别是：线、长方形、截面、圆弧、圆形、圆环、椭圆形、螺旋线、多边形、星形和文字。灯光命令内包含有3个子命令，分别是：标准灯光、光域网灯光和日光系统。在标准灯光子命令内又包含有8个子命令，分别是：目标射灯、自由射灯、目标直射灯、直射灯、泛光灯、天光、mr局域射灯和mr局域泛光灯。在光域网灯光子命令内又包含有7个子命令，分别是：目标点光源、自由点光源、目标线性灯、自由线性灯、自由局域灯、目标局域灯和预设。在预设子命令内又包含有11个子命令，分别是：60瓦灯泡、75瓦灯泡、100瓦灯泡、卤素射灯、暗藏式75瓦灯、暗藏式75瓦壁灯、暗藏式250瓦壁灯、4英尺吊灯、4英尺反射灯、400瓦路灯和1000瓦场馆灯。相机命令中共有3个子命令。它们是：自由相机、目标相机和从视图创建相机。辅助物体命令中包含11个子命令，它们依次是：虚拟物体、点、网格、测量长度工具、量角器、指南针、相机点、大气、操纵器、粒子流和VRML97。其中大气子命令中包含3个子命令，它们依次是：方形范围框、圆柱形范围框和圆球形范围框。操纵器子命令中包含3个子命令，它们依次是：滑动器、平面角度和锥形角度。粒子流子命令中包含2个子命令，它们是：依据图标设定速度和查找目标。VRML97子命令中包含12个子命令，它们是：锚点、音频片断、背景、广告牌、雾、在线物体、细节层级(LOD)、导航信息、亲近传感器、声音、时间传感器和接触传感器。空间扭曲命令中包含4个子命令，它们是：强制、反射器、几何体/变形和基于修改器。其中强制命令中包含9个子命令，它们依次是：马达、推、拉、漩涡、跟随路径、粒子爆炸、位移、地心引力和风。反射器子命令中包含9个子命令，它们依次是：平面动力反射、平面漫反射、球形动力反射、球形漫反射、球形反射器、普及形动力反射、普及形漫反射、普及形反射器和反射器。几何体/变形子命令中包含3个子命令，它们依次是：方形的自由形态变形(FFD)器、圆柱形自由形态变形(FFD)器、波形、涟漪、位移、包裹和爆炸。基于修改器子命令中包含6个子命令，它们依次是：弯曲、噪音、斜切、锥化、扭曲和伸展。在创建菜单中最后一项命令是系统工具，其中包含2个子命令，它们是：骨骼的反向运动链和日光系统。

修改器（Modifiers）

修改器菜单中共有14个命令，它们是：选择修改器、面片/样条线修改器、网格修改器、转换器、动画修改器、隐藏所工具、细分表面、自由形态变形、参数化变形、表面、NURBS编辑器、光能传递修改器和照相机。其中选择修改器命令中包含7个子命令，它们依次是：网格选择、多边形选择、面片选择、样条线选择、体选择、FFD选择和依据通道选择。面片/样条线修改器命令中包含10个子命令，它们依次是：编辑面片、编辑样条线、截面、表面、删除面片、删除样条线、车削、法线化样条线、倒圆角/倒斜角和修剪/延伸。在网格修改器命令中包含15个子命令，它们依次是：为圆孔加盖、删除网格、编辑网格、修改法线、拉伸、表面拉伸、多种优化、法线修改器、优化、平滑、STL文件检测、对称、细分、节点绘制和界点焊接。转换器命令中包含3个子命令，它们依次是：转换成网格、转换成面片和转换成多边形。动画修改器命令中包含12个子命令，它们依次是：蒙皮、变形器、柔性弯曲、融化、链接X变形、面片变形、依据世界空间修改器(WSM)做面片变形、路径变形、依据世界空间修改器(WSM)做路径变形、表面变形、依据世界空间修改器(WSM)做表面变形和样条线IK控制。UV坐标命令中包含8个子命令，它们依次是：UVW贴图、添加UVW贴图通道、删除UVW贴图通道、UVW贴图坐标变形、依据世界空间修改器(WSM)做贴图比例缩放、分解贴图、依据世界空间修改器(WSM)做相机贴图和相机贴图。细分表面命令中包含2个子命令，它们是：网格平滑和分层细分表面(HSDS)修改器。自由形态变形命令中包含5个子命令，它们依次是：2x2x2自由形态变形、3x3x3自由形态变形、4x4x4自由形态变形、立方体自由形态变形和圆柱体自由形态变形。参数化变形命令中包含20个子命令，它们依次是：弯曲、锥化、扭曲、噪音、伸展、挤压、推、松弛、涟漪、波形、斜切、切片、抽壳、圆形化、影响局部、网架、镜像、位移、多种变形和保留。表面命令中包含4个子命令，它们依次是：材质、依据元素分配材质、显示近似表面、依据世界空间修改器(WSM)位移网格。NURBS修改器命令中包含3个子命令，它们依次是：选择表面、变形表面和显示近似表面。光能传递修改器命令中包含2个子命令，它们是：依据世界空间修改器(WSM)细分和细分。修改器菜单中最后一个命令是相机，其中只包含1个子命令，它是：校正相机。

角色（Character）

角色菜单中共有10个命令，它们是：创建角色、去除角色、锁定、解锁、插入角色、储存角色、骨骼工具、设定蒙皮姿态、仿制蒙皮姿态和蒙皮姿态模式。

反应器（Reactor）

反应器菜单中共有7命令，它们是：创建物体、应用修改器、打开属性编辑器、实用工具、预览动画、创建动画和关于反应器。其中创建物体命令中包含21个子命令，它们依次是：刚性物体选择集、布料选择集、柔性物体选择集、绳索选择集、变形网格选择集、弹簧、平面、线性减震器、角度减震器、马达、风、玩具车、碎面、水、约束算码器、关节约束、铰链约束、点对点约束、菱形约束、汽车轮约束和点对线约束。应用修改器命令中包含3个子命令，它们依次是：布料修改器、柔性物体修改器和绳索修改器。实用工具命令中包含7个子命令，它们依次是：分析世界、凸性物体测试、减少选择的关键帧、减少所有的关键帧、删除所有选择的关键帧和删除全部的关键帧。

动画（Animation）

动画菜单中共有11个命令，它们是：反向运动算码器、约束、转换控制器、位置控制器、旋转控制器、比例缩放控制器、添加自定义属性、网格参数、创建预览、观看预览和重命名预览。其中反向运动算码器命令中包含4个子命令，它们依次是：独立于历史记录的算码器、依附于历史记录的算码器、反向运动肢体算码器和反向运动样条线算码器。约束命令中包含7个子命令，它们依次是：附着约束、表面约束、面片约束、位置约束、链接约束、观看约束和方向约束。转换控制器命令中包含3个子命令，它们依次是：链接约束、位置/旋转/比例、脚本。位置控制器命令中包含15个子命令，它们依次是：声音、贝塞尔、表达式、线性、运动捕捉、噪音、四元约束、反应器、弹簧、脚本、XYZ、附着约束、面片约束、位置约束和表面约束。旋转控制器命令中包含11个子命令，它们依次是：音频、XYZ三轴、线性、运动捕捉、噪音、四元约束、反应器、脚本、平滑、观看约束和方向约束。比例缩放控制器命令中包含10个子命令，它们依次是：音频、贝塞尔、表达式、线性、运动捕捉、噪音、四元约束、反应器、弹簧、脚本和XYZ。网格参数命令中包含2个子命令，它们是：

网格参数和网格参数对话框。

运动曲线修改器（Modifiers）

运动曲线修改器菜单中共有 9 条命令，它们是：轨迹视图 - 曲线修改器、轨迹视图 - 简报、创建新的轨迹视图、删除轨迹视图、储存轨迹视图、创建新的图形视图、删除图形视图、储存图形视图和粒子视图。

渲染（Render）

修改器菜单中共有 17 条命令，它们是：渲染、环境、效果、高级光照、渲染成材质、光影跟踪器设定、光影跟踪全局光照中的包含与排除、mental ray 渲染器的信息窗口、激活阴影模式的浮动窗口、激活阴影模式的视口、材质编辑器、材质和贴图浏览器、视频后期、显示最后一次渲染的结果、全景图输出器、打印尺寸设定和渲染内存演示。其中高级光照命令中包含 4 个子命令，它们依次是：光影跟踪、光能传递、曝光控制和光照分析。

自定义（Customize）

自定义菜单中共有 13 条命令，它们是：自定义用户界面、加载用户自定义界面、储存用户自定义界面、恢复初始界面、自定义用户界面和默认的界面之间的切换器、显示用户界面、锁定用户界面、设置路径、单位的设定、网格和捕捉的设定、视图的设定、外挂管理和优先选择。其中显示用户界面命令中包含 4 个子命令，它们依次是：显示命令面板、显示浮动工具箱、显示主工具箱和显示运动轨迹滑条。

脚本（MAXScript）

脚本菜单中共有 6 条命令，它们是：创建新脚本、打开脚本、运行脚本、脚本监听、宏记录器和可视化脚本修改器。

帮助（Help）

帮助菜单中共有 9 条命令，它们是：新增特点指南、用户参考、脚本参考、教程、热键图、附加帮助、网上 3ds max、注册 3ds max 和关于 3ds max。其中网上 3ds max 命令中包含 4 个子命令，它们依次是：在线帮助、升级、资源和合作伙伴。

5.1.2 标准工具栏

标准工具栏中包含有后退、重做、移动、旋转等一般应用软件常有的按钮。

5.1.3 工具箱面板

工具箱面板包含大多数创建和修改命令，无论是建模、材质、灯光和动画都离不开工具箱面板。面板上的内容随着不同的功能产生不同的变化。

5.1.4 工作视窗

工作视窗是用户创建模型、贴材质、打灯光和渲染的工作环境，默认的状态下分为四个视图，它们是顶视图、前视图、左视图和透视视图。

5.1.5 时间标尺

时间标尺是显示动画时间、设置动画的标尺，不需要的时候可以隐藏。

5.1.6 状态栏

状态栏显示操作的状态。

5.2 用3ds max 6.0来渲染

渲染之前，我们要在不同的建模软件里把模型导出成可供渲染的软件识别的文件格式。我们学过用Rhino3.0建模，下面我们根据以前的练习在3ds max 6.0里讲解渲染的过程。

首先，在Rhino3.0把以前做过的治疗仪打开（如图5.2.1），选File/Export selected。再圈选全部模型，在弹出的选项栏中如图选择iges格式或3ds格式，起个文件名保存。注意在此之前要确信各个部件在不同的层里。也可以导出成3ds的格式，大家可以试一下（参见如图5.2.2）。不同点在于导入iges文件，在max里生成的是一个整体的NURBS曲面，赋予材质时要用多重子物体或一部分一部分的Detach下来，比较麻烦，但渲染曲面更平滑。导入3ds文件，在max里生成的是Mesh网格，且各个部件是分离的，可以分别赋予不同的材质，但模型表面的平滑程度不如NURBS曲面。

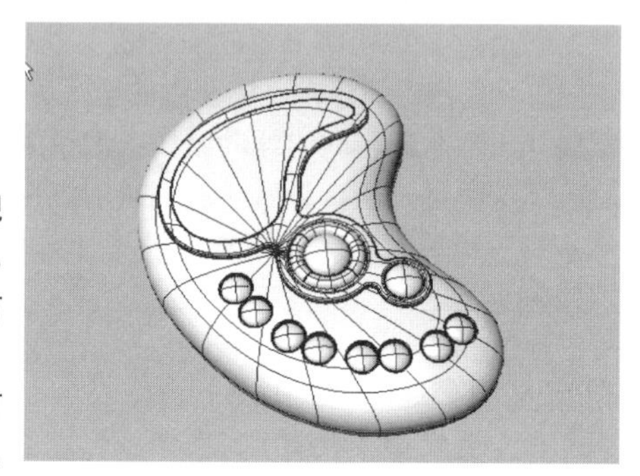

图5.2.1

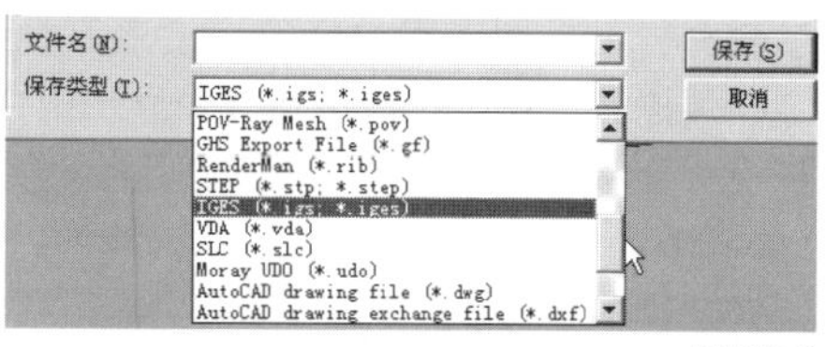

图5.2.2

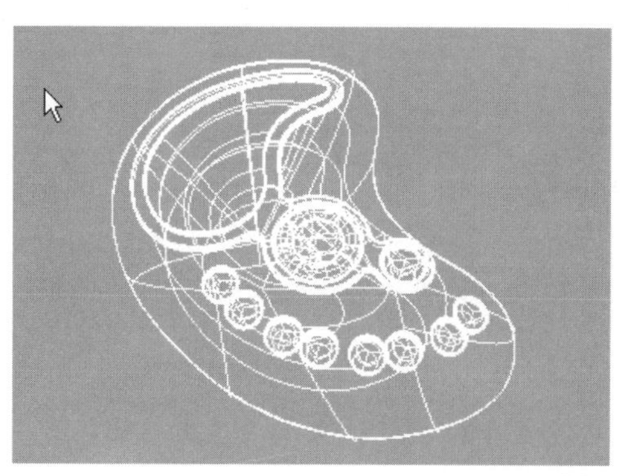

图5.2.3

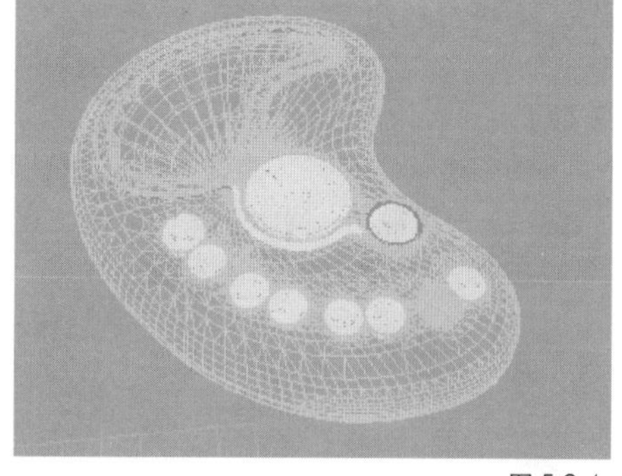

图5.2.4

图5.2.3是在max中导入的iges文件，图5.2.4是在max中导入的3ds文件。大家可以比较两者的区别。

5.2.1 翻转法线并为各部件赋予名称

有些模型在导入的时候法线会朝里，表现在视图里如同模型出现短缺，如图5.2.1.1。如果导入的是iges格式的文件，就选中模型在Modify下选Surfeace子物体（见图5.2.1.2)，选中要翻转法线的面（见图5.2.1.3)，再选修改面板中的Flip（如图5.2.1.4)，就可以把法线翻转过来。

如导入的是3ds格式的文件，就选中模型，在Modify下选Polygon子物体(如图5.2.1.5)，将要翻转的部分选中，再选Flip，见图5.2.1.6。

为了便于管理，我们要把模型的各个部件分解并命名。方法是在Modify下选中各个部分，分别命名(如果我们在Rhino里已经分别命名，就不需要再在max里做了)。下面就以治疗仪为例逐步说明。

打开3Dmax 6.0，选File\import，再选我们从Rhino里导出的格式为3ds的模型文件。效果如图5.2.1.7。再选Modify，如图5.2.1.8在名称框里键入各部件的名称。默认的名称是Obj_XXXXXX，根据需要改成其他名称。各部位的名称见图5.2.1.9。至此，赋材质之前的准备工作就完成了。

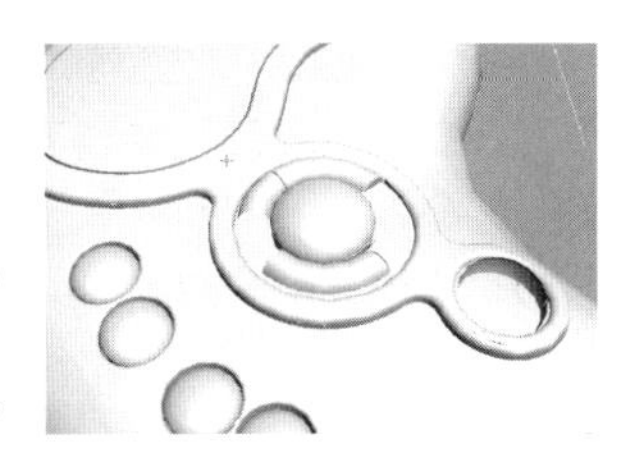

图5.2.1.1

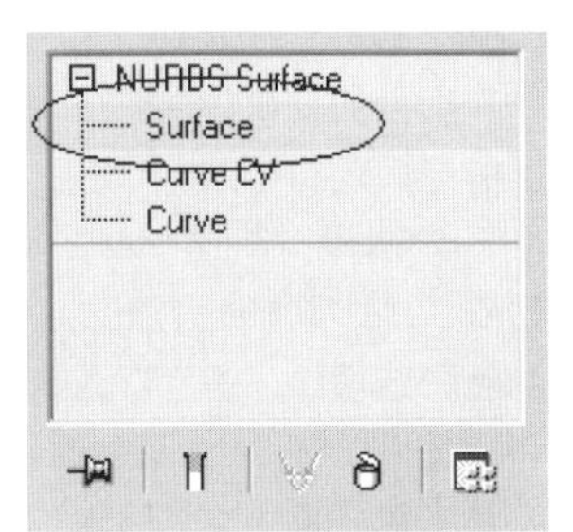

图5.2.1.2

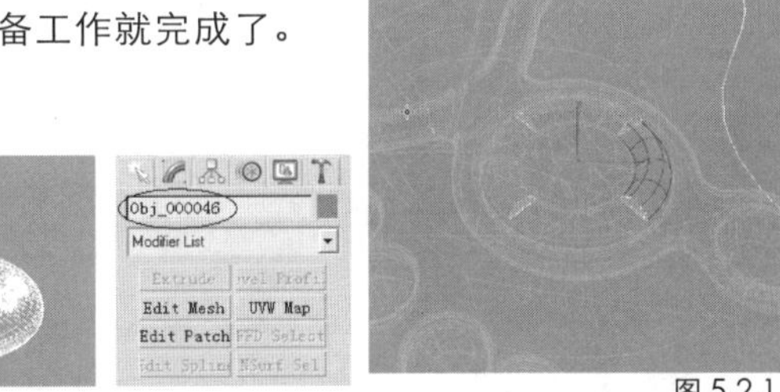

图5.2.1.3

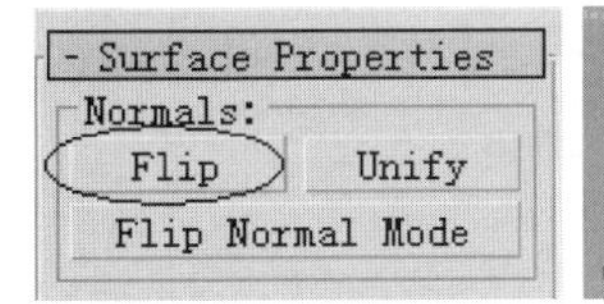

图5.2.1.6

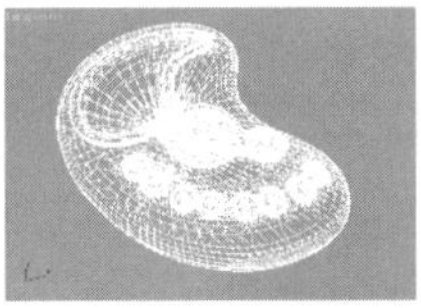

图5.2.1.7

图5.2.1.8

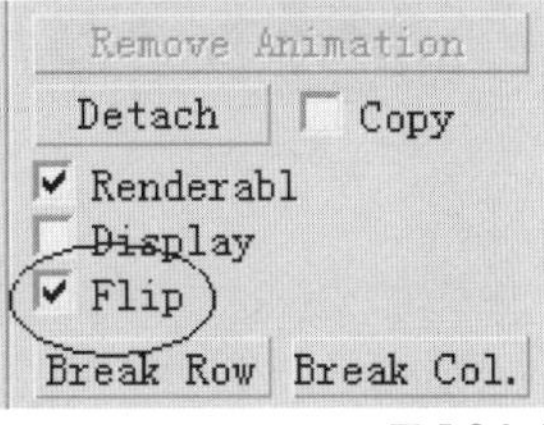

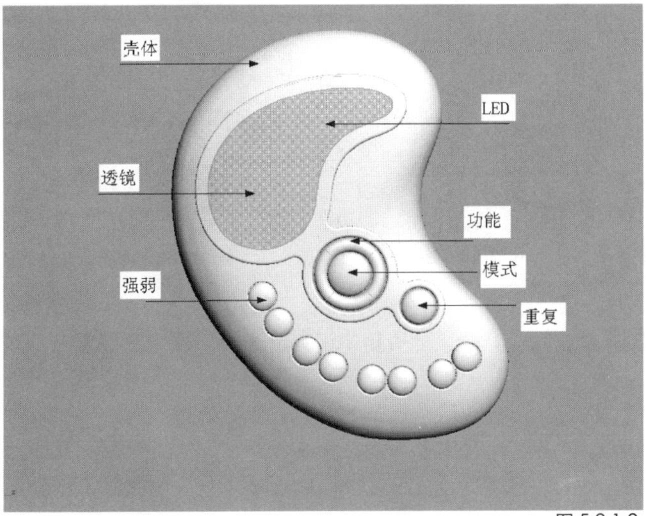

图5.2.1.4

壳体
LED
透镜
功能
模式
强弱
重复

图5.2.1.9

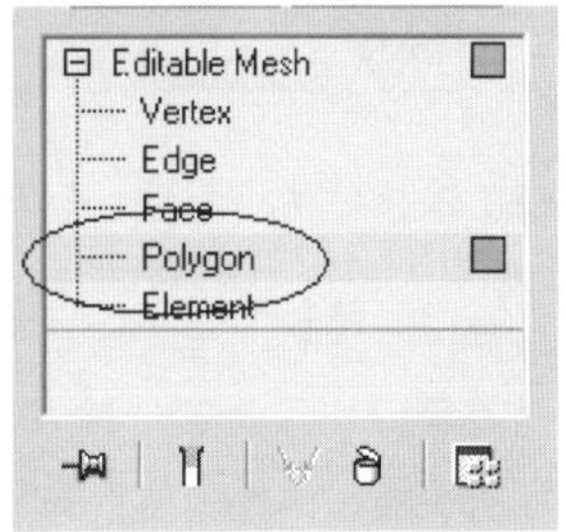

图5.2.1.5

5.2.2 给各部件赋予材质

赋好名称后，选中壳体，然后再在视口里点击右键，在弹出的选项里选 Hide Unselected(隐藏未被选择的物体，如图 5.2.2.1)。视口里仅剩壳体，效果如图 5.2.2.2。再打开材质编辑器（快捷键是按一下 M)，选择一个材质球，也起上相应的名称。再在材质类型 Standard 上点击，在弹出的选项栏内选 Architectural(建筑，这是 3Ds max 6.0 新增的材质，在建筑材质下包含有 24 种具有不同物理属性的材质)，如图 5.2.2.3。然后再在 Templates(模板)下的选项窗口中选 Plastic（塑料）如图 5.2.2.4。最后点击一下图标，将这个材质赋予我们选中的壳体。然后再点击 Diffuse Color 旁边的图标，在弹出的色彩选项中，将色彩调整成 R255、G255、B255（纯白色，参见图 5.2.2.5）。以上的过程就是给某一个模型赋予材质的基本过程。

其他部件的材质请见图 5.2.2.6。其中选用了四个材质球，第一个材质球是屏幕，第二个材质球是壳体，第三个

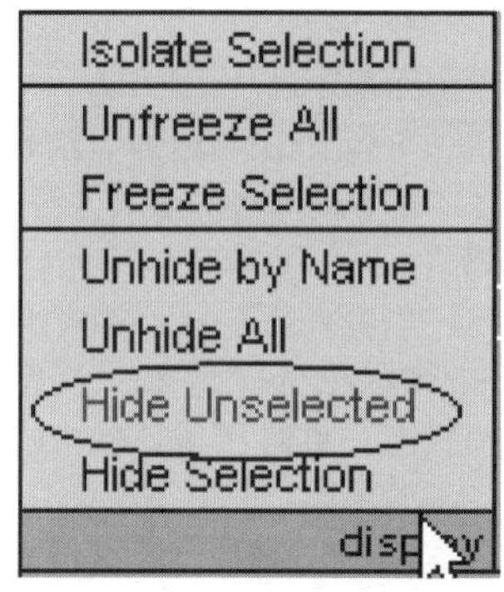

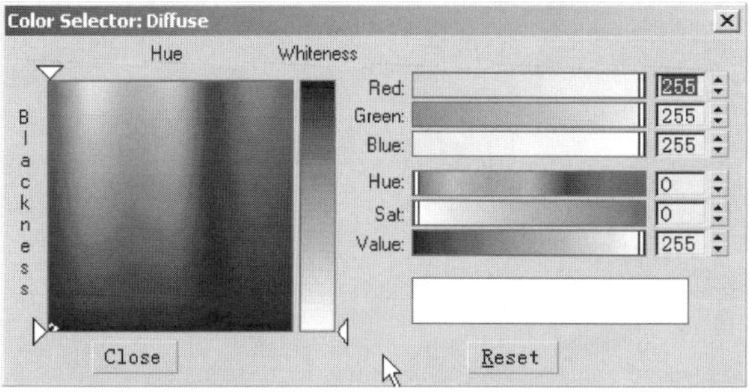

图 5.2.2.1

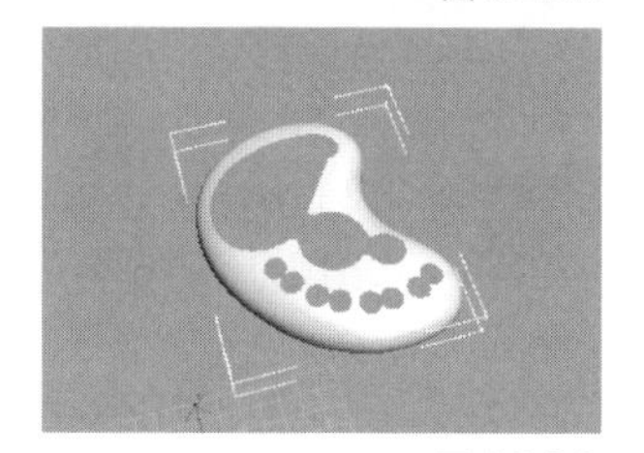

图 5.2.2.2

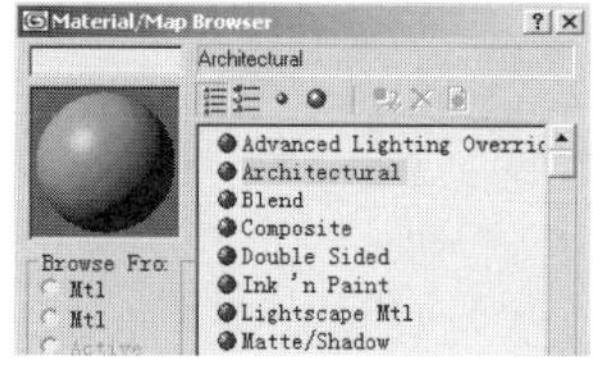

图 5.2.2.3

图 5.2.2.5

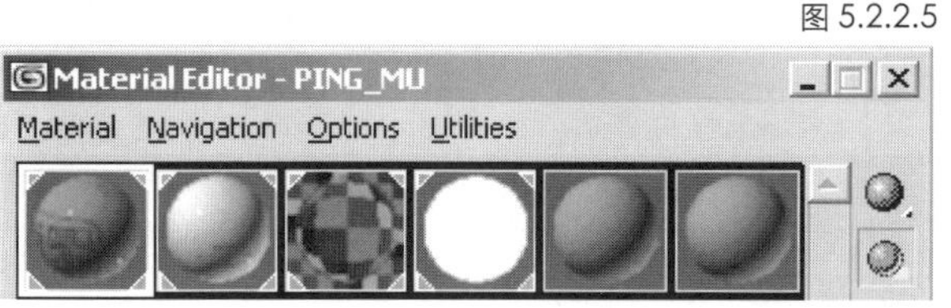

图 5.2.2.6

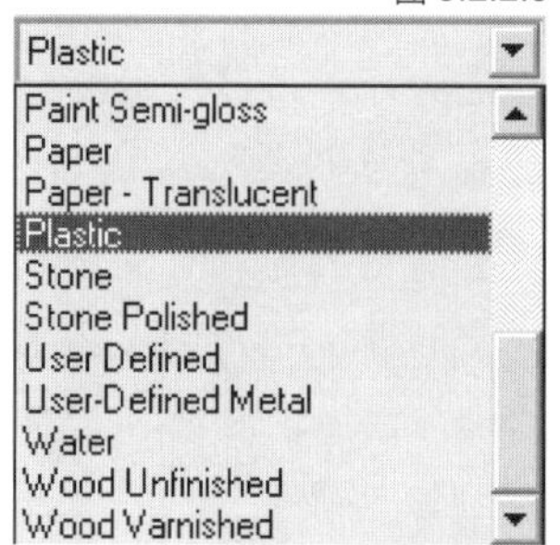

图 5.2.2.4

材质球是屏幕，最后一个材质球是反光板（导入的模型中没有反光板，反光板需要在 3Ds max 6.0 中制作，我们会在 5.2.7 中讲解)。前三种材质均选 Architectural，物理属性除去透镜选 Glass-clear(透明玻璃)外，其他两种选 Plastic（塑料)。其他的参数按默认的就可以。只是第一种（屏幕）和第二种（壳体）材质上有文字，这要在 Diffuse 上贴图。这个图又不是现成的材质纹理，需要我们自己在 Illustrator 10.0 里做。下面我们就来介绍如何制作贴图材质。

5.2.3 在Illustrator里制作贴图材质

首先我们要在3Ds max 6.0的TOP视图里渲染出一张平面图，如图5.2.3.1，然后把这张渲染图Place（植入）到Illustrator里来。再根据我们在前面一章里讲解的Illustrator的绘图方法，按照背景图片里按钮的位置绘制出如图5.2.3.2的图形，并把它导出成jpg的图片。导出前要注意两点：第一，要建立一个新的图层，把我们所画的图形放在新的图层里。这样导出文件时把背景图片层关掉（见图5.2.3.3），就只导出我们所绘制的图形。导出后的图片应如图5.2.3.4。第二，导出前除了要画好壳体上面的图形，还要画一个和壳体大小一样的长方形，外轮廓的颜色要设成白色，如图5.2.3.5。

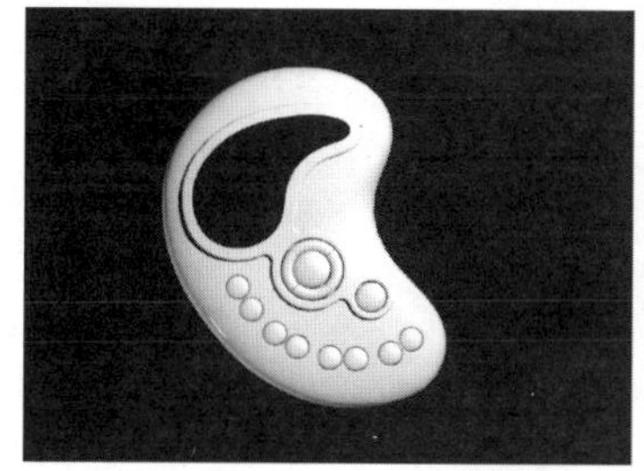

图 5.2.3.1

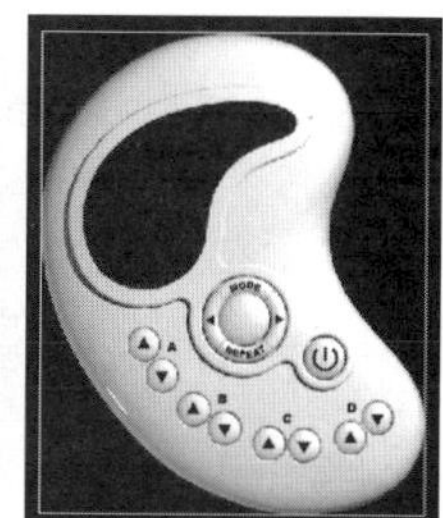

图 5.2.3.2

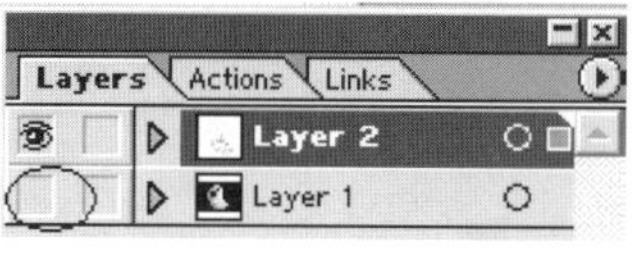

图 5.2.3.3

图 5.2.3.4

绘制以上贴图所用的技术我们在第二章里都有介绍。惟一没有介绍的技术是文字绕路径。这种技术体现在图5.2.3.6中。做这种效果时，如图先画一个圆形，再用鼠标左键按住T，在弹出的选项里选工具。然后把鼠标放到圆形上，当显示出字符符号时，点击一下左键。键入MODE字符。在制作REPEAT字符时，也是如此。只是将Baseline Shift的数值设成负数，如图5.2.3.7的Baseline Shift数值是-8.21pt。键入REPEAT字符后的效果如图5.2.3.8。下一步是选中字符串沿着圆周拖动，达到图5.2.3.9的效果。最后再向圆形外拖动字符串，完成如图5.2.3.10的效果。

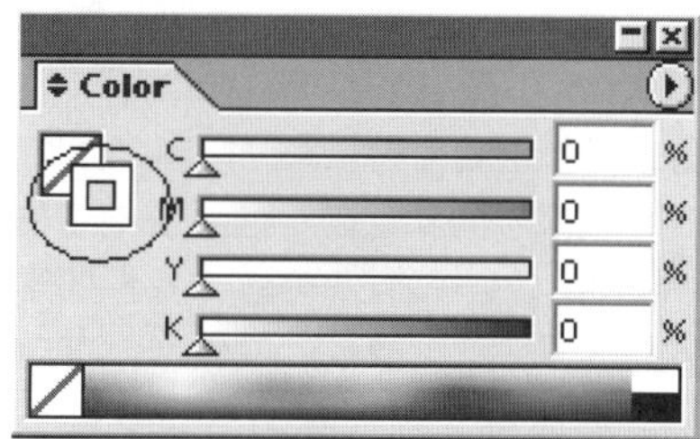

图 5.2.3.5

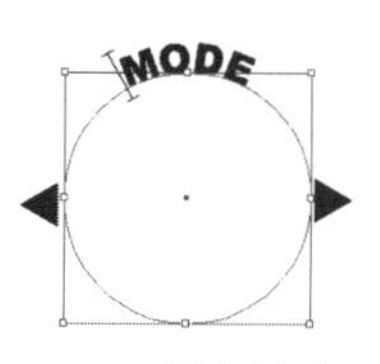

图 5.2.3.6

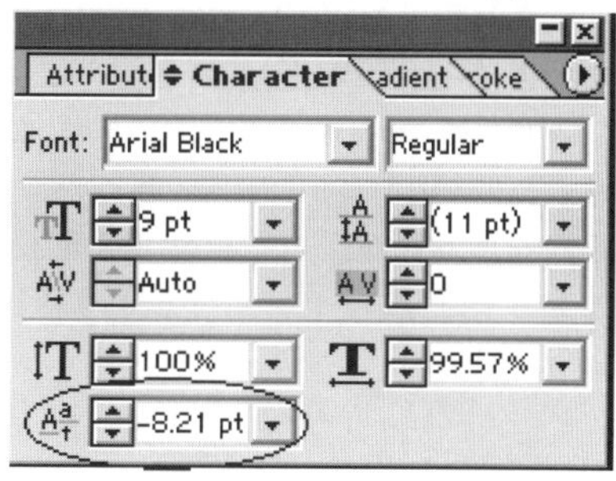

图 5.2.3.7

按照以上的方法，我们再制作一张屏幕的贴图，图形按照图5.2.3.11制作，色彩按图中所标注的数值设置。彩色效果可参考彩色插图，这里不再一一列举。

图 5.2.3.8

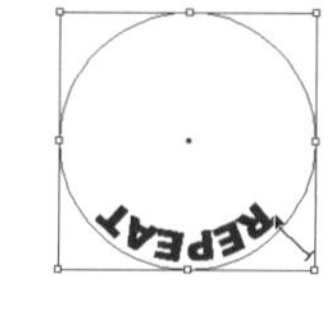

图 5.2.3.9

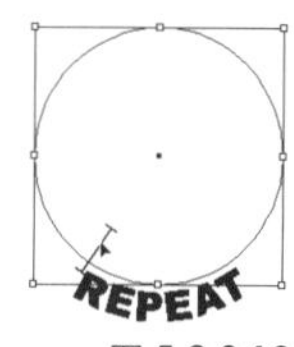

图 5.2.3.10

5.2.4 给模型贴图

贴图做好后，再回到3Ds max里来。首先选中壳体，将其他都隐藏，在选分配给壳体的材质球，并选择Diffuse旁边的None图标，如图5.2.4.1。在弹出的选项窗口里选Bitmap，如图5.2.4.2。在弹出的窗口里选择我们在Illustrator制作并导出成jpg格式的图片，如图5.2.4.3。这样壳体的贴图就赋予好了。但此时视口里的壳体上可能并没有显示出图片的内容，这就需要给壳体添加贴图坐标。

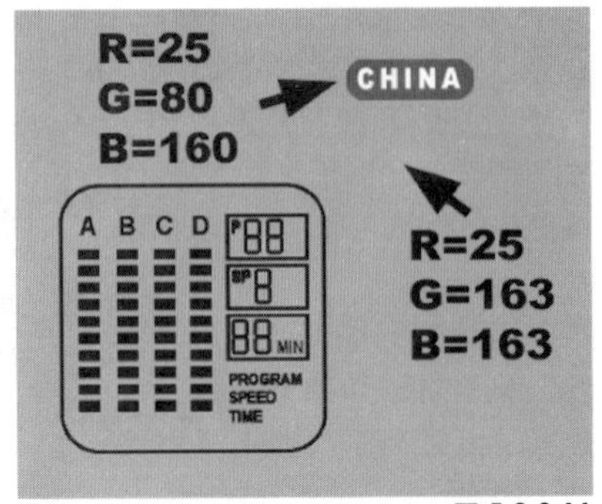

图5.2.3.11

我们要分别给壳体和屏幕添加一个贴图坐标。方法是在选中壳体的状态下，选Modify(修改)命令，再选 UVW Map （UVW贴图坐标）。如果你的max的界面上没有此图标，可按以下方法设置一下。首先在Modifier List(修改器列表) Modifier List 上点击右键，在弹出的选项里选Show Buttons（显示按键）Show Buttons Show All Sets in List，修改面板上就会出现修改按键，如图5.2.4.4。但是面板显示的默认内容是系统指定的Selection Midifiers(选择修改命令)，我们要建立自己常用的一套修改命令面板。再在Modifier List(修选改器列表) Modifier List 上点击右键，在弹出的选项里选Configure Modifier Sets（设置修改命令面板组）Configure Modifier Sets，再弹出如图5.2.4.5的窗口。我们在Sets栏内输入my buttons（名称随意取），并把Modifiers下面的八个按键上的文字向左拖动到窗口里，再把左边窗口里的八个修改命令拖到按键上，其中就有我们眼下要用的UVW Map。效果如图5.2.4.6。最后点击一下Save，再点击OK退出设置。

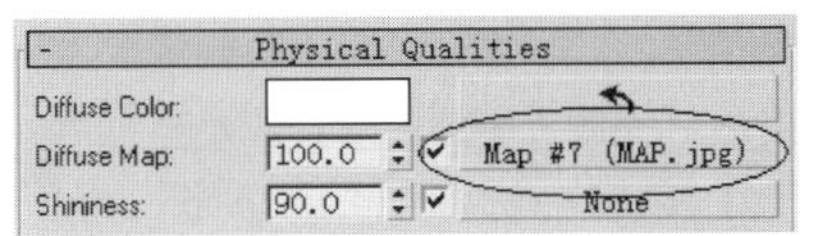

图5.2.4.1

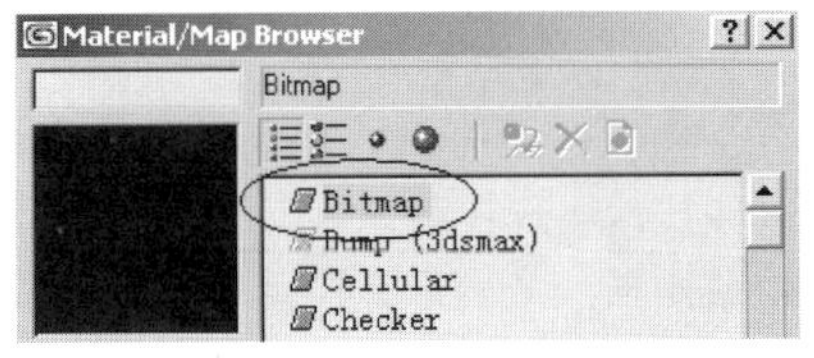

图5.2.4.2

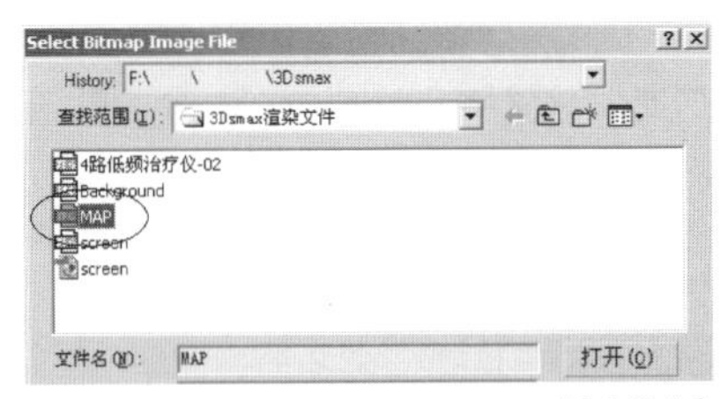

图5.2.4.3

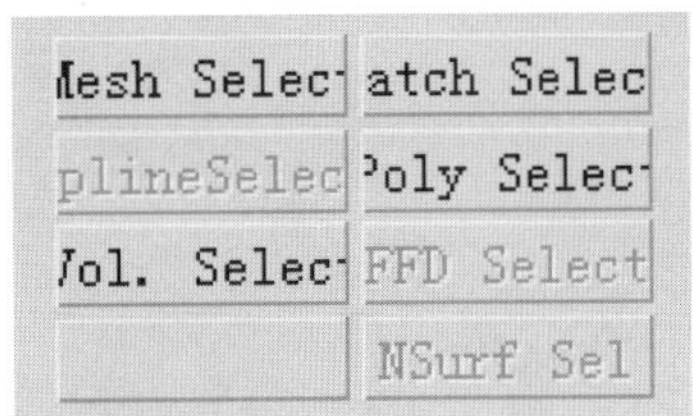

图5.2.4.4

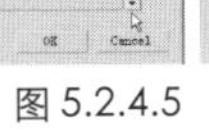

图5.2.4.5

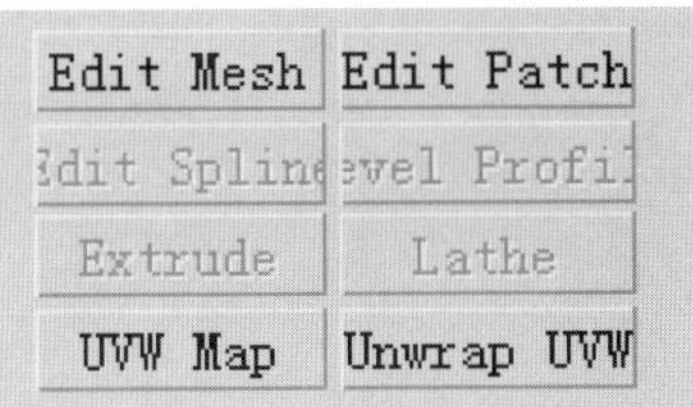

图5.2.4.6

修改面板设置好以后，我们就可以在选中壳体的状态下，在修改面板上点击一下UVW Map,视口里的壳体四周会出现一个桔黄色的方框，如图5.2.4.7。同时壳体上会显示出图片的内容。如果图片上的内容和按钮的位置不符，可以点击UVW Mapping下的Gizmo（范围框）。此时视口中的桔黄色的方框变成亮黄色，我们可以通过移动或比例缩放来调整图片的位置，使之与模型相符。用同样方法为屏幕做贴图，效果见图5.2.4.8。

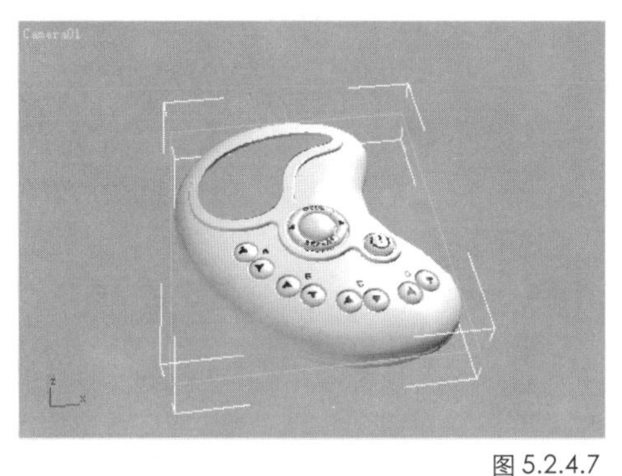

图 5.2.4.7

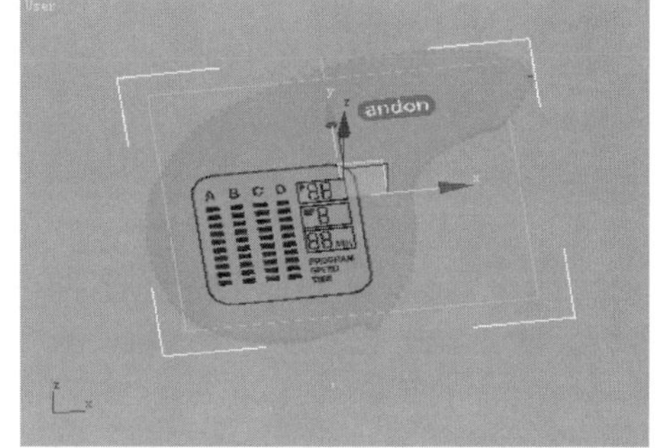

图 5.2.4.8

5.2.5 设置照相机

贴好图后，我们还要设置一个（或多个）照相机。照相机在顶视图创建，选Create(创建)，再选Camera(照相机)，最后选Target(目标相机) Target 。在顶视图创建如图5.2.5.1的照相机。左视图效果如图5.2.5.2。用右键点击透视视图，按C，即显示照相机视图，效果如图5.2.5.3。

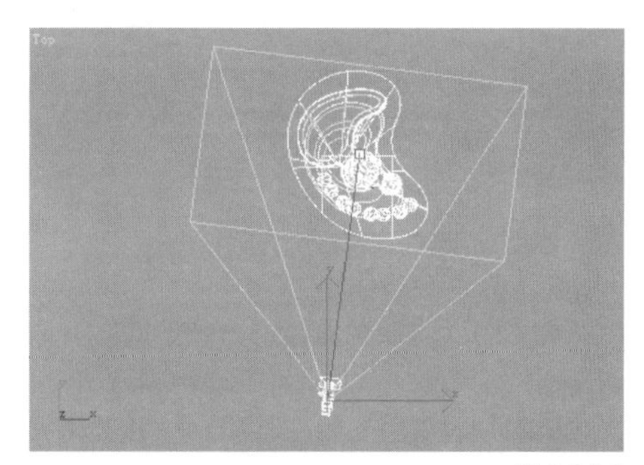

图 5.2.5.1

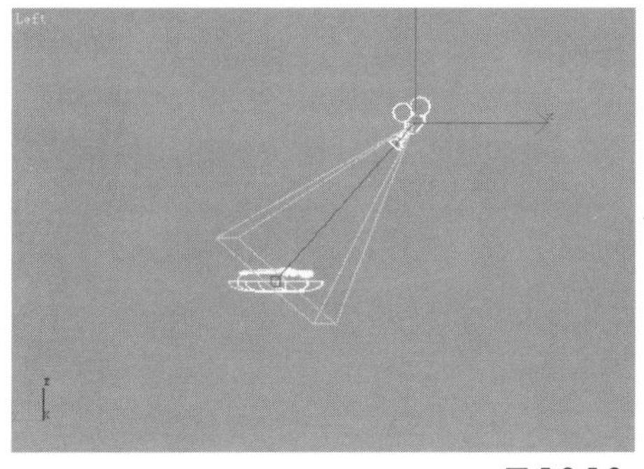

图 5.2.5.2

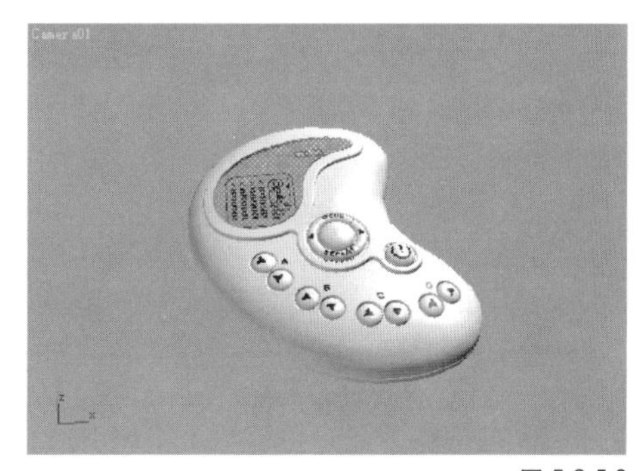

图 5.2.5.3

5.2.6 设置灯光

本渲染图中只设了两个Target Sport（目标射灯）。设的时候先选Create(创建)，再选Lights(灯光)，选Target Sport(目标射灯)，如图5.2.6.1（Top视图）、图5.2.6.2（Left视图）和图5.2.6.3（Front视图）的位置设置两个目标射灯。

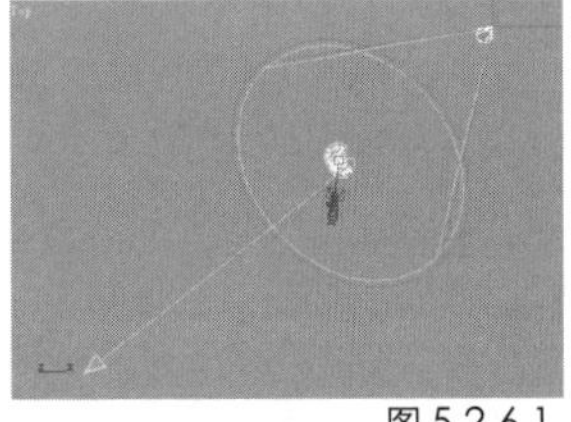

图5.2.6.1

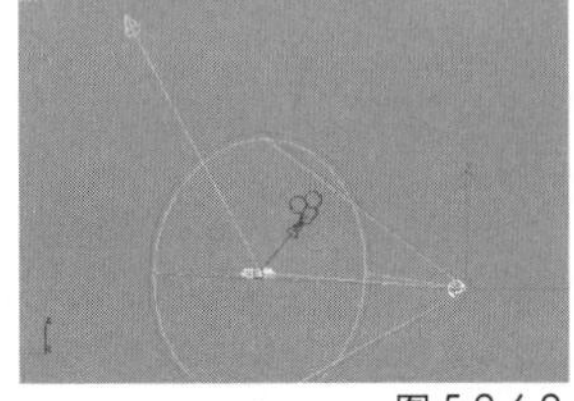

图5.2.6.2

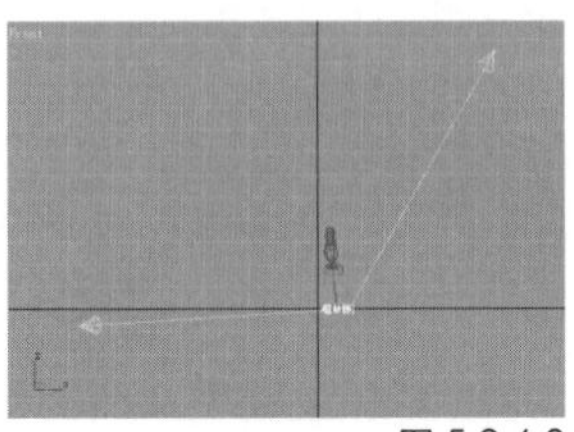

图5.2.6.3

灯的基本参数如下：Sport01（上面的灯）的参数如图5.2.6.4、图5.2.6.5和图5.2.6.6。

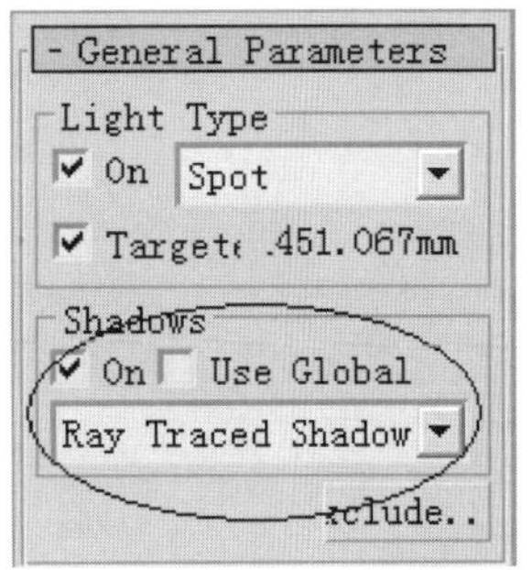

图5.2.6.4

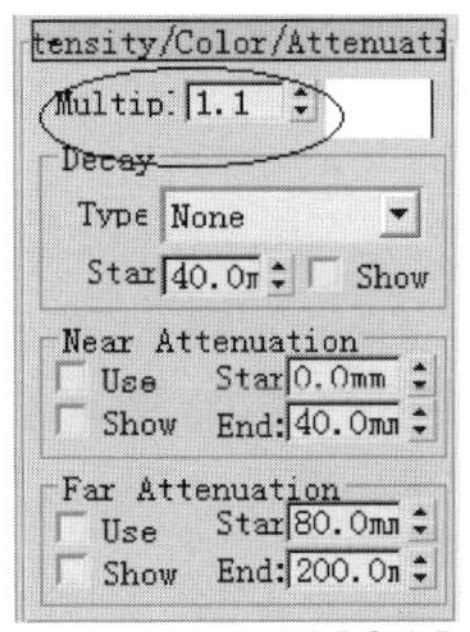

图5.2.6.5

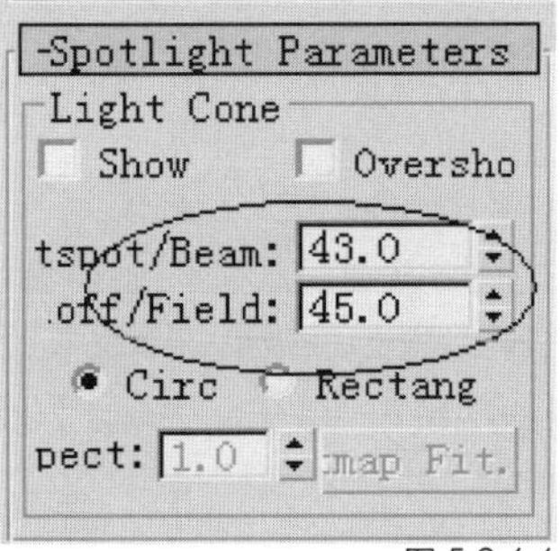

图5.2.6.6

Sport02（下面的灯）的参数如图5.2.6.7、图5.2.6.8和图5.2.6.9。两个灯的主要区别：主光源的Multiplier(倍增器)是1.1，次光源的倍增器是0.5。主光源的阴影模式是Ray Traced Shadow(光影跟踪阴影)，次光源没有阴影，主次光源的Hotspot和Falloff的数值一样。

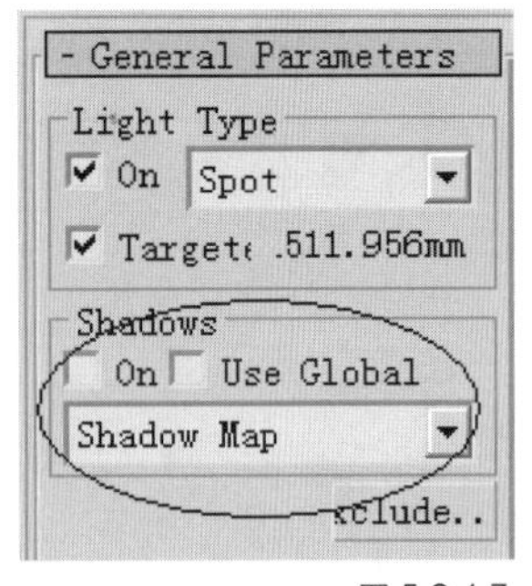

图5.2.6.7

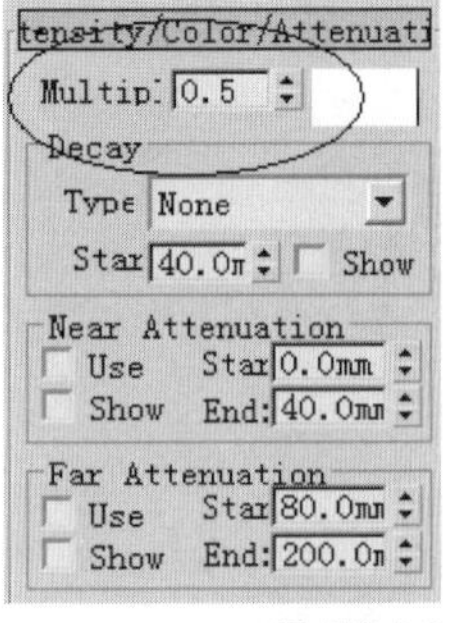

图5.2.6.8

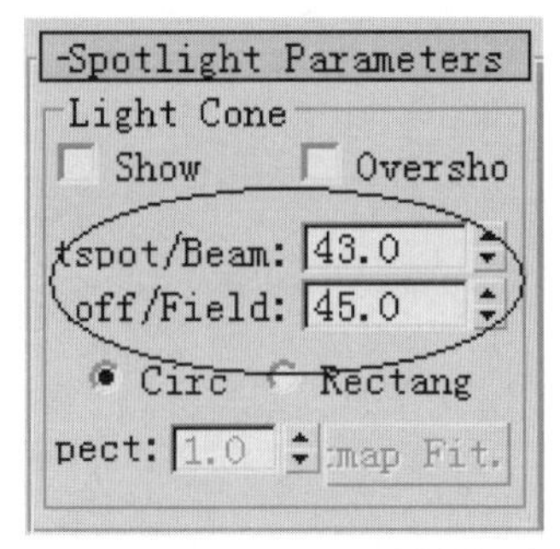

图5.2.6.9

5.2.7 创建反光板

前面我们给壳体、屏幕以及透镜赋予了建筑材质，并且指定了壳体和屏幕为塑料、透镜为透明玻璃的物理属性。为了表现产品表面光滑柔润，我们还在渲染前制作了两块反光板。它们的形状和位置如图 5.2.7.1（顶视图）、图 5.2.7.2（前视图）和图 5.2.7.3（左视图）所示。反光板是用 Create\Geometry\Plane（创建\几何体\平面）的命令完成的。基本尺寸和位置要求不严格，只是法线一定要朝下。法线如何翻转我们在本章 4.2 节中有过详细的描述，请大家复习。有了反光板，渲染时塑料的壳体上就会出现对周围光亮物体的反射效果，可以增加渲染的真实感。大家可以在下面 4.6 节渲染里比较，没有反光板的效果。反光板的材质设置应如图 5.2.7.4、图 5.2.8.5 和图 5.2.7.6。

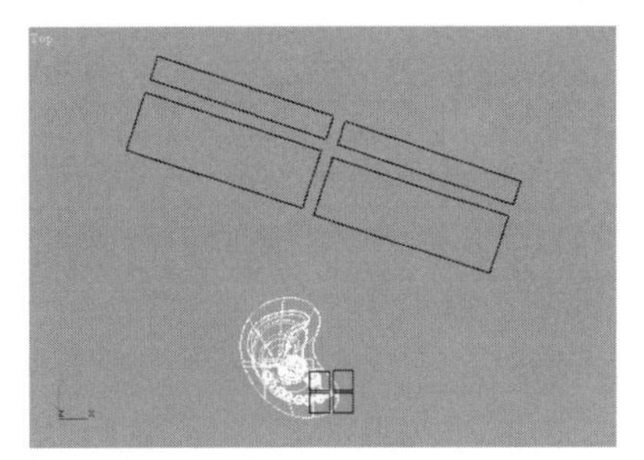

图 5.2.7.1

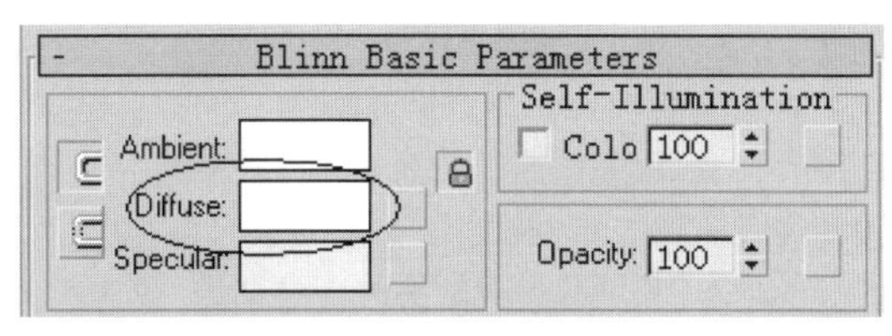

图 5.2.7.4

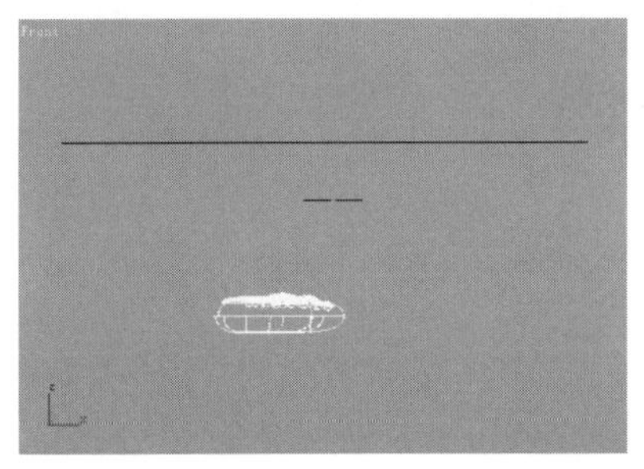

图 5.2.7.2

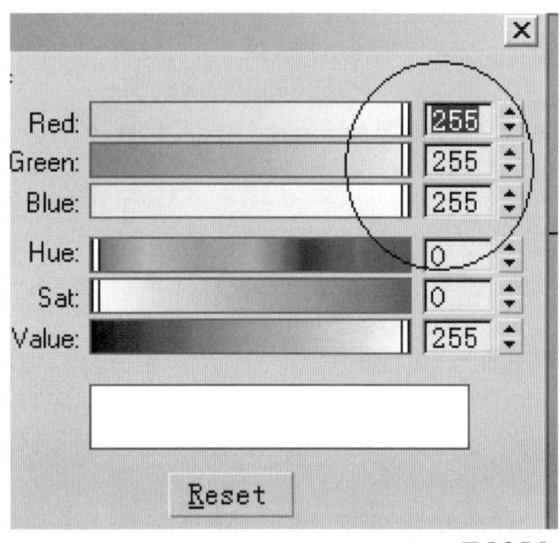

图 5.2.7.5

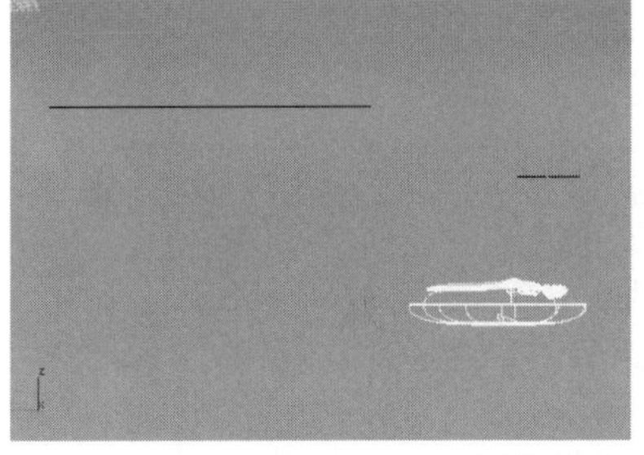

图 5.2.7.3

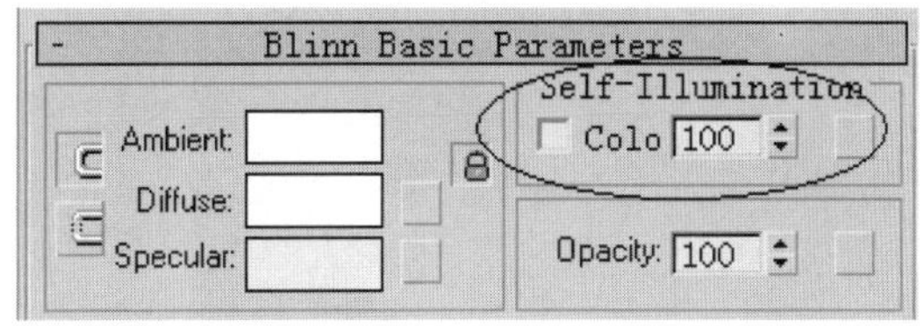

图 5.2.7.6

5.2.8 渲染

一般渲染尺寸的设置是在Render Scene里，它的基本单位是像素。Max里渲染出来的图片是每英寸72个像素点，换算成我们习惯的毫米单位很麻烦。Max 6.0在这方面增加了一些功能，用户可以直接设置好渲染图片的分辨率和打印尺寸。方法是在Rendering下选Print Size Wizard，如图5.2.8.1。在弹出的选项栏中（如图5.2.8.2）点击mm，并做图5.2.8.3、图5.2.8.4和图5.2.8.5的设置。最后点击Files，起文件名存好(如图5.2.8.6)，max渲染后默认的文件格式是没有经过压缩的tif格式。

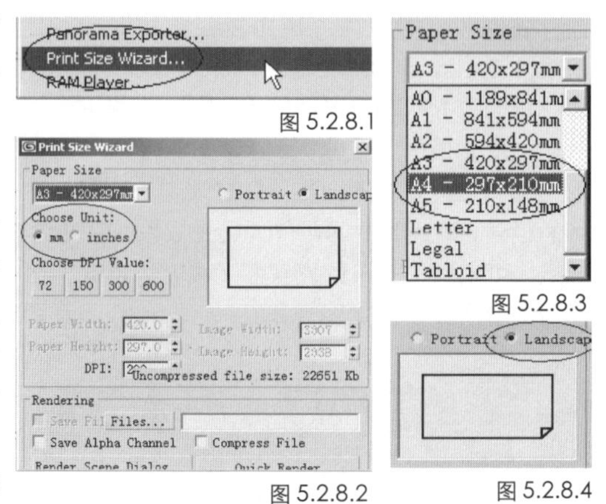

图5.2.8.1

图5.2.8.2

图5.2.8.3

图5.2.8.4

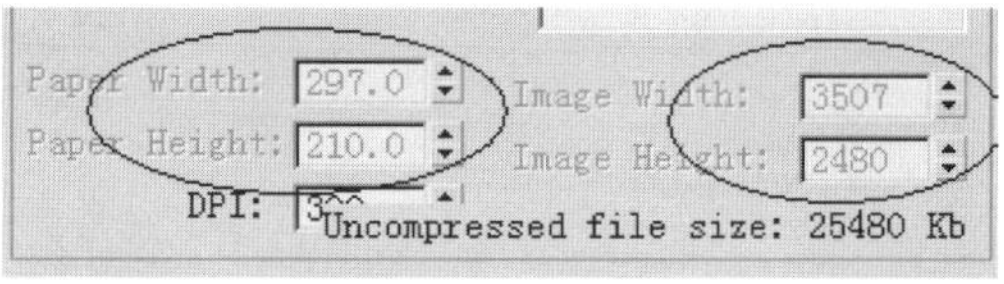

图5.2.8.5

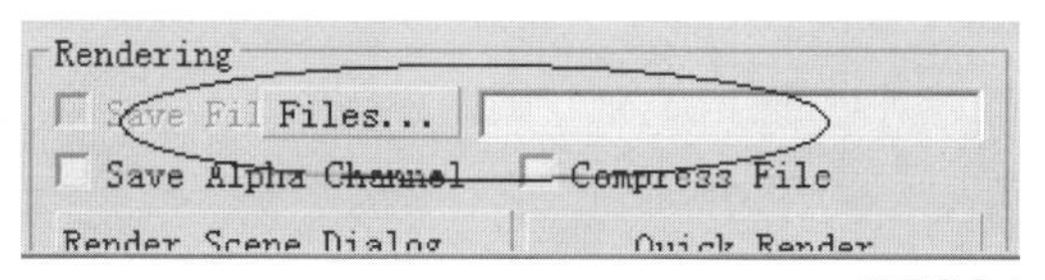

图5.2.8.6

Max 6.0在渲染方面的另外一个改进是增加了Mental Ray渲染器。Max默认的渲染器是Scanline Renderer（扫描线渲染器）。和Mental Ray渲染器相比，渲染质量没有Mental Ray好。图5.2.8.7使用默认的渲染器，渲染尺寸是320×240，图5.2.8.8使用的是mental Ray，渲染尺寸也是320×240。虽然在这个模型和光线的条件下两者渲染出的图片的质量差别不大，但仔细观察Mental Ray的细节更多材质的表现更真实。

切换默认渲染器和Mental Ray渲染器的方法是点击Render Scene(渲染场景)，在弹出的选项中打开Assign Renderer(指定渲染器)对话框（如图5.2.8.9），再点击Default Scanline Renderer旁边的图标（如图5.2.8.10），在弹出的选项栏中选mental ray Renderer（如图5.2.8.11),点OK结束。mental Ray渲染器的渲染形式是一块一块渲染。

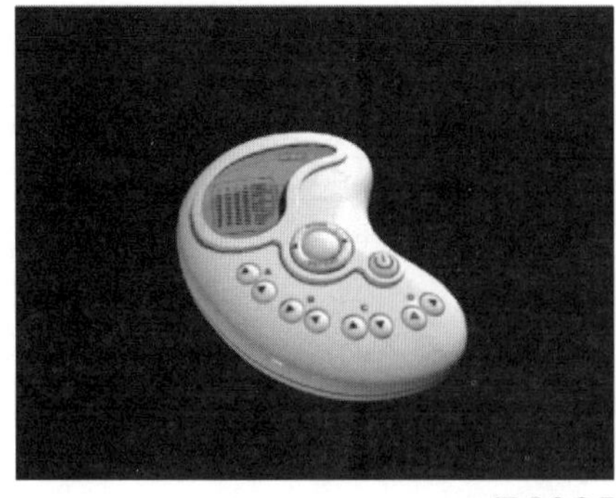

图5.2.8.7

图5.2.8.8

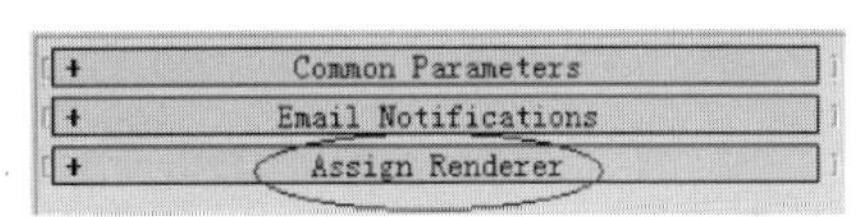

图 5.2.8.9

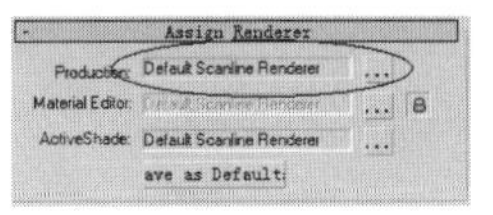

图 5.2.8.10

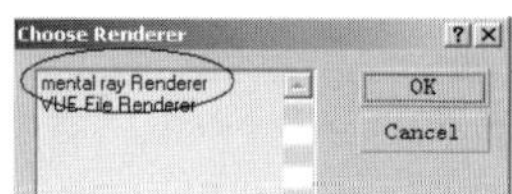

图 5.2.8.11

5.2.9 mental Ray 的材质

mental Ray 对光影跟踪的应用既快范围又广。它对光影跟踪的应用不仅影响到反射，也影响到漫反射（Diffuse）和焦散（Caustic）照明 。mental Ray 的这些效果是通过复杂繁多的参数调整获得的。但是，就像我们前面演示的，即使不在 Mental Ray 设置任何参数，我们也可以用 Mental Ray 作为渲染引擎来渲染，取得既快又好的渲染效果。

当然我们可能会遇到各种复杂的渲染情况，这就需要我们在选染场景的设置里添加全局光照和焦散；在自定义里为 Max 的基本材质添加 Mental Ray 的特殊效果。随着经验的增加，我们就可以更多地运用 Mental Ray 的材质、轮廓阴影和相机阴影等等。

在讨论 Mental Ray 的时候，经常会谈到阴影。阴影是控制选染场景的一个基本元素。阴影在 Max 里的基本表现形式就是物体表面的影子，但 Mental Ray 的阴影还可以控制体光效果、光子、镜头效果以及文件的格式等等。这种材料的各种表面效果被定义为一种阴影的组合，在 Mental Ray 里把这种组合叫做 Phenomena(现象)。

首先让我们看一下 Max 6.0 中材质和贴图的变化，这种改进在 Mental Ray 里起着重要的作用。(阅读这一部分时，大家要把 Max 里渲染器切换成 Mental Ray 的渲染器，切换的方法在 5.2.8 这一小节中介绍过，请大家查阅)。

打开材质编辑器，选一个材质球，点击 Standard 图标，弹出材质浏览器。其中有三种颜色的小球，蓝色小球是 Max 的标准材质，也可以用于 Mental Ray。黄色小球是 Mental Ray 的 phenomena(现象材质)，材质名称后面括号内指出的是所属的材质库。灰色小球与 Mental Ray 不兼容，但也可以赋予到模型上去（见图 5.2.9.1）。退回去，再点击 Diffuse 旁边的图标（图 5.2.9.2），弹出如图 5.2.9.3 的选项。其中也有三种颜色的小球，绿色小球是 Max 的标准贴图，也可以用于 Mental Ray。黄色小球是 Mental Ray 的 shader (阴影)，贴图名称后面括号内指出的是所属的材质库。灰色小球与 Mental Ray 不兼容，但也可以赋予到模型上去。

在这些材质里，mental Ray 的阴影是非常特殊的，需要我们熟悉和掌握。此外，

图 5.2.9.1

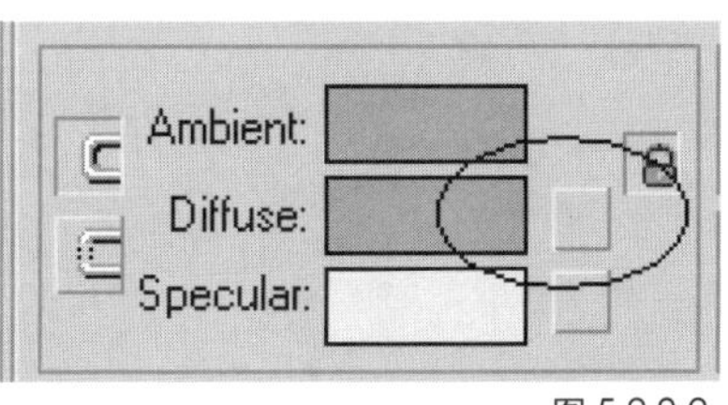

图 5.2.9.2

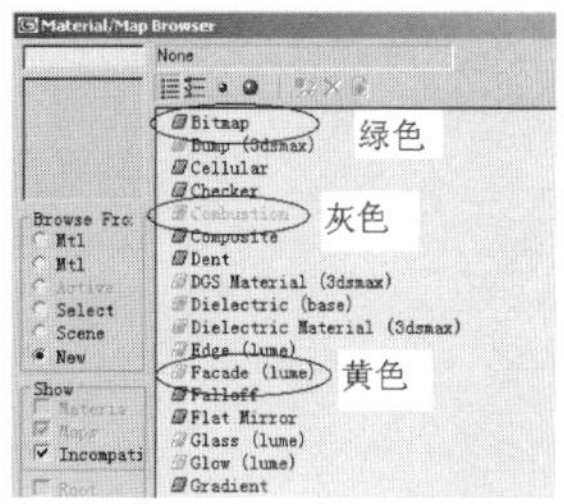

图 5.2.9.3

mental Ray把Max的标准材质转换出Mental Ray特有的效果的技术也需要我们做深入的了解。

再有Mental Ray的色彩数值也与Max不同，它的数值是从0.0～1.0，而不是Max的0～255，并且增加了一个alpha（亮度）的数值。见图5.2.9.4。

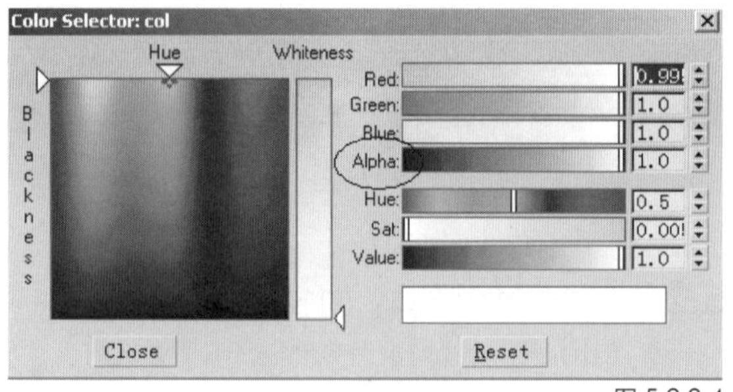

图5.2.9.4

5.2.10 mental Ray的灯光和阴影

Max 6.0增加了两种Mental Ray的灯光，一种是mr Area Omni (mental Ray局部泛光灯)，一种是mr Area Spot（mental Ray局部射灯），见图5.2.10.1。标准的灯光和光域网的灯光仍然可用。如果在Indirect Illumination(间接照明)的选项里，选中Final Gather，mental Ray也支持天光和IES天光，见图5.2.10.2、图5.2.10.3和图5.2.10.4。

用mental Ray渲染，最好的阴影形式是Ray Traced Shadows (光影跟踪阴影)，这种阴影使用的就是mental Ray的光影跟踪器。mental Ray不支持Advanced Ray Traced Shadows(高级光影跟踪)和Area Shadows (局部阴影)。普通的Shadow Map（阴影图形）阴影也可以在Mental Ray里渲染，但是不如mental Ray Shadow Map(mental Ray阴影图形)的渲染效果好。以上介绍的有关光影的设置请见图5.2.10.5。

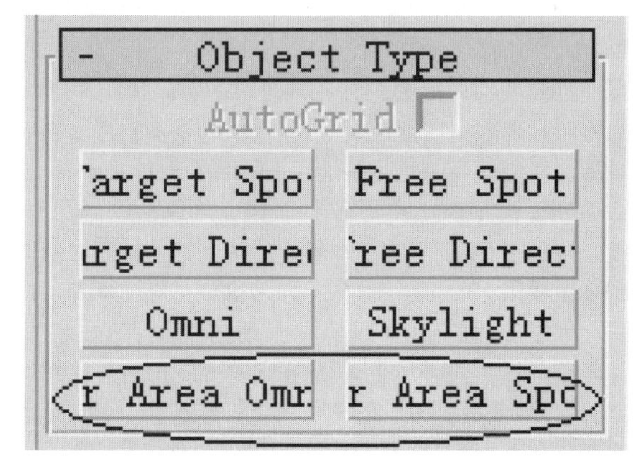

图5.2.10.1

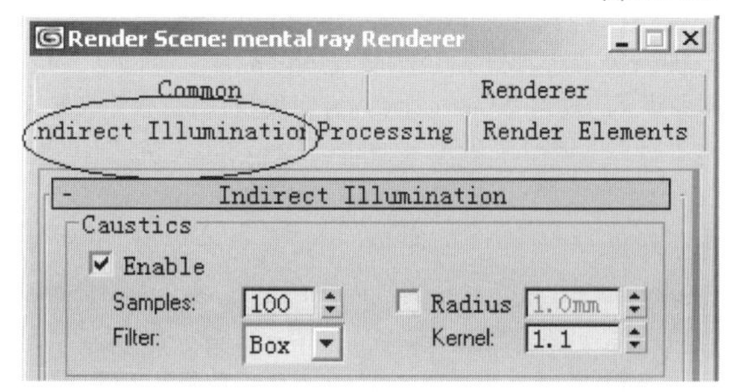

图5.2.10.2

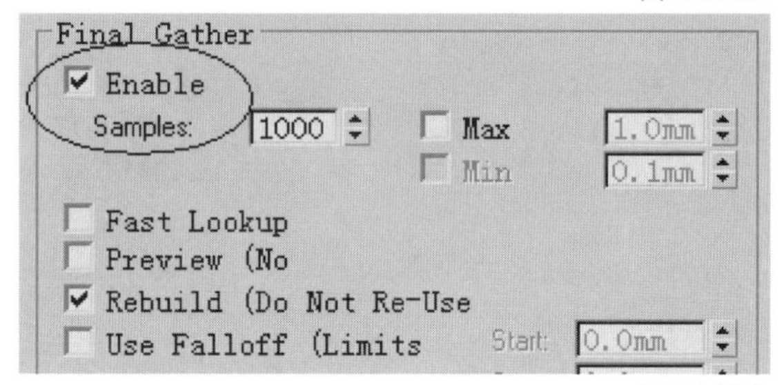

图5.2.10.3

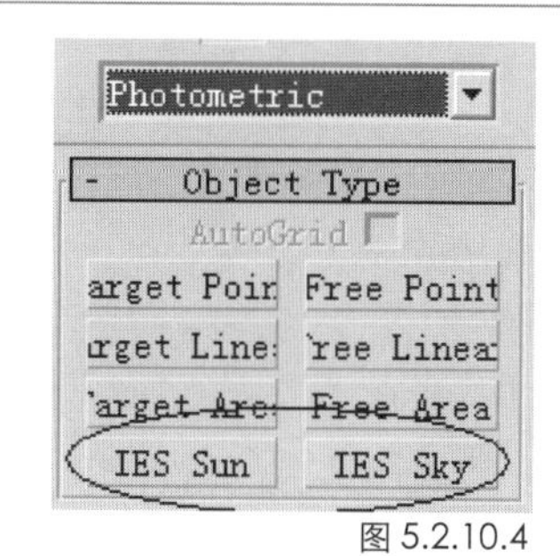

图 5.2.10.4

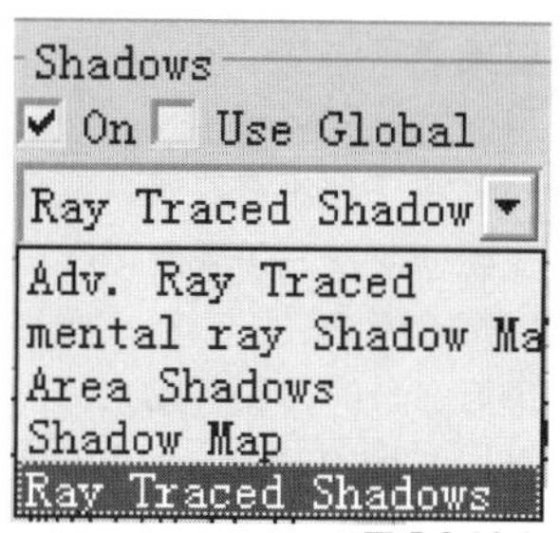

图 5.2.10.5

5.2.11 mental Ray 中间接照明各项参数的设置

间接照明是 mental Ray 最有力的功能，它可以影响漫反射光和焦散效果。间接照明的若干个选项分述如下：

图 5.2.11.1 第一项是 Caustics(焦散)，点选以后就可以产生焦散。Samples（采样）的多少决定光子的融合程度，采样少，光子的边缘就清晰，采样多，光子的边缘就柔和。

第二项是 Radius(半径)的设定，半径是指光子的半径，点选后可以自行设定，半径数值越大，光子的尺寸越大。

第三项是 Global Illumination（全局光照）。此处光子的大小与焦散采样所设数值的作用相近，数值越大，光子之间融合得越柔和。

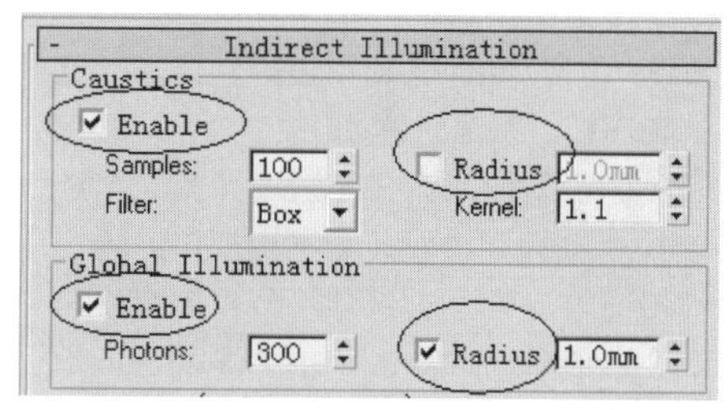

图 5.2.11.1

图5.2.11.2 第一项设定的是体积光子的阴影指定给材质时光子的尺寸和采样的大小。

第二项设定光子的反射和折射的光影深度。

第三项针对复杂场景，光子图形可以储存，也可以加载。

第四项点选此项可以使所有的物体产生和接受焦散，默认状态下物体是不产生焦散的。

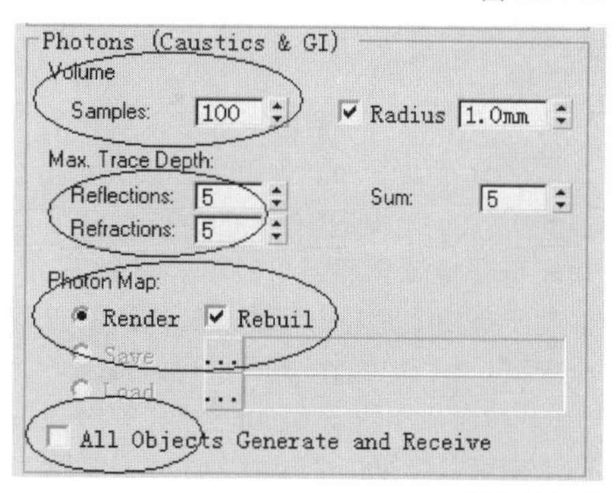

图 5.2.11.2

图 5.2.11.3 的第一项最终聚集，是对场景中的渲染的像素进行采样，或者说是对场景中稀疏的采样做更平均的分布最终聚集采样点的多少取决于场景的复杂程度。

第二项设置采样数量的多少，数值越大渲染的效果越精细。

第三项设置控制采样点的质量，点选预览可以快速测试最终聚集对场景的影响。

第四项最大半径和最小半径设置，决定采样点之间融合的距离。

图 5.2.11.4 第一项可以保存采样信息。

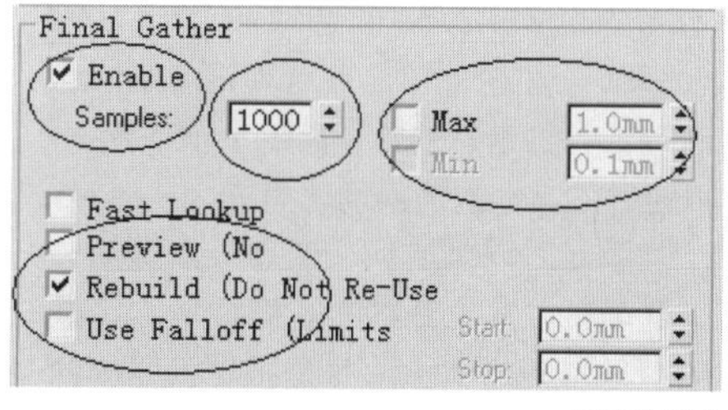

图 5.2.11.3

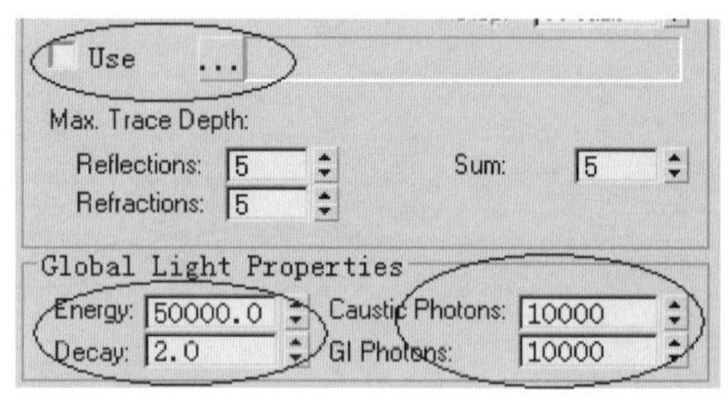

图 5.2.11.4

如果场景未变，也可以载入采样文件，用以加快渲染速度。

第二项设置能量，能量在此并不是光线，而是光子密度。在测试渲染中可以减少光子的密度，提高渲染速度，最后渲染时再调整回来。此项中的衰减是指能量的衰减与距离的比。比如设置成2，则意味着能量的衰减度是距离的平方。

第三项设置的是每一个光源发射焦散光子和全局光照光子的数量。

5.2.12 mental Ray 中转换器的各种选项

点击选染场景图标，打开程序Processing面板，有很多关于Translator(转换器)的选项。虽然这些选项并不只针对mental Ray，但用mental Ray渲染就要涉及此选项面板。下面分述如下：

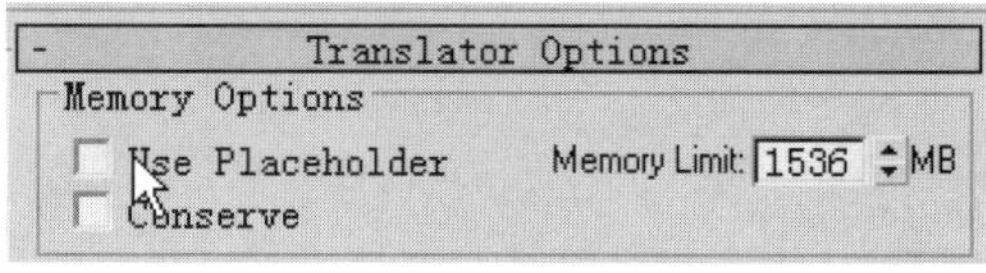

图 5.2.12.1

图 5.2.12.1 有三个选项。第一个选项 Use Placeholder 是不把视口外的物体传递给渲染器,此选项可节省内存。第二个选项 Conserve Memory 是保证指定的内存只计算场景内的物体和材质。第三个选项 Memory Limit 设置使用的内存量。

图 5.2.12.2 中有两个选项。第一个选项Material Override强制材质，可以强制所有的物体使用指定的材质。此项功能可在检测光照效果时不计算材质，强制所有物体呈现一种浅灰颜色。第二个选项 Export to .mi File 是可以输出一个mental Ray的场景脚本文件，有经验的用户可以修改这个脚本文件并提交给mental Ray 渲染器。

Material Override
Enable Material: None
Export to .mi File
Export on Un-compress

图 5.2.12.2

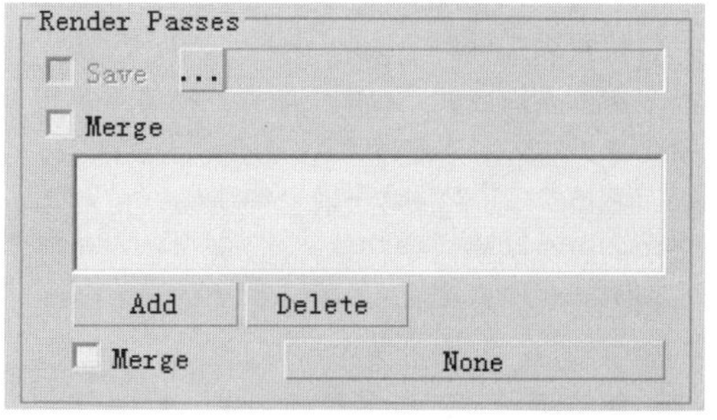

图 5.2.12.3

图 5.2.12.3 的选项叫 Render Passes（渲染操作），此选项把渲染信息储存为一种专有的文件格式，该文件可以合并到其他的渲染场景里去。

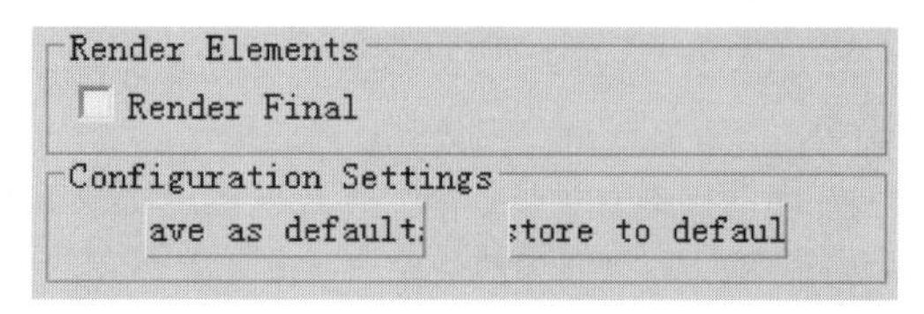

图 5.2.12.4

图 5.2.12.4 有两个选项，点选第一个选项可以渲染最终的图像。第二个选项中 Save as defaults 是把转换器中的

设定的各种选项确认为默认设置。Restore to defaults 是恢复上一次的默认设置。

图 5.2.12.5 中的选项是诊断场景中的坐标、采样、光子和光影跟踪的优化等。

图 5.2.12.6 中可以把渲染工作分配给多个服务器。

5.2.13 mental Ray的连接器

一般情况下，如果我们选定 mental ray 渲染器，mental ray 的转换器自动将默认的材质和贴图转换成为 mental ray 的 Shaders(阴影)。如果想替换默认的材质，点击材质编辑器图标，再点击卷展栏 mental ray Connection(mental ray 连接器)，弹出如图 5.2.13.1 至图 5.2.13.4 的选项栏。图 5.2.13.1 Basic Shaders 选项中锁定的是转换器指定的标准材质和贴图。打开锁定可以指定其他的阴影。图 5.2.13.2 设定的是焦散和全局

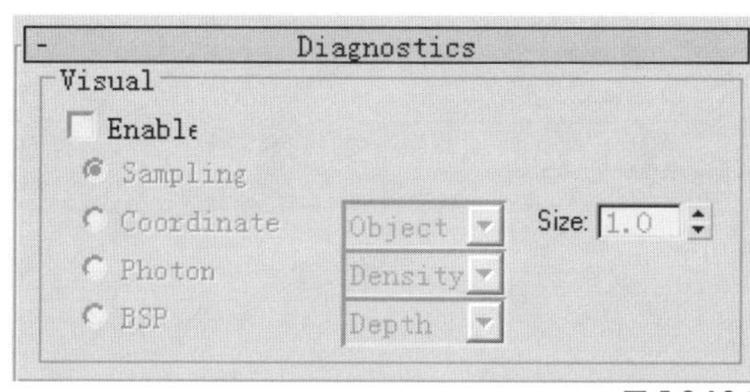

图 5.2.12.5

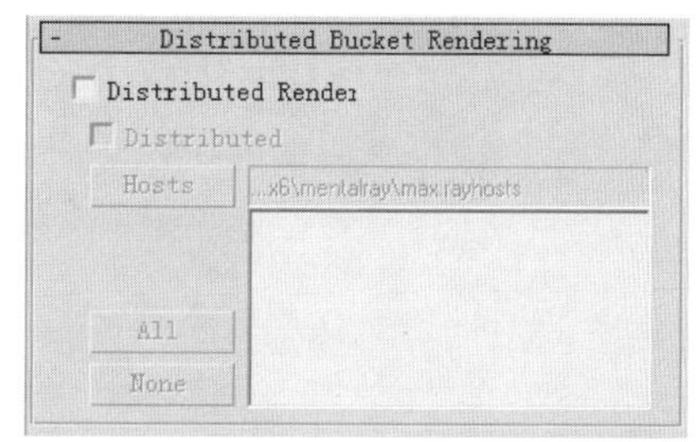

图 5.2.12.6

光照。打开锁定可以指定专门的 mental ray 的阴影形式。图 5.2.13.3 设定的是扩展的阴影。其中 Displacement 设定的是位移阴影，Volume 设定的是体光，Environment 设定的是环境阴影。图 5.2.13.4 设定的是高级阴影。其中 Contour 设定的是轮廓阴影（设此项可以将模型渲染成线描的图片），Light Map 设定的是灯光贴图阴影，Optimisation (优化)中点选 Flagging Material as Opaque（指定此材质为不透明）可以节省渲染时间。

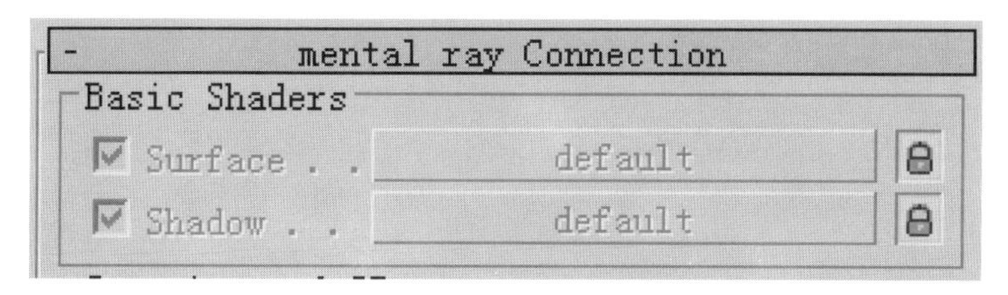

图 5.2.13.1

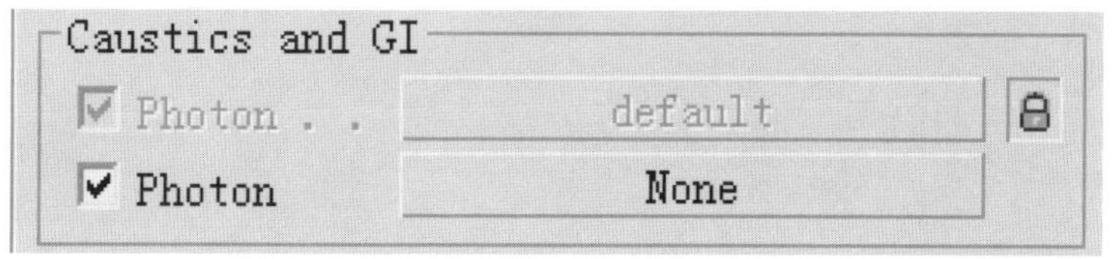

图 5.2.13.2

以上对 mental ray 的材质、光子、阴影、焦散等的参数设定做了较详细的介绍，大家可以结合具体的模型、灯光和材质反复实践，渲染出高质量的图片来。

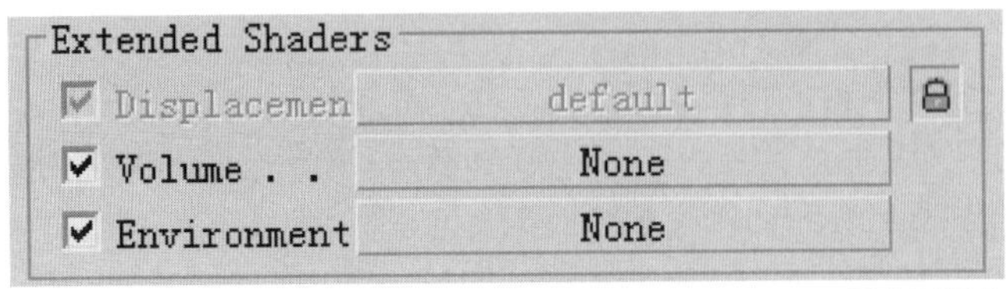

图 5.2.13.3

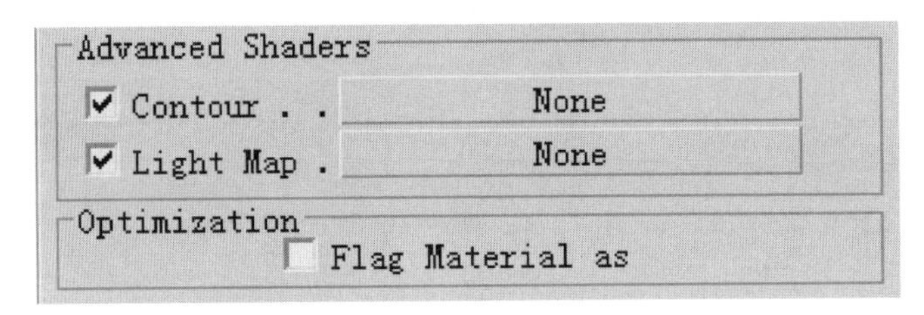

图 5.2.13.4

第三部分 数模设计阶段

第六章 UG在计算机辅助工业设计中的应用

UG是美国EDS公司开发的CAD/CAM/CAE工业设计软件，为用户提供了强大的建模功能。它不仅包含实体建模、特征建模、还包含自由曲面建模和钣金建模等等。UG的强大功能使工业设计师可以把更多的精力用在造型的设计上。它的CAM技术和快速成形技术结合在一起，大大缩短了产品开发的周期，也使设计在正式投入生产前得到充分的验证。

6.1 Unigraphics NX2.0的工作界面

图6.1.1是打开UG NX 2.0后出现的工作界面，A是菜单栏，B是标准工具栏，C是主工具栏，D是工作视窗，E是导航器，F是状态栏，下面分别介绍各个部分的功能。

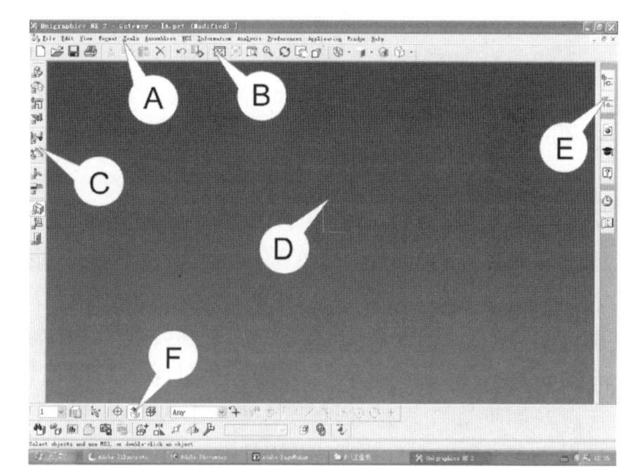

图 6.1.1

6.1.1 菜单栏

UG NX 2.0包括13个菜单。几乎所有的常用工具均可以在菜单中找到，有的菜单内含有子菜单。下面简单介绍一下每个菜单所包含的功能。

文件（File）

文件菜单中共有20个命令选项，依次为新建、打开、关闭、保存、仅保存工作部件、另存为、保存所有、保存书签、选项、打印、绘图、输入、输出、交互操作、协作、实用、执行UG/Open、属性、最近打开的部件和退出。其中关闭命令内包含8个子命令，分别是：所选的部件、所有部件、保存并关闭、另存为并关闭、全部保存并关闭、全部保存并退出、重新打开选择的部件和重新打开所有修改的部件。选项命令内包含2个子命令，它们是：载入选项和存储选项。输入命令内包含13个子命令，它们依次是：部件、Parasolid格式、NX-2D格式、CGM格式、装配载入、VRML格式、STL格式、IGES格式、Step203格式、Step214格式、DXF/DWG格式、Imagewave格式和V4 CATIA实体。输出命令内包含21个子命令，它们依次是：部件、Parasolid格式、用户自定义、CGM格式、快速成形、多边形文件、Author HTML格式、Teamcenter可视化、VRML格式、PNG格式、JPEG格式、GIF格式、TIFF格式、BMP格式、IGES格式、Step203格式、Step214格式、DXF/DWG格式、2D转换、修复几何体和V4 CATIA实体。协作命令内包含18个子命令，它们依次是：连结到NetMeeting、连接到e-Vis、从Conference断开、结束通话、从目录中放置通话、共享程序、聊天、白板、传送文件、表达式、部件文件、视图、高亮、装配载入、清除高亮、部件名称映射、部件更新和处理过程收到更改。实用命令内包含14个子命令，它们依次是：编辑工作部件头、编辑另外的部件头、强制的单件零件、组件升级、用户缺省、线型、选择线型文件、字体、符号线型、创建定制符号、创建产品属性符号、部件清理、迁移电子表格数据和卸载共享图片。执行UG/Open命令内包含3个子命令，它们是：图形交互编程、Grip排错和用户函数。

编辑（Edit）

编辑菜单中共有15条命令，它们是后退操作列表、裁剪、复制、拷贝显示、粘贴、粘贴特殊、删除、选择、隐藏、变换、对象显示、属性、型式、草图和部件列表层。其中选择命令内包含9个子命令，它们依次是：选择一般对象、选择特征、选择组件、恢复、全部不选、全选、拟和视图以便于选取、在导航器中查找和上一层。隐藏命令内包含6个子命令，它们依次是：隐藏、互换显示与隐藏、不隐藏所选的、不隐藏所有某类型的、显示部件中所有的、不隐藏某名称的对象。

视图（View）

视图菜单中共有8条命令，它们是刷新、操作、方位、可视化、工具条、信息窗口、当前对话和曲率图表。其中操作命令内包含18个子命令，它们依次是：拟和、缩放、不缩放、非比例缩放、原点、旋转、漫游选项、导航、视镜显示、设置镜像平面、截面、恢复、扩展、选择工作、重新生成工作视图、删除、保存和另存为。可视化命令内包含13个子命令，它们依次是：基本光、高级光、材料/纹理、视觉效果、陈列室环境、光栅图片、生成快速图片、高质量图片、艺术图像、创建动画、显示图片、装配消隐线和批处理消隐线。工具条命令内包含9个子命令，它们依次是：标准、视图、可视化、选择、实用程序、分析、分析外形、形象化渲染和用户化。

格式（Format）

格式菜单中共有11条命令，它们是层的设置、在制图中可见、层组、移至层、复制至层、引用集、布局、组、数据库属性、图样、打开片体。其中布局命令内包含9个子命令，它们依次是：新建、打开、拟和于所有视图、更新显示、重新生成、替换视图、删除、保存和另存为。

工具（Tools）

工具菜单中共有17条命令，它们是表达式、可视编辑器、电子表格、智能模型、材料属性、部件导航器、装配导航器、Imageware集成、知识融接、快速检查、单位转换器、单位管理器、用户自定义特征、UG/Manager、宏、自定义和表格。其中智能模型命令内包含2个子命令，它们是：产品定义和几何公差。部件导航器命令内包含7个子命令，它们分别是：显示当前特征、查找对象、应用过滤器、设置过滤器、输出到浏览器、输出到电子表格和退出。装配导航器命令内包含18个子命令，它们依次是：包含被抑制的组件、WAVE模式、过滤模式、过滤器、查找选定的组件、查找工作部件、全部收缩、全部展开、展开至可见的、展开至工作的、展开至载入的、展开至选定的、全部打包、全部开包、更新结构、输出到浏览器、输出到电子表格和退出。快速检查命令内包含4个子命令，它们分别是：质量检查、距离检查、大小检查和表达式检查。用户自定义特征命令内包含4个子命令，它们分别是：向导、插入、增加调色板和配置库。UG/Manager命令内包含7个子命令，它们分别是：输入装配、输出装配、保存在IMAN以外、重写图样部件、保存所有部件、列出锁定的部件、锁定修改的部件和锁定/解锁部件。宏命令内包含9个子命令，它们分别是：开始记录、回放、步长、回放中重设大小、用户入口、带有指导的用户输入、文件选择对话框中的用户输入、用户暂停和开始计时。表格命令内包含17个子命令，它们依次为：编辑、编辑文本、插入、重设大小、选择、输入、合并单元格、分解单元格、排序、锁定/解锁行、附加/分离行、自动文本、转至单元格URL、更新部件列表、自动注释、输出和另存为模板。

装配（Assembles）

装配菜单中共有14条命令，它们是延迟部件间的更新、更新进程、上下文控制、组件、爆炸视图、序列、变配置、克隆、编辑组件阵列、WAVE几何连结器、WAVE属性连结器、WAVW、高级和报告。其中上下文控制命令内包含10个子命令，它们依次是：查找组件、打开组件、孤立显示组件、按逼近范围打开、显示产品外形、保存上下文、恢复上下文、定义产品外形、设置工作部件和设置显示部件。组件命令内包含16个子命令，它们依次是：添加已存的、创建新的、创建阵列、替换组件、重定位组件、配对组件、镜像装配、变形部件、替换引用集、抑制组件、释放组件、编辑安排、定义匹配替换、验证匹配替换、组件族更新和间隙分析。爆炸视图命令内包含10个子命令，它们依次是：生成爆炸、编辑爆炸、自动爆炸组件、组件不爆炸、删除爆炸图、隐藏爆炸、显示爆炸、隐藏组件、显示组件和显示工具条。序列命令内包含4个子命令，它们依次是：操作、导航器、回放和顺序。克隆命令内包含2个子命令，它们是：建立克隆装配和编辑已有的装配。WAVE命令内包含8个子命令，它们依次是：关联性管理器、几何导航器、部件链接导航器、部件导航器、当前装配的WAVE图表、当前会话的WAVE图表、查看保存的图表和加载部件间数据。高级命令内包含5个子命令，它们依次是：装配外形显示、链接的外部、区域、简化表达和脚本。报告命令内包含6个子命令，它们依次是：列出组件、更新报告、用于何处、本作业中被用于何处、装配结构图和零件族报告。

工作坐标系（Coordinates）

工作坐标系菜单中共有8条命令，它们是原点、动态、旋转、方位、改变XC方向、改变YC方向、显示和保存。

信息（Information）

信息菜单中共有12条命令，它们是对象、点、样条、B-曲面、特征、表达式、产品定义、几何公差、部件、装配、其他和自定义菜单。其中表达式命令内包含7个子命令，它们依次是：全部列出、列出所有在装配中的、列出所有在本作业中的、根据草图列出、列出装配约束、根据参考列出所有的和列出所有几何的。几何公差命令内包含 3 个子命令，它们依次是：查找、相关的和列出所有的。部件命令内包含 3 个子命令，它们是：已载入的部件、修改和部件历史。装配命令内包含 4 个子命令，它们依次是：引用集、配对条件、组装阵列和爆炸。其他命令内包含 11 个子命令，它们依次是：层、电子表格、视图、布局、图纸、组、草图(v13 以前)、特定物体的、Unigraphics NX、图形驱动卡和属性报告。自定义菜单命令内包含 4 个子命令，它们是：用户项报告、文件用途报告、报表工具和加速键。

分析（Analyze）

分析菜单中共有 20 条命令，它们是距离、角度、弧长、最小半径、几何特性、偏差、形状、曲线、面、草图、模型比较、Check-Mate、检查几何体、检查 VDA-4955 一致性、优化导向、简单干涉、快速堆栈、装配间隙、质量属性和单位克 - 毫米。其中偏差命令内包含 3 个子命令，它们依次是：检查、相邻边和测量。形状截面、网格截面、高亮线、显示极点和显示分析对象。曲线命令内包含 10 个子命令，它们依次是：曲率梳、曲率梳选项、峰、峰选项、拐点、拐点选项、图形、图形选项、输出列表和输出列表选项。面命令内包含 4 个子命令，它们依次是：半径、反射、斜率和距离。Check-Mate 命令内包含 4 个子命令，它们依次是：Run、Author Checks、显示结果标记。装配间隙命令内包含 4 个子命令，它们依次是：执行分析、间距设置、分析和间距浏览。质量属性命令内包含 5 个子命令，它们依次是：面积 - 使用曲线计算、面积 - 使用面计算、质量 - 使用实体计算、质量 - 用曲线和片体计算，最后的子命令是装配重量管理。单位克 - 毫米命令内包含 5 个子命令，它们依次是：磅 - 英寸、磅 - 英尺、克 - 毫米、克 - 厘米、千克 - 米。

预设置（Preference）

预设置菜单中共有 18 条命令，它们是对象、用户界面、调色板、选择、可视化、可视化性能、3D 输入设备、工作平面、电子表格、装配、知识融接、草图、制图、注释、几何公差、协作、UG/Manager 和 NX 各应用基本环境。

应用（Applications）

应用菜单中共有 17 条命令，它们是建模、工业设计、制图、加工、机床建造器、结构分析、注塑流动分析、MasterFEM+、运动、智能建模、钣金、Routing Mechanical、Routing Electrical、装配、知识融接、基础环境和用户界面编辑器。其中只有钣金下有一条子命令，即设计。

窗口（Windows）

如果同时打开多个文件，用户可以在窗口菜单中选择不同的文件显示为当前窗口。

帮助（Help）

帮助菜单中共有9条命令，它们在上下文、手册、版本发放信息、新增功能指南、培训、捕捉事件报告数据、Unigraphics NX日志文件、在线技术支持和关于Unigraphics NX。其中在线技术支持命令内包含13个子命令，分别是：PLM解答提示/解答数据库、GTA WWW支持页、事件状态与跟踪、GTAC文件服务器、认证、电话会议、通过技术支持将事件记入、获取互联网账户、上载文件以获取支持、下载完整的Unigraphics NX、基于文档的互联网、许可证检索和应急许可证的生成。

6.1.2 标准工具栏

标准工具栏包含有新建文件、打开旧文件、保存文件、复制、粘贴、打印和观察视图等一般应用软件常有的按钮。

6.1.3 主工具栏

主工具栏包含了大多数创建和修改模型的工具。在不同的模块下系统显示不同的工具栏。

6.1.4 工作视窗

工作视窗是建立和修改模型的工作空间，NX增加了鼠标中键旋转观察视图的功能，比以前的版本方便了许多。

6.1.5 导航器

通过导航器用户可以隐藏创建的特征，对模型进行更好的管理。

6.1.6 状态栏

状态栏提示出系统的要求，是一种很好的交互功能。

6.2 用Unigraphics NX 2.0建立全自动皂液器

6.2.1 工业设计师学习数模软件的必要性

工业设计师的工作重点是概念设计，设计师表述产品造型、结构、色彩的快捷有效的方法是概念草图。设计师还可以用三视图向工程师表述产品造型，但是有时这些手段都不能很好地表达设计师想表现的造型细节，这就需要设计师掌握一些数模软件，以便更好地表达设计思想。

另外，如果设计师能够直接在概念草图的基础上建立数模，可以节省在没有物理属性的软件里建模所花的时间。设计师把符合自己设计意图的外部造型建好以后，再交给结构工程师，由他们添加内部结构，这也是缩短设计周期的一个方法。

其次，设计师直接建立数模的另一大好处是便于修改，因为在UG里所建立的每一个特征都是有历史纪录的，很容易从中间环节倒回去修改，这些优点是Max等软件没办法比拟的。

6.2.2 建立主体模型

下面我们要分别讲解用 UG NX2 建立一个全自动皂液器的模型。首先从皂液器的主体建起，完成的效果如下图。

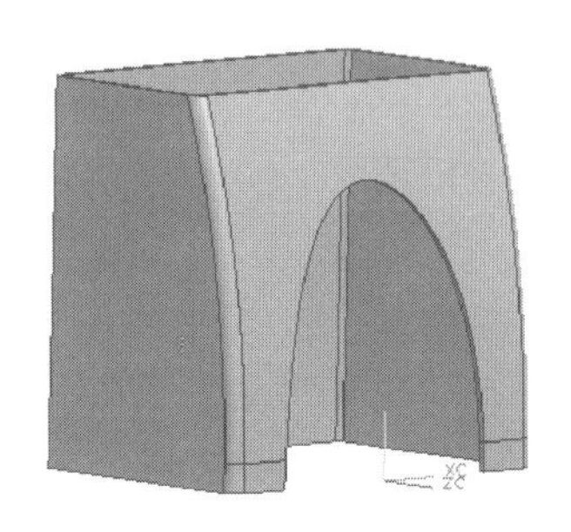

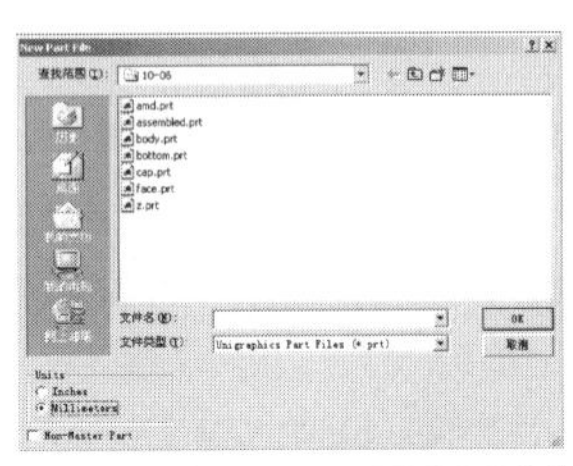

图 6.2.2.1.1

6.2.2.1 建立新文件

首先打开 UG，选择 (New 建立新文件)，在弹出的窗口中如图 6.2.2.1.1 将文件命名为 Body。选择 Units 栏内的 Millimeters，以毫米为单位，选择 OK 确定。UG 的文件格式为 prt。

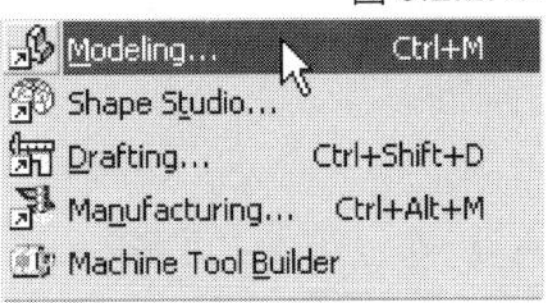

图 6.2.2.2.1

6.2.2.2 调用模块

选择下拉菜单 Application(应用)，在弹出的对话框中如图 6.2.2.2.1 选 Modeling(建模)模块。窗口中将出现有关建模的工具条（Toolbars)，工具条上有各种工具按钮可供我们选用。

我们现在调用的是建模模块，如图 6.2.2.2.1 所示 UG 还有其他的模块，不同的模块有不同的工具条。默认状态下，工具条和工具条上面显示的工具按钮并不全，我们可以根据需要自己设定。设定时选 View(视图)\Toolbars(工具条)\Customize(自定义)，弹出如图 6.2.2.2.2 所示自定义的选项栏，只要分别在 Toolbars(工具条)和 Commonds(命令)下勾选所要的工具条和工具，窗口中就会出现相应的工具条和工具图标。

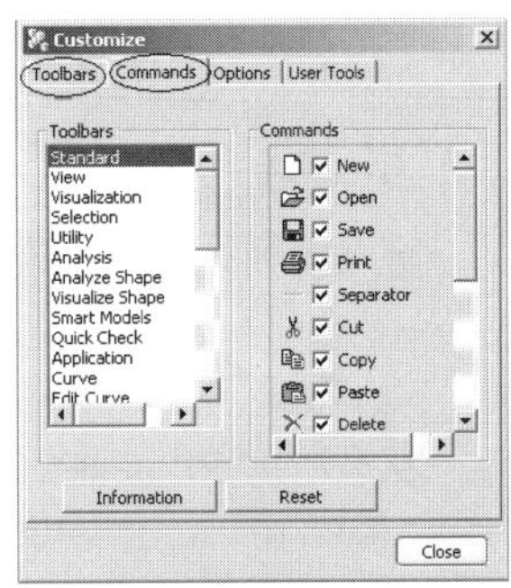

图 6.2.2.2.2

6.2.2.3 创建长方体

点击 Block(长方体) 图标，弹出如图 6.2.2.3.1 的对话框。其中第一

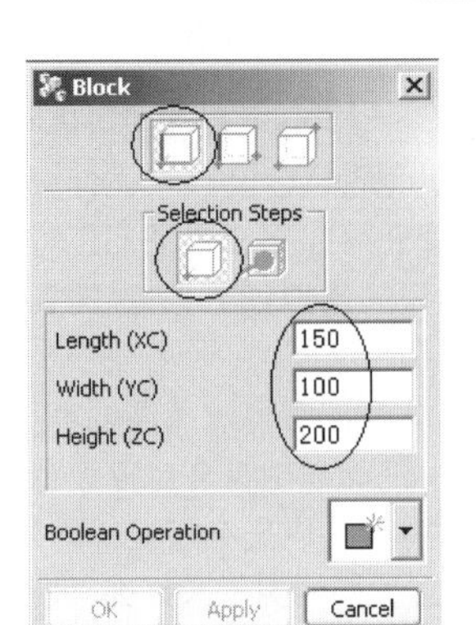

图 6.2.2.3.1

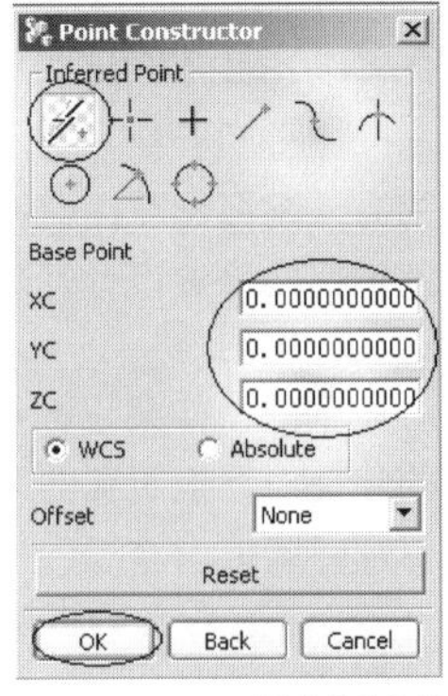

图 6.2.2.3.2

排第一个按钮显示创建长方体的方式是以 Origin,Edge Lengths(确定原点和边长)来实现的，我们按默认不动。第二排第一个按钮要求我们设定长方体的原点。这时窗口的下方提示栏内也出现 Select origin point-Specify inferred point(选择原点 - 指定某个点)的提示。假设视口里已有某个模型，此时我们可以直接用鼠标左键点击某个点（系统会智能捕捉）来确定将要创建的长方体的原点。但目前视口里什么都没有，这就需要我们用一个 Point Constructor(点构造器)的工具来创建一个原点。点构造器的工具图标在窗口的下方，点击后会弹出如图 6.2.2.3.2 的对话框，将 Base Point(基准点)下面的 XC(X 轴)、YC(Y 轴)和 ZC(Z 轴)分别设成 0，按 OK 图标完成。此时我们已经创建了一个原点，系统又回到图 6.2.2.3.1 的对话框来，如图在 Length(XC)X 轴的长度上输入 150，在 Length(YC)Y 轴的长度上输入 100，在 Length(ZC)Z 轴的长度上输入 200。点击 OK（也可以点击中键）后，视口里显示出我们创建的长方体（请见图 6.2.2.3.3）。

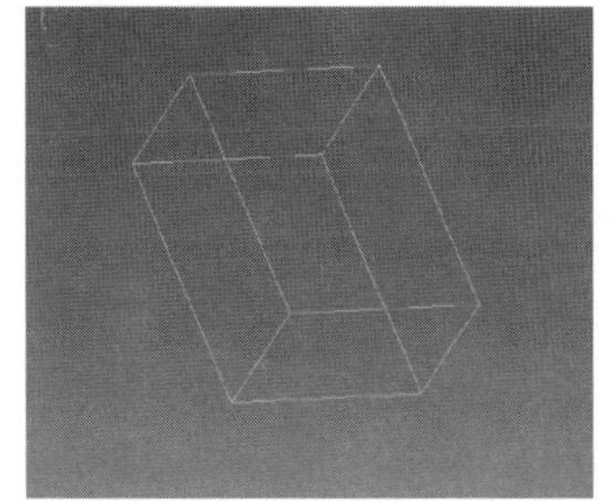

图 6.2.2.3.3

6.2.2.4 改变模型的显示模式和观察角度

默认的状态下，模型显示的是线框模式。点击工具条上的 Shaded（阴影模式）图标，模型即显示成立体阴影状态，如图 6.2.2.4.1。

用 UG NX2 建模，最好使用三键鼠标，并且中间是滚轮。因为这样改变观察角度会

图 6.2.2.4.1

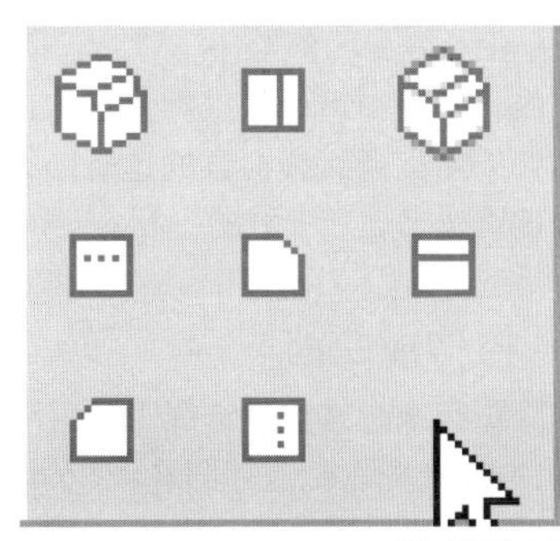

图 6.2.2.4.2

图 6.2.2.4.3

很方便。改变观察角度的方法是按住鼠标中键，上下左右拖动。拉近和退远观察视口里的模型可以向前或向后推动滚轮即可，上下左右拖动视口需按住 Shift+ 中键（滚轮）。如果没有三键鼠标，就需点击 View(视口)工具条，也可以按快捷键。Ctrl+F 是让视口里的所有模型充满视口，F6 是局部放大，F7 是旋转视口。

除了带有透视角度的视口外，还可以将视口转换成正交视图和等角视图。方法是按住 View(视口)工具条中的视口图标，弹出图 6.2.2.4.2 的选项栏，分选各个视图的图标将视图转换成顶视、前视等六个正交视图，还可以转换成轴侧投影和等角投影视图。

所有这些功能也可以在视口中点击右键，在弹出的选项栏中分别选择,如图 6.2.2.4.3。

6.2.2.5 绘制草绘图形

下面我们要把这个长方体剪切成如图6.2.2.5.1的形状。首先我们要绘制出一条曲线，再用这条曲线拉伸成一个面，最后用这个面剪切长方形。

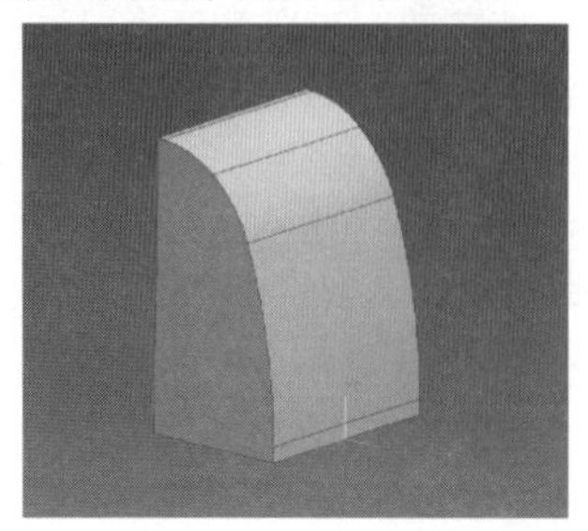

图6.2.2.5.1

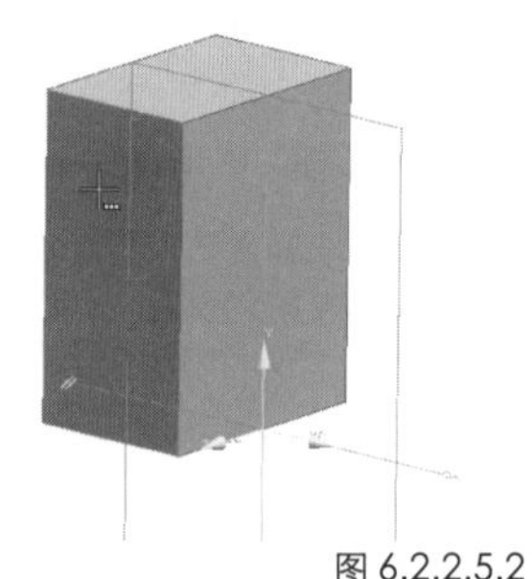

图6.2.2.5.2

选择Sketch(草绘)工具，系统弹出选项条，并在窗口下方提示我们选择一个草绘的平面，如图6.2.2.5.2选择。

接着选择Spline by points(以确定控制点绘制样条曲线)工具，弹出如图6.2.2.5.3的对话框，按默认绘制，并把窗口下方所有的约束都关掉。绘制出如图6.2.2.5.4的效果，点击中键结束。如果没有一次性绘制好，还可以在绘制结束后再用鼠标左键点击需要修改的部位（如图6.2.2.5.5），移动控制点直到满意为止。这条曲线不是由若干条相切的弧线组成的，它是由设计师根据自己的设计需要绘制出的形状。如果用多条弧线拟合成这条曲线会很麻烦，设计师就很容易找出这条曲线的形状。

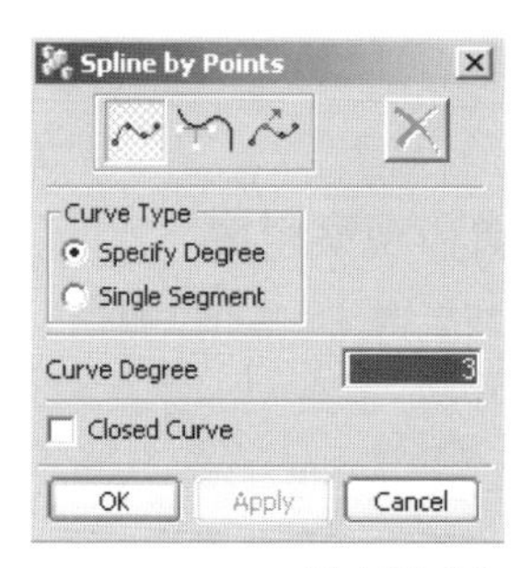

图6.2.2.5.3

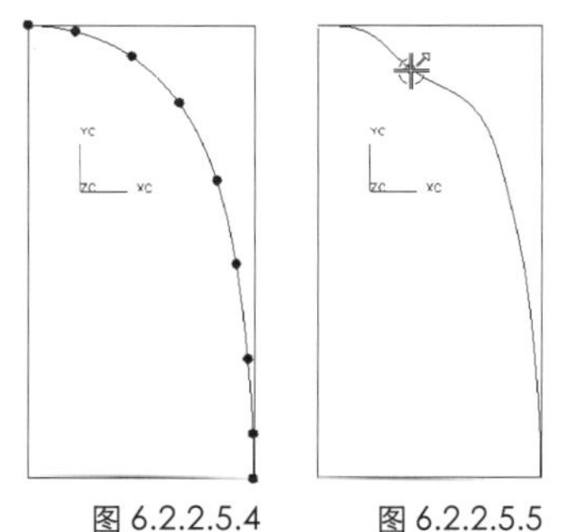

图6.2.2.5.4　图6.2.2.5.5

6.2.2.6 将草绘图形拉伸成曲面

接下来先把长方体隐藏起来。方法是选择下拉菜单Edit\Blank\Blank(编辑\隐藏\隐藏)，如图6.2.2.6.1，弹出如图6.2.2.6.2的对话框（快捷键是Ctrl+B）。如果视口中有很多类型的物体，我们可以点击Type(类型)，在弹出如图6.2.2.6.3的对话框里选择要隐藏的物体类型，点击OK后再选择相应的物体就可以了。此时我们没有很多物体要隐藏，所以只需点击长方体（如图6.2.2.6.4），再点击中键就把长方体隐藏起来了。

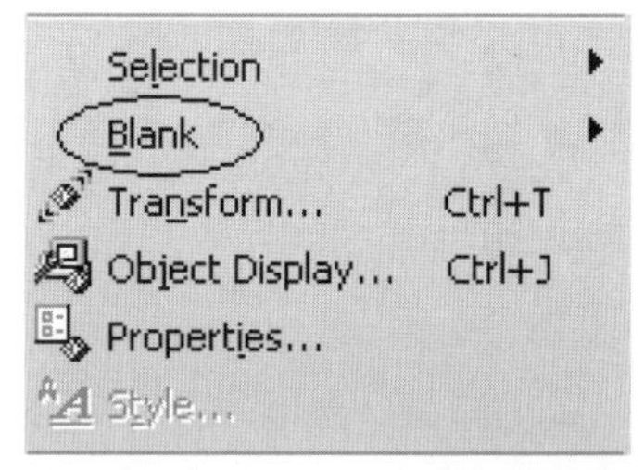

图6.2.2.6.1

接下来在工具条上点击Extruded Body(拉伸物体)工具，弹出图6.2.2.6.5的对话框，视口的下方提示：Select section string …(选择截面曲线串)。UG允许我们选择实体表面、实体边界、曲线、曲线链和片体作为要

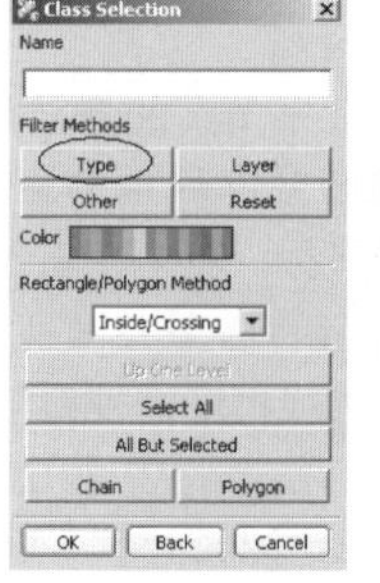

图6.2.2.6.2

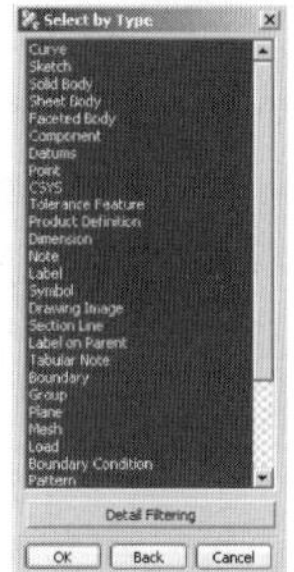

图6.2.2.6.3

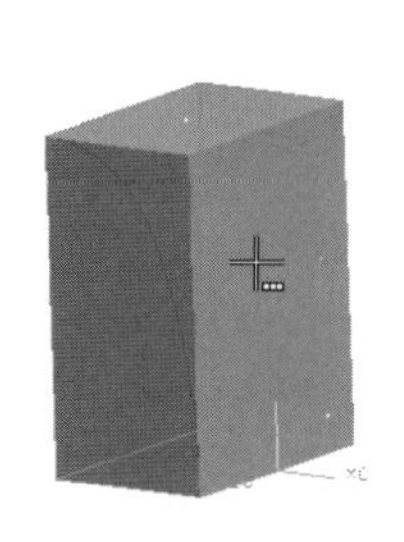

图 6.2.2.6.4

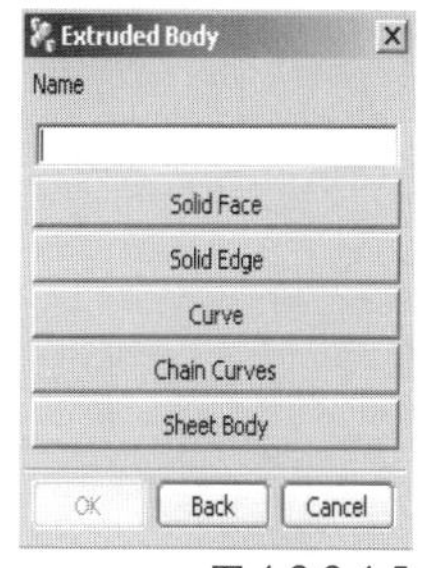

图 6.2.2.6.5

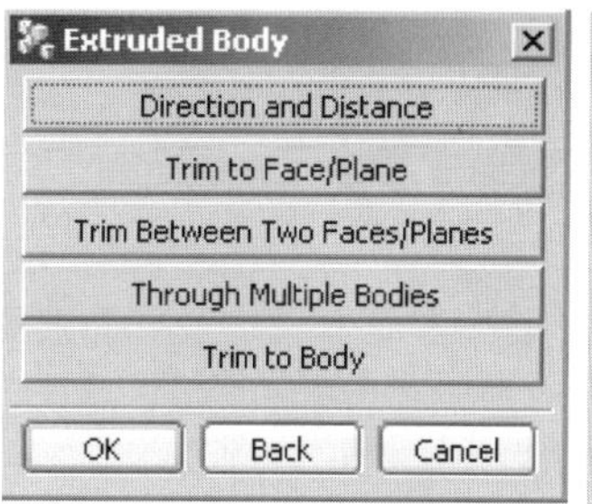

图 6.2.2.6.6

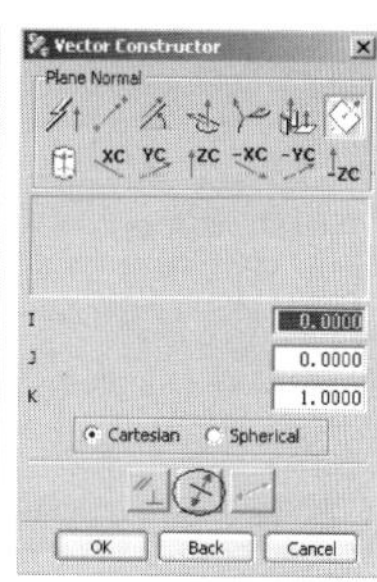

图 6.2.2.6.7

拉伸的截面，我们要拉伸的截面只有一条样条线，所以只需在视口里用左键点击刚绘制好的样条线就可以了。再点击中键完成选择，弹出图 6.2.2.6.5 的对话框。

在图 6.2.2.6.6 的对话框里，第一项是按照方向和距离来拉伸，我们就按照默认的选项点击中键。系统弹出图 6.2.2.6.7 的对话框里。

此对话框是 Vector Constructor（矢量构造器），默认的方向是构造平面的法线方向。此时我们看到视口里的矢量箭头朝向 Z 轴的正方向，而我们需要拉伸的方向是 Z 轴的反方向。点击 Cycle Vector Direction（翻转矢量方向）图标，使矢量箭头的方向翻转至 Z 轴的反方向，按中键完成（见图 6.2.2.6.8 和图 6.2.2.6.9）。

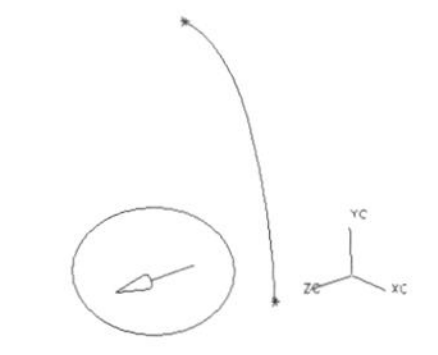

图 6.2.2.6.8

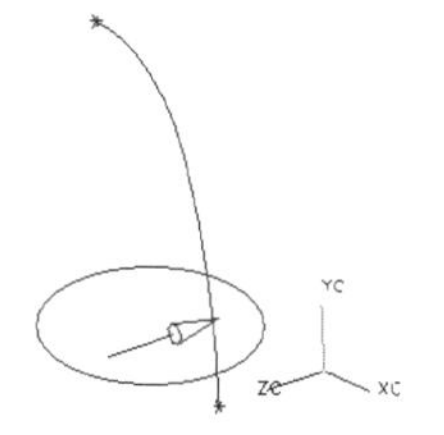

图 6.2.2.6.9

接下来弹出拉伸距离的对话框。如图 6.2.2.6.10 设置。Start Distance(起始距离)为 0，End Distance(终止距离)为 150，其他选项保持为 0，点击中键结束，窗口里显示如图 6.2.2.6.11 的效果。

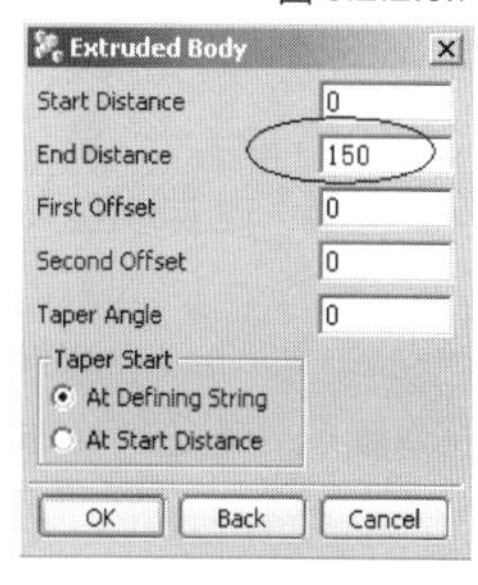

图 6.2.2.6.10

6.2.2.7 用曲面剪切长方体

下面我们要用拉伸好的曲面来把长方形剪切成图6.2.2.5.1的效果。首先我们要把先前隐藏起来的长方形显示出来，方法是选择下拉菜单 Edit\Blank\UnBlank Selected(编辑\隐藏\不隐藏所选物体)，如图 6.2.2.7.1。弹出如图 6.2.2.7.2 的对话框（快捷键是 Ctrl+Shift+K），如前所述不需选择类型，只需在视口里点击一下长方体就可以了。此时视口里显示的结果应如图 6.2.2.7.3。

接下来点击 Trim Body(剪切实体)工具，弹出图 6.2.2.7.4 的对话框，不输入名称。同时窗口下方的提示栏内显示 Select Target Bodies(选择目标物体)，选择长方体，点击中键结束。此时窗口下方的提示栏内显示 Select face or datum plane(选择曲面或基准平面)，我们选择先前拉伸好的曲面（为了便于选择，可以把显示模式转换成线框模式）。系统弹出图 6.2.2.7.5

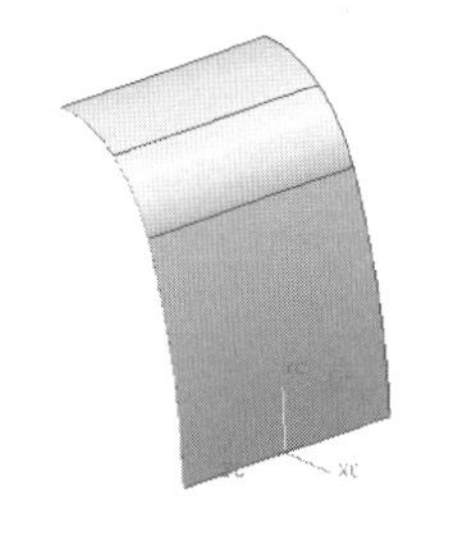

图 6.2.2.6.11

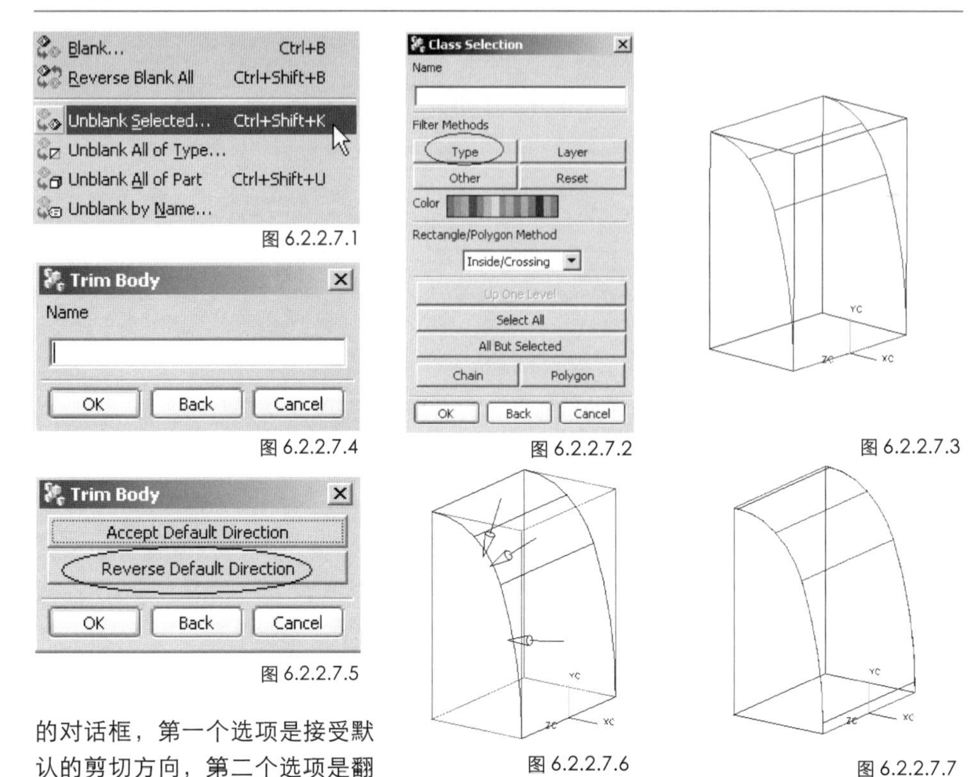

图 6.2.2.7.1

图 6.2.2.7.4

图 6.2.2.7.2

图 6.2.2.7.3

图 6.2.2.7.5

图 6.2.2.7.6

图 6.2.2.7.7

的对话框，第一个选项是接受默认的剪切方向，第二个选项是翻转默认的剪切方向。从图 6.2.2.7.6 的视图里看默认的剪切方向是朝里的，我们所要剪切的方向应该是朝外的，因此要在图6.2.2.7.5的对话框中点击第二个选项翻转默认的剪切方向。再点击一下中键，视口中的长方体自动被剪切成如图 6.2.2.7.7 的效果。

6.2.2.8 倒圆角

选择 Edge Blend(倒圆角)工具，弹出图 6.2.2.8.1 的对话框。设 Default Radius（默认半径）为 5，其他不动。在视口中选择如图 6.2.2.8.2 所示的一组边。再旋转视口，选择对面的一组边。点击中键结束，所得结果应如 6.2.2.8.3。

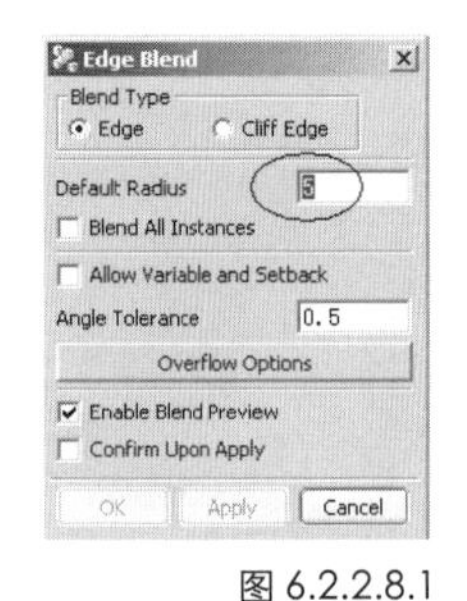

图 6.2.2.8.1

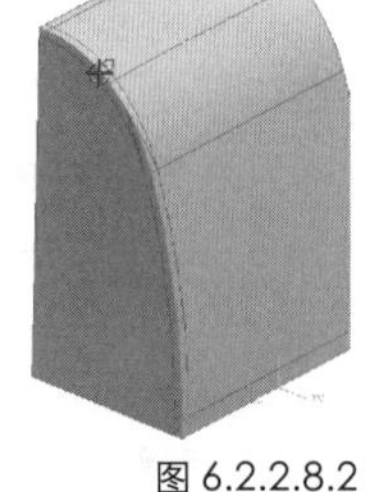

图 6.2.2.8.2

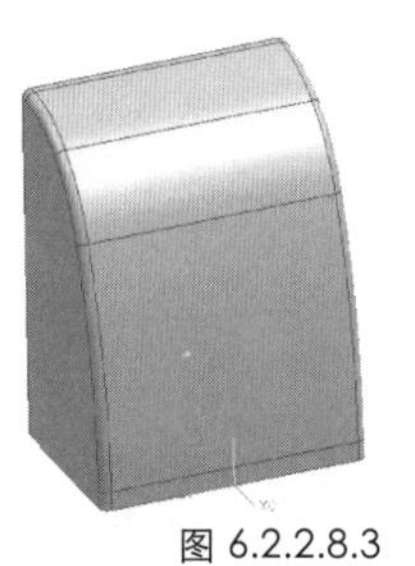

图 6.2.2.8.3

6.2.2.9 倒角

选择Edge Chamfer(倒角)工具。默认的状态下，工具条内没有此项工具的图标。我们可以按照前述（6.2.2小节）将所用的工具添加进工具条，也可以点击Insert\Feature Operation\Chamfer（插入\特征操作\倒角）进行操作（如图6.2.2.9.1和图6.2.2.9.2）。

选择后，弹出图6.2.2.9.3的对话框。选择Single Offset(单一偏移)，此选项表示按照所选边界向两边以45°C度的角度偏移相等的距离。按图6.2.2.9.4所示选择各条边，点击中键结束。

在弹出的Chamfer（倒角）对话框中输入3（请见图6.2.2.9.5）。击中键结束，所得效果如图6.2.2.9.6。

图6.2.2.9.1

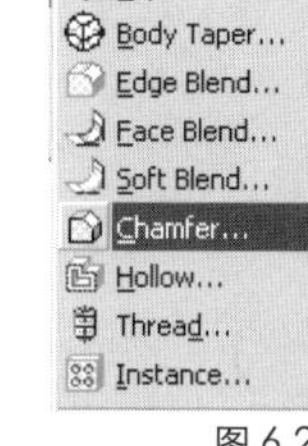

图6.2.2.9.2

图6.2.2.9.3

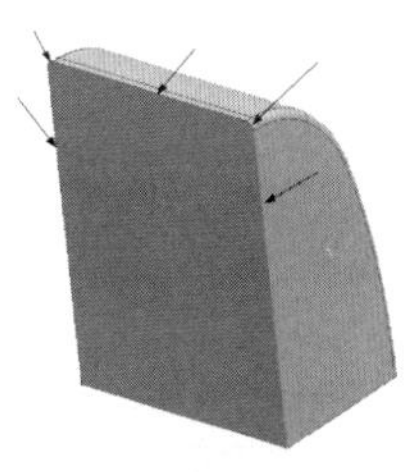
图6.2.2.9.4

6.2.2.10 制作剪切上盖的剪切面

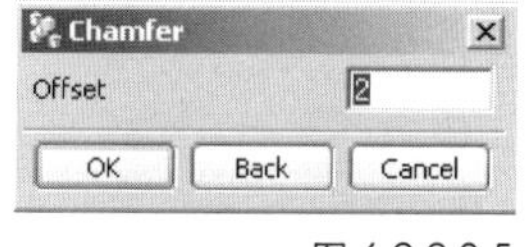

图6.2.2.9.5

图6.2.2.9.6

选择Sketch(草绘)工具，系统弹出选项条，并在窗口下方提示我们选择一个草绘的平面，如图6.2.2.10.1选择并按中键结束，视口转入正交的绘图平面。选择Line(画线)工具，视口里出现设定坐标位置和设定线段长度的图标。这时我们在图6.2.2.10.2所示的位置点击，并在XC和YC旁边的数字栏内键入-65和50的数值（这里设定的是直线的起点）。然后向右移动鼠标，如图6.2.2.10.3在数字栏Length(长度)内输入105，Angle(角度)内输入0，按回车键完成直线绘制。

接下来在工具条上点击Extruded Body(拉伸物体)工具，弹出图6.2.2.10.4的对话

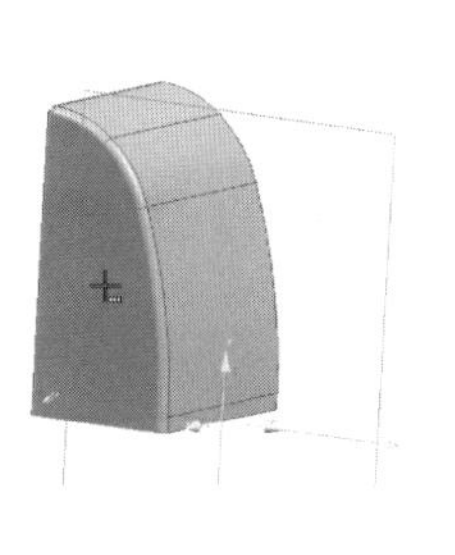
图6.2.2.10.1

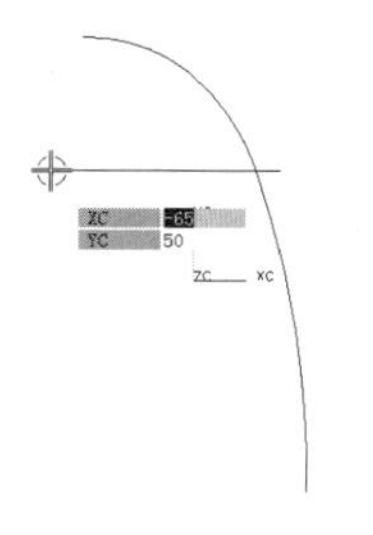

图6.2.2.10.2

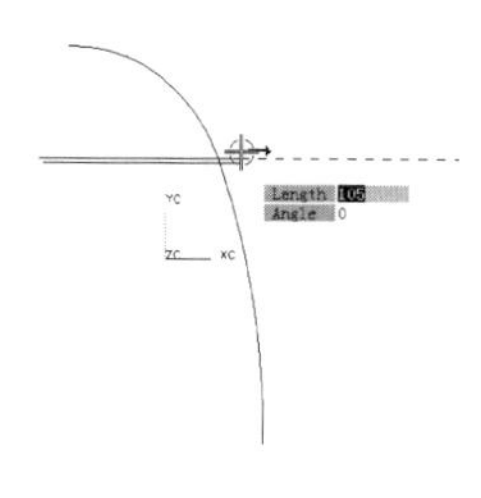

图6.2.2.10.3

框，不用做任何选择，依照视口下方的提示：Select section string …(选择截面曲线串)，在视口里用左键点击刚绘制好的直线，再点击中键完成选择，弹出图 6.2.2.10.5 的对话框。

在图 6.2.2.10.5 的对话框里，第一项是按照方向和距离来拉伸，我们就按照默认的选项点击中键。视口里显示拉伸的方向是向上的（如图 6.2.2.10.6），而我们需要向 Z 轴的反方向拉伸，这就需要我们在弹出的图 6.2.2.10.7 的矢量构造器的对话框选择 ZC 矢量方向作为拉伸的方向。

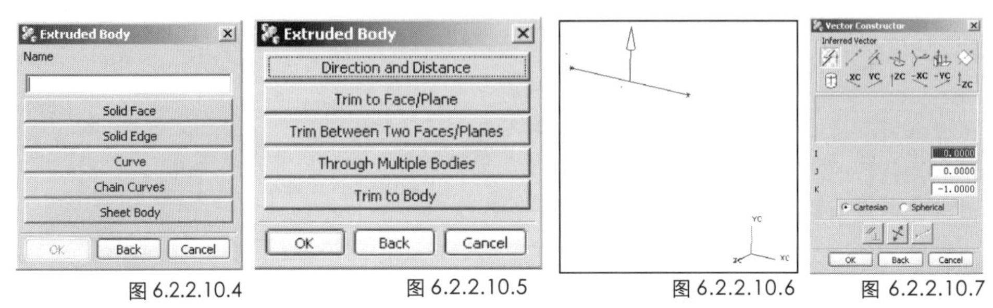

图 6.2.2.10.4　图 6.2.2.10.5　图 6.2.2.10.6　图 6.2.2.10.7

点击 ZC 后视口中的的矢量箭头转向 Z 轴如图 6.2.2.10.8 的方向，但仍然与我们想拉伸的方向相反，点击图 6.2.2.10.9 中的翻转矢量方向的按钮，点击中键结束。再在弹出的对话框中的 End Distance（终止距离）栏内输入 150，其他选项保持为 0（见图 6.2.2.10.10），点击 OK 结束，得出如图 6.2.2.10.11 的拉伸结果。

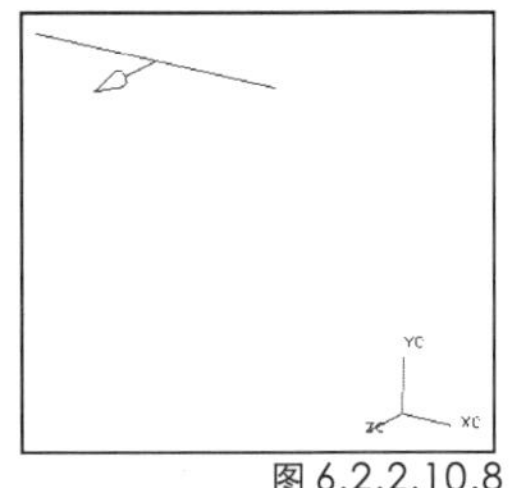

图 6.2.2.10.8

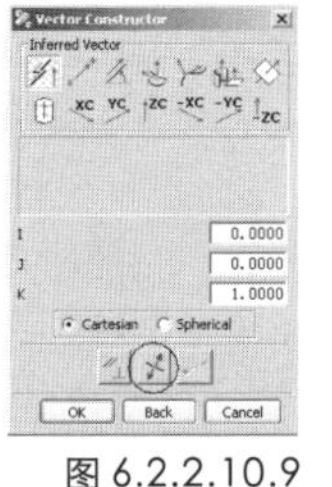

图 6.2.2.10.9

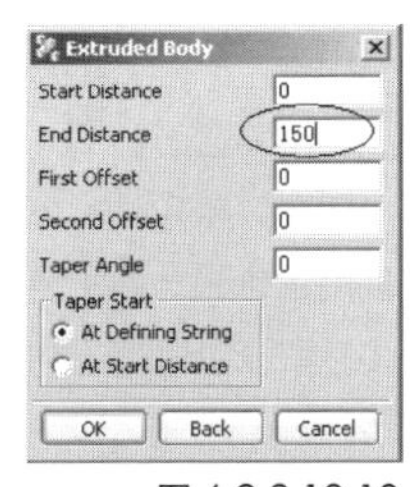

图 6.2.2.10.10

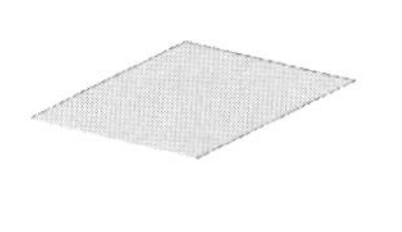

图 6.2.2.10.11

6.2.2.11 用拉伸平面剪切出主体

下面我们要用拉伸好的平面来剪切出皂液器的主体。剪切的结果如图 6.2.2.11.1 的效果。

点击 Trim Body(剪切实体) 工具，弹出图 6.2.2.11.2 的对话框，不输入名称。同时窗口下方的提示栏内显示 Select Target Bodies(选择目标物体)，选择先前建立的模型，点击中键结束。此时弹出图 6.2.2.11.3 Trim Body(剪切物体)的对话框，不做任何选择。窗口下方的提示栏内显示 Select face or datum plane(选择曲面或基准平面)，选择先前拉伸好的平面（为了便于选择，可以把显示模式转换成线框模式）。

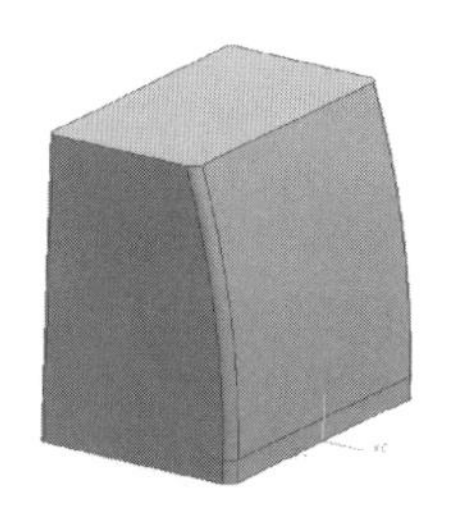

图 6.2.2.11.1

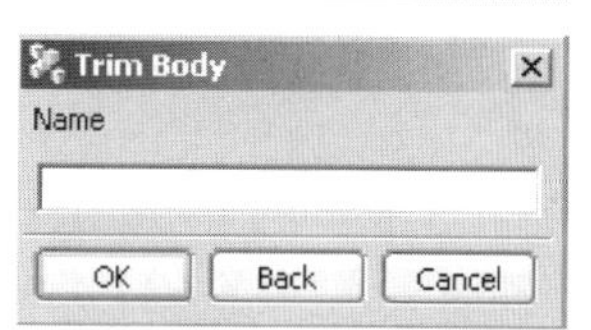

图 6.2.2.11.2

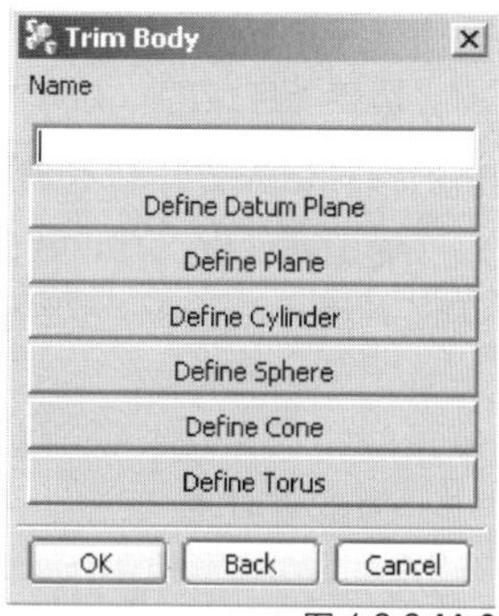

图 6.2.2.11.3

系统弹出图 6.2.2.11.4 的对话框，第一个选项是接受默认的剪切方向，第二个选项是翻转默认的剪切方向。从图 6.2.2.11.5 的视图里看默认的剪切方向是朝上的，我们所要剪切的方向正是朝上，因此要在图 6.2.2.11.4 的对话框中点击第一个默认的剪切方向。再点击一下中键，视口中的模型被剪切成如图 6.2.2.11.6 的效果。

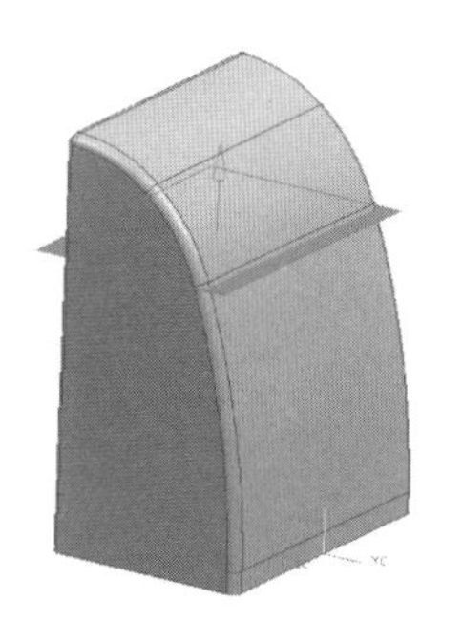

图 6.2.2.11.5

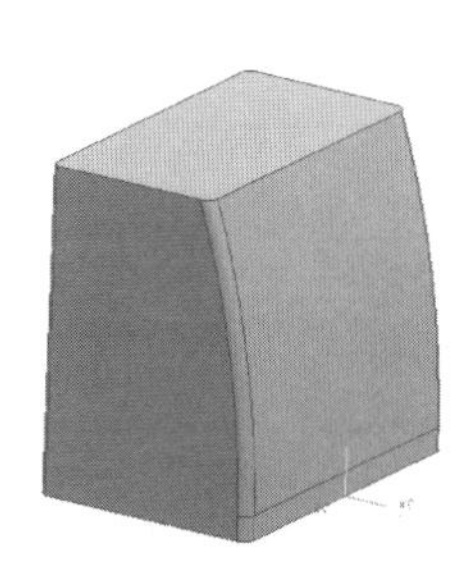
图 6.2.2.11.6

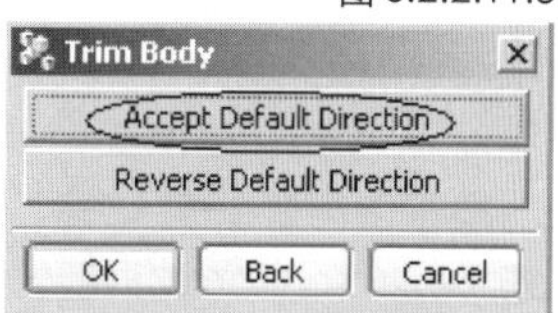

图 6.2.2.11.4

6.2.2.12 运用零件导航器修改特征生成上盖

剪切掉的上盖并不是没用了，我们可以通过修改剪切特征把主体部分剪切掉，保留上盖部分，并把上盖模型另存成一个单独的文件。这样做的好处是既可以保证整体模型的一致性，又可以分别对各个部件进行深入的建模和修改。总体效果将来可以在装配文件里实现，预先对部件做一些合理的规划，便于文件的管理。下面我们就通过修改前面的模型，生成并保存一个上盖文件。

在UG里生成的模型是有历史纪录的，这些历史记录在Part Navigator(零件导航器)里。零件导航器的位置在视口的右侧，点击零件导航器图标，弹出图 6.2.2.12.1 中的所有历史纪录。用鼠标左键点击零件导航器中的各个操作过程旁边的绿色对勾，对勾消失，同时视口里的相应的操作也消失了。再点击左键，绿色对勾显示，视口里的相应的操作也显示出来。

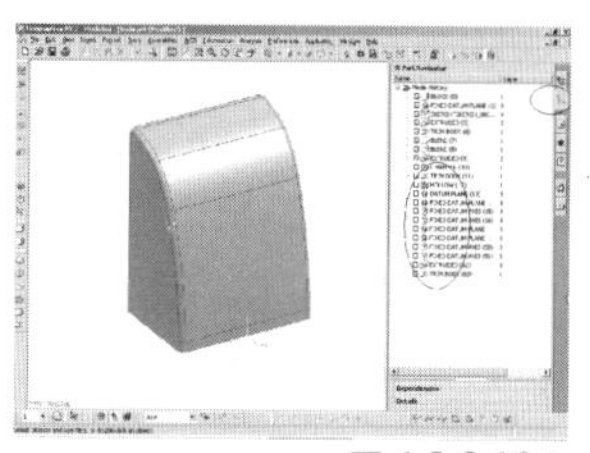
图 6.2.2.12.1

在零件导航器中，各个特征之间如果没有依存关系，还可以重新排序。比如我们可以在零件导航器中把曾经做过的倒角操作，提到用于剪切主体的拉伸平面的前面来，只需用鼠标左键按住 CHAMFER 这个特征，向上拖动，放到 EXTRUDED 这个特征上方便可以了。图 6.2.2.12.2 和图 6.2.2.12.3 显示出特征排序前后的状态。

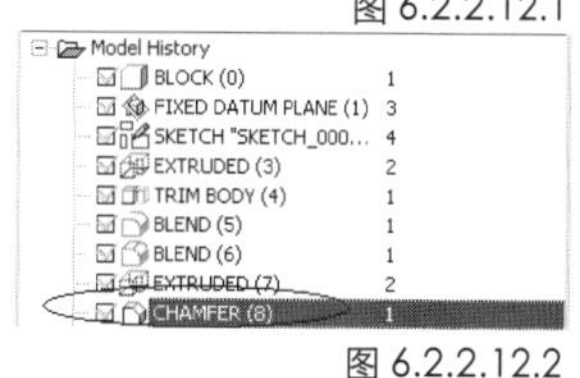

图 6.2.2.12.2

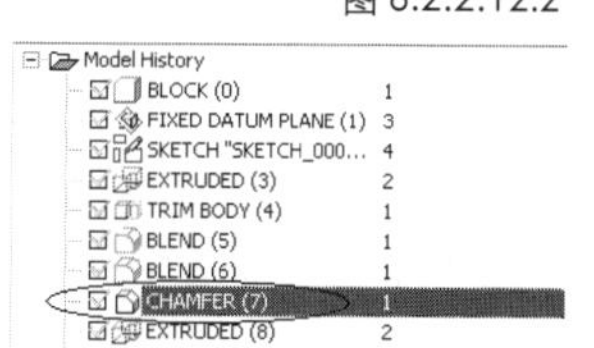

图 6.2.2.12.3

图 6.2.2.12.4

如果特征之间有依存关系，系统不允许改变特征的顺序。比如我们想把BLEND(倒圆角)的特征移动到TRIM BODY（剪切物体）的特征上方，系统会弹出一个对话框(如图6.2.2.12.4)，告诉我们BLEND(倒圆角)的特征和TRIM BODY（剪切物体）的特征之间有依存关系，两者之间的排序关系不能改变。因为倒圆角的特征是在剪切生成的曲线边界上完成的，如果把它移动到剪切特征的上方，倒圆角的特征就失去了依存的基础。

Display Dimensions
Show/Hide
Make Current Feature
Edit Parameters...
Suppress
Reorder Before
Reorder After
Group...
Replace...
Copy
Delete
Rename
Object Dependency Browse...
Information
Properties

图 6.2.2.12.5

通过零件导航器，我们还可以修改各个特征。方法是从零件导航器中选择想要修改的特征，点击右键，弹出图6.2.2.12.5的菜单。下面我们以修改TRIM BODY（剪切物体）的特征为例，说明修改的过程。

点击零件导航器，在弹出的图6.2.2.12.5的菜单中选Edit Parameters(修改参数)。系统弹出两个选项，一个是Reverse Normal(翻转法线)，一个是替换曲面。此时我们需要的是把下半部分剪切掉，所以只需点击Reverse Normal(翻转法线)就可以了（见图6.2.2.12.6）。剪切后的效果如图6.2.2.12.7。

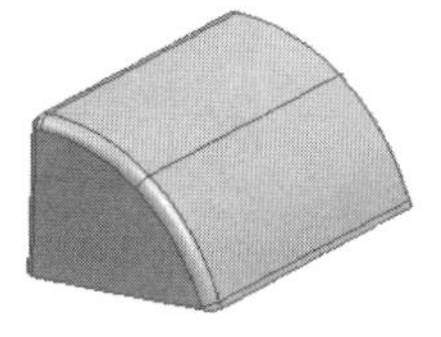

图 6.2.2.12.7

图 6.2.2.12.6

6.2.2.13 另存上盖文件

选择File\Save as(文件\另存为)，在弹出的对话框中(如图6.2.2.13.1）键入文件名TOP，点击OK保存，以后我们还要对这个模型做深入的修改。

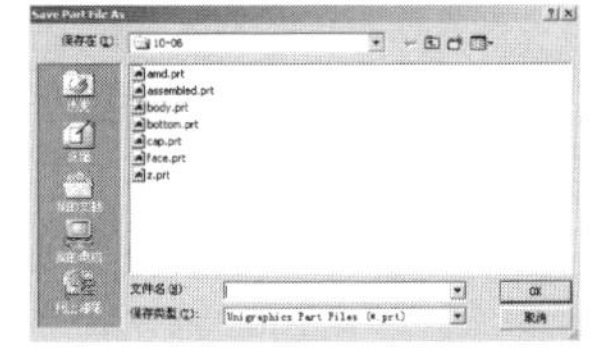

图 6.2.2.13.1

6.2.2.14 挖空主体

接下来我们继续完成主体模型，首先要完成的是挖空。点击Hollow(挖空)工具，弹出图6.2.2.14.1的对话框。对话框中显示默认的挖空类型是Face(面)，我们不做改动，将Default Thickness(默认厚度)改成2。视口下面提示我们选择要穿透的面，如图6.2.2.14.2选择模型的顶面，再选择一下底面如图6.2.2.14.3，点击中键结束选择。此时系统要求我们Select face to offset(选择要偏移的面)，如图6.2.2.14.4依次选择各个立面（选择时可以如图示在右面按住鼠标左键向左面拖动，即可将所有立面全部选中，但是不要接触顶面和底面)。按中键结束选择后，系统将把模型挖空，效果如图6.2.14.5。

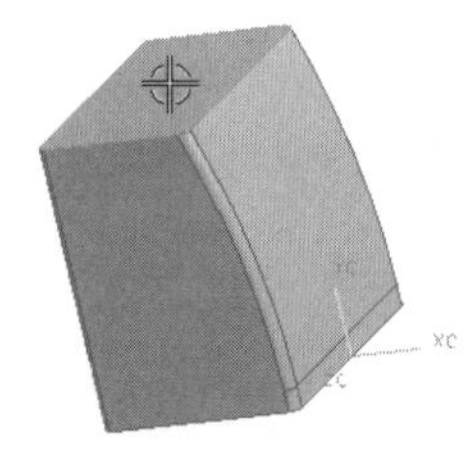

图 6.2.2.14.2

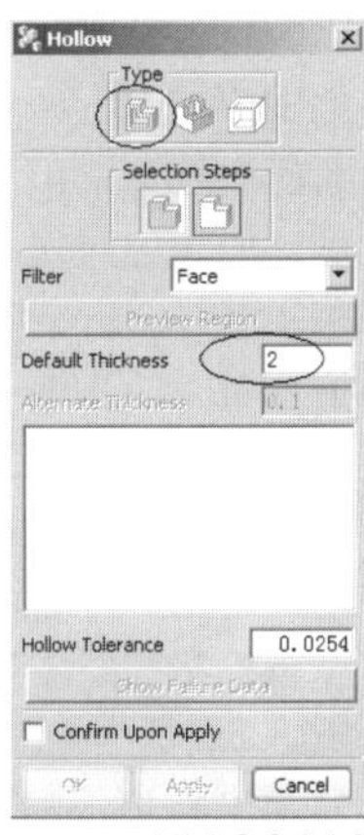

图 6.2.2.14.1

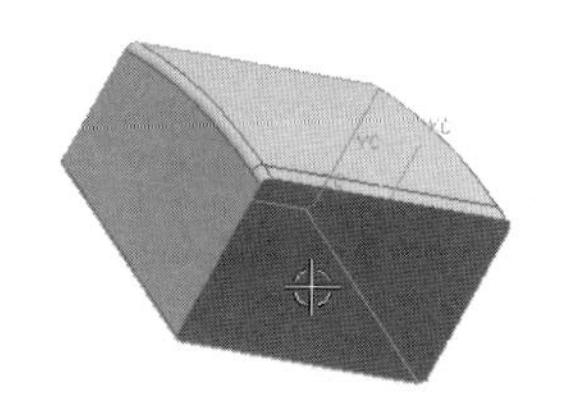

图 6.2.2.14.3

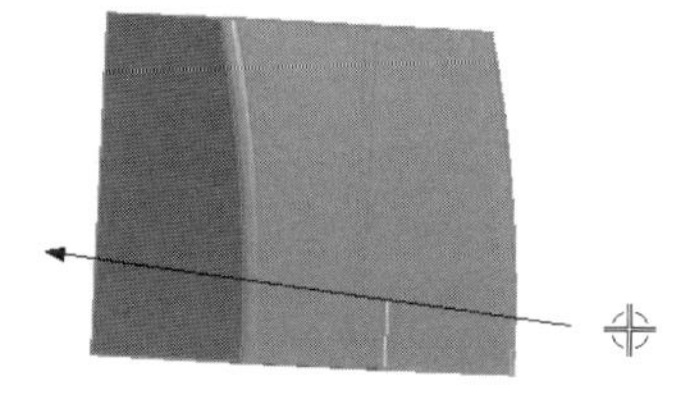
图 6.2.2.14.4

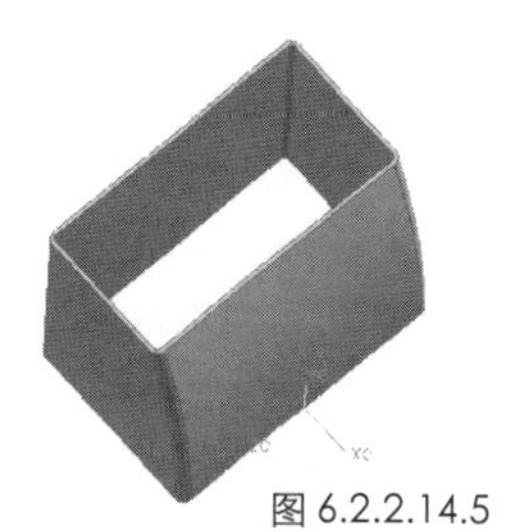
图 6.2.2.14.5

6.2.2.15 点构造器

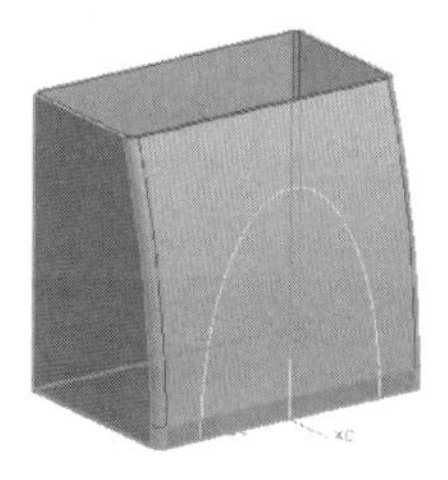
图 6.2.2.15.1

到目前为止，我们还没有移动过坐标系。在用 UG 建模的过程中，如果不在草绘模式下创建直线或曲线，我们只能在系统提供的 XC（X 轴）和 YC（Y 轴）所构成的平面上绘制。这是一个非常重要的概念，坐标系提供了一个基准点，所有特征的形成都是以当时的坐标为基准的。而这个坐标基准是可以随时根据我们的需要移动到任何位置，旋转至任何方向的。图 6.2.2.15.1 中带有 XC、YC 和 ZC 的标识即是坐标系。

而坐标系，首先要介绍的是 Point Constructor(点构造器)。因为坐标系的移动完全依赖于运用点构造器创建的坐标点，所以我们要充分理解点构造器的工作原理。

选择下拉菜单 WCS\WCS Origin…(工作坐标原点)，弹出 Point Constructor(点构造器)对话框（如图 6.2.2.15.2)。点构造器的上半部分是可供选择的各种捕捉的形式，选择相应的捕捉形式后，即可在视口中点击，将坐标系移动到新的位置。

第一种捕捉形式是 Inferred Point(推想捕捉)，可以智能推断出中点、端点、圆心等。

第二种捕捉形式是 Cursor Location(光标落点)，此种捕捉形式允许在视口里随意点击创建新坐标系的原点。新原点的特点是无论 XC 和 YC 在什么位置上，ZC 的位置永远离不开 Z 轴的 0 点。

第三种捕捉形式是 Existing Point(已有点捕捉)，捕捉已经存在的点。

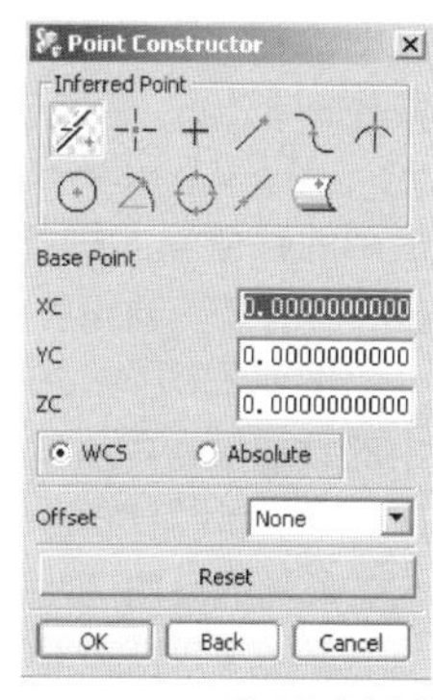

图 6.2.2.15.2

第四种捕捉形式是 End Point(端点捕捉)，捕捉已经存在的端点。

第五种捕捉形式是 Control Point(控制点捕捉)，此处所指的控制点包括已经存在的点、圆锥线的端点、圆弧的端点和中点、圆心、曲线的端点和中点、样条线的端点和节点以及样条线的极点等。

第六种捕捉形式是Intersection Point(交点捕捉)，这里所指的交点不仅仅是两条线的交点，还可以是两个面构成的交叉，如果两个面或者两条线不在同一平面上，系统将以垂直投影的方式在首先选择的平面边界上生成一个交叉点。

第七种捕捉形式是 Arc/Ellipse/Sphere Center(圆弧的圆心、椭圆的圆心和球体中心点的捕捉)。

第八种捕捉形式是 Angle on Arc/Ellipse(按一定角度在圆弧线或椭圆线上的捕捉)。

第九种捕捉形式是 Quadrant Point(捕捉圆的四分点)。

第十种捕捉形式是Point on Curve/Edge(捕捉曲线或实体边界上的点)。

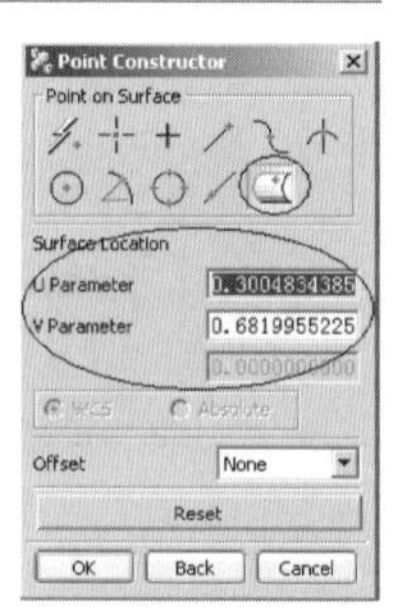

图 6.2.2.15.3

第十一种捕捉形式是 Point on Surface(捕捉曲面上的点)。选此种捕捉后，系统要求选一个面（平面或曲面均可），用鼠标左键选择后，点构造器对话框中的 Base Point （基准点）项转换成 Surface Location（坐落在面上的位置）项，数值也转换成两项。一项是 U Parameter(U 向参数)，另一项是 V Parameter(V 向参数)。U 向参数要求的是横向，V 向参数要求的是纵向，两个轴向的参数值都是从0～1。U 向的最左端是 0，最右端是 1；V 向最下端是 0，最上端是 1。设定时通过输入 U 向和 V 向的数值，确定坐标原点在曲面上的位置（请参见图 6.2.2.15.3)。

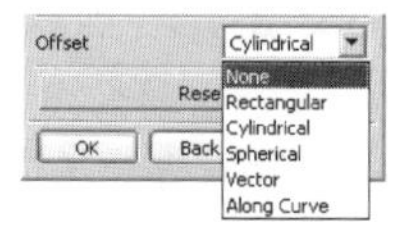

图 6.2.2.15.4

点构造器对话框中还有三组数值，分别是 X 轴、Y 轴和 Z 轴。我们可以不用捕捉，直接在三个轴向上输入数值确定新坐标系的位置。

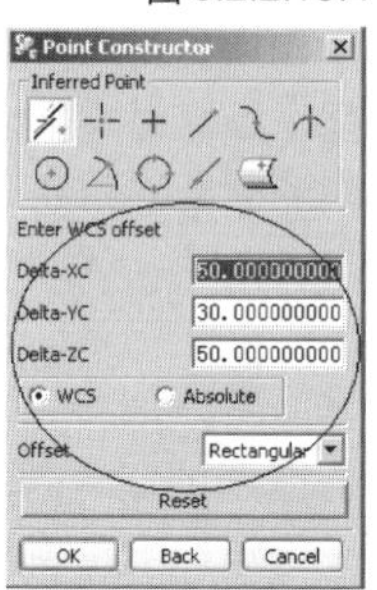

图 6.2.2.15.5

数值的下面是工作坐标系和绝对坐标系的选项。选工作坐标系后，在 X 轴、Y 轴和 Z 轴数值栏内所输入的数值都是以当前坐标所在的位置为 0 点，向三个轴向所移动的位置。

选绝对坐标系后，在 X 轴、Y 轴和 Z 轴数值栏内所输入的数值就是坐标系所在的绝对位置。

坐标系的选项下面是 Offset （偏移)。如图 6.2.2.15.4 所示，里面包含 6 个选项，默认的选项是 None(不偏移)。这一项所起的作用是用前述的某一种捕捉形式捕捉好一个点，选偏移中的某一项，再在 XC 轴、YC 轴和 ZC 轴输入偏移的数值，点击中键结束。

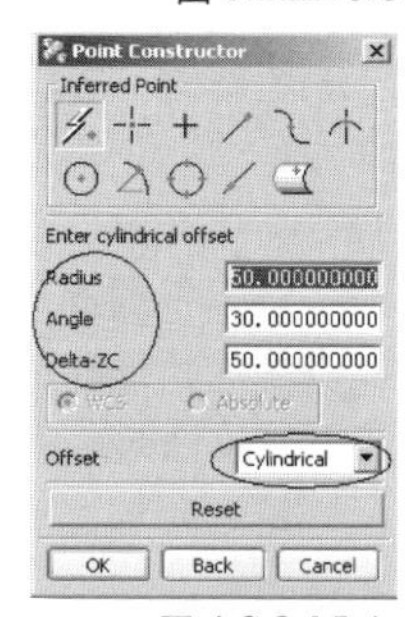

图 6.2.2.15.6

图 6.2.2.15.5 是在选择 Rectangle(长方形偏移)后，构造器对话框中的数值输入栏所发生的变化，分别输入 XC 轴、YC 轴和 ZC 轴偏移的数值，点击中键就可以了。

图 6.2.2.15.6 是在选择 Cylindrical(圆柱形偏移)后，构造器对话框中的数值输入栏所发生的变化，分别输入 Radius(半径)、Angle (角度)和 ZC 轴偏移的数值，点击中键就可以了。

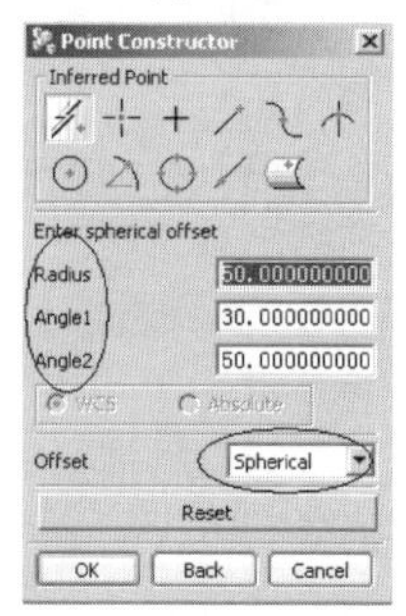

图 6.2.2.15.7

图 6.2.2.15.7 是在选择 Spherical(圆球形偏移)后，构造器对话框中的数值输入栏所发生的变化，分别输入 Radius(半径)、Angle1(角度)和Angle2(角度)的数值(角度 1 和角度 2 分别代表与 ZC 轴的夹角和与 XC 轴的夹角)，点击中键就可以了。

图 6.2.2.15.8 是在选择 Vector(矢量偏移)后，构造器对话框中的

数值输入栏所发生的变化，分别输入XC轴、YC轴和ZC轴偏移的数值，点击中键就可以了。此项只能选择曲线，按照曲线的矢量偏移，不能选择实体。

最后一项，选择Along Curve(沿曲线偏移)后，图6.2.2.15.9显示的是构造器对话框中的数值输入栏所发生的变化。分别输入偏移的数值，点击中键就可以了。此项也只能选择曲线，不能选择实体。

点构造器对话框中的最下面一项是Reset（重新设定），点击后数值栏内的所有数值均回零。

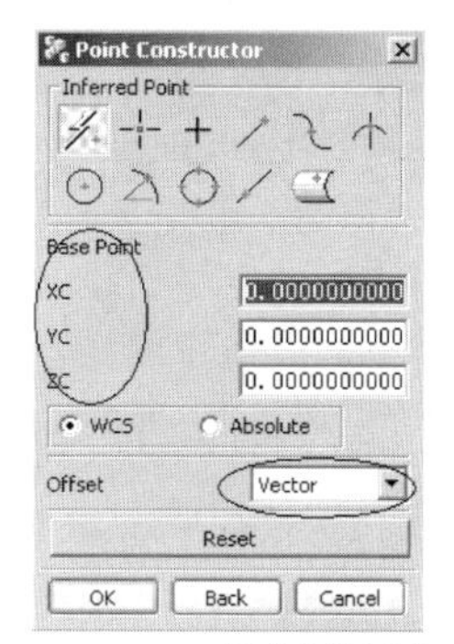

图6.2.2.15.8

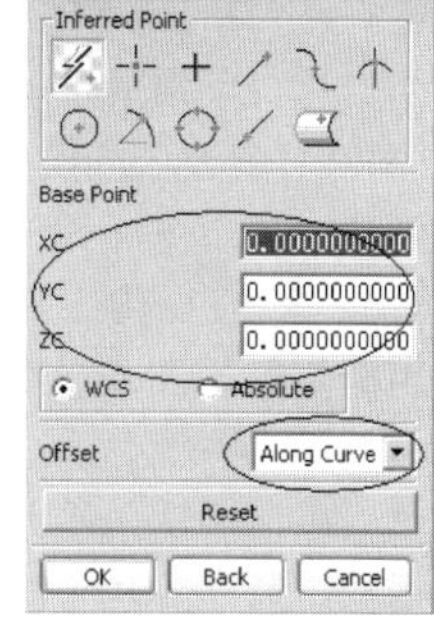

图6.2.2.15.9

6.2.2.16 移动坐标系

下面我们就以绘制一个椭圆形为例（为下一步在主体上剪切出一个拱形缺口做准备）讲解如何移动和旋转坐标系。最后绘制好的椭圆形如图6.2.2.16.1。

选择下拉菜单WCS\WCS Origin…(工作坐标原点)，弹出Point Constructor(点构造器)对话框（如图6.2.2.16.2）。按默认选择Inferred Point(推想捕捉)，如图6.2.2.16.3在此位置点击左键，系统自动捕捉到该物体底边的中点，并且工作坐标原点也移动到图6.2.2.16.4所示的位置。

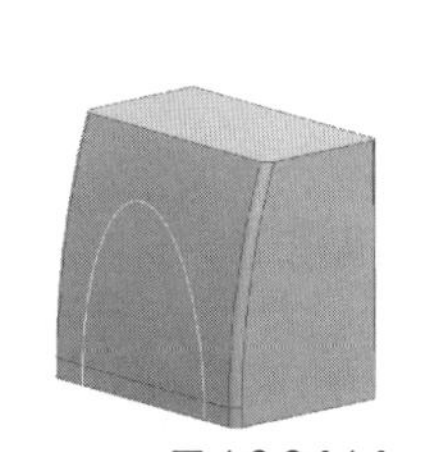
图6.2.2.16.1

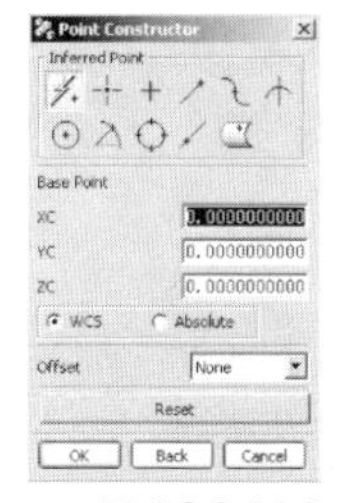

图6.2.2.16.2

图6.2.2.16.3

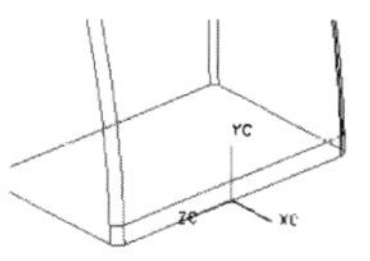

图6.2.2.16.4

6.2.2.17 旋转坐标系

选择下拉菜单WCS\Rotate(旋转)，弹出图6.2.2.17.1的对话框。这个对话框的意思是请我们选择以哪一个轴作为旋转轴和从哪一个轴转向哪个轴。在这里我们选择的是+YC Axis: ZC -> XC(如图6.2.2.17.1)。因为我们要以图6.2.2.17.2中所示的XC和YC所构成的平面来绘制椭圆形，所以要做如上的选择。旋转结果如图6.2.2.17.2。

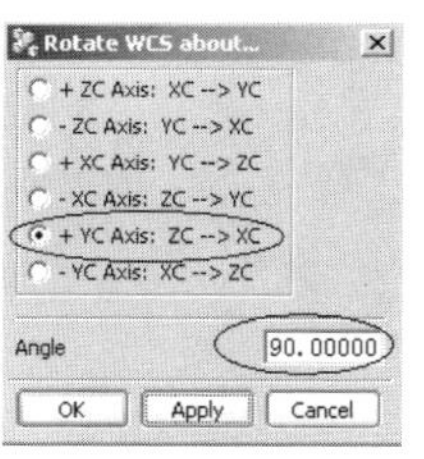

图6.2.2.17.1

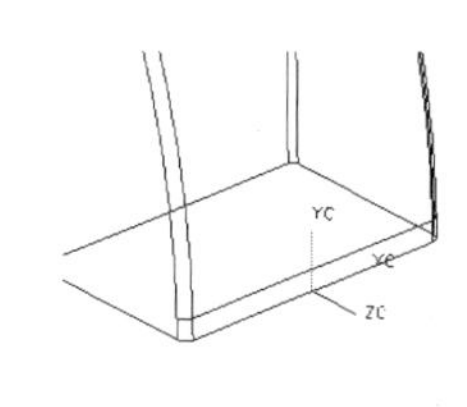

图6.2.2.17.2

6.2.2.18 绘制椭圆线

选择下拉菜单Insert\Curve\Ellipse(插入\曲线\椭圆形)，如图6.2.2.18.1弹出点构造器。点击Reset（重新设置），数值栏内全部回零。点击中键确定椭圆形的圆心设定在XC轴、YC轴和ZC轴的零点上。

点击中键，弹出如图6.2.2.18.2的对话框。其中Semimajor(长轴半径)设成110，Semiminor(短轴半径)设成50，Start Angle(起始角度)设成-90，End Angle（终止角度）设成90，Rotation Angle(旋转角度)设成90。绘制后的结果应如图6.2.2.18.3。

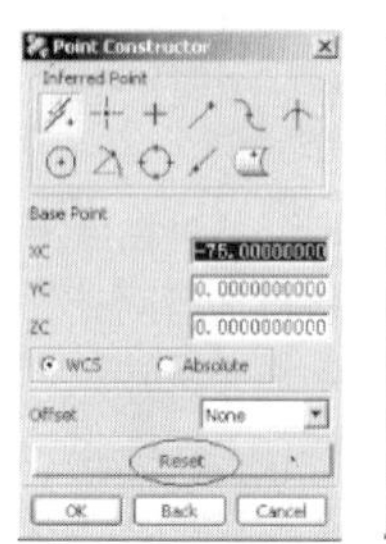

图6.2.2.18.1

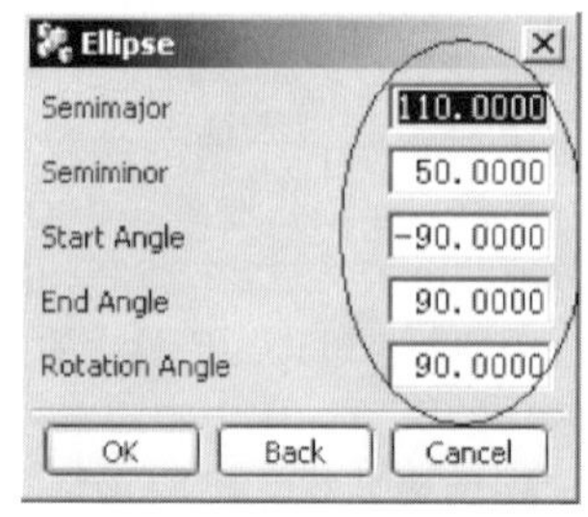

图6.2.2.18.2

图6.2.2.18.3

6.2.2.19 在主体上生成椭圆线的投影曲线

下一步我们要在主体上生成椭圆线的投影曲线。这样做的目的是为了下面利用这条曲线生成一个贴合于主体表面的拱形曲面（请参见图6.2.2.19.1）。

点击Project(投影)工具，弹出图6.2.2.19.2的对话框，系统提示Select curve，point or sketch (选择曲线、点、或草绘图形)。我们在视口中选择先前绘制的椭圆形，点击OK结束。

接下来系统提示Select sheet body，face or plane (选择片体、曲面或平面)，我们如图6.2.2.19.3选择主体曲面，再选择下端的一小截曲面（如图6.2.2.19.4），选好后按中键结束。此时视口里的主体表面生成一条投影曲线，效果应如图6.2.2.19.5。

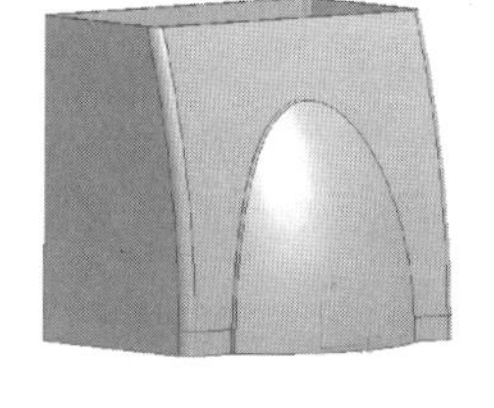
图6.2.2.19.1

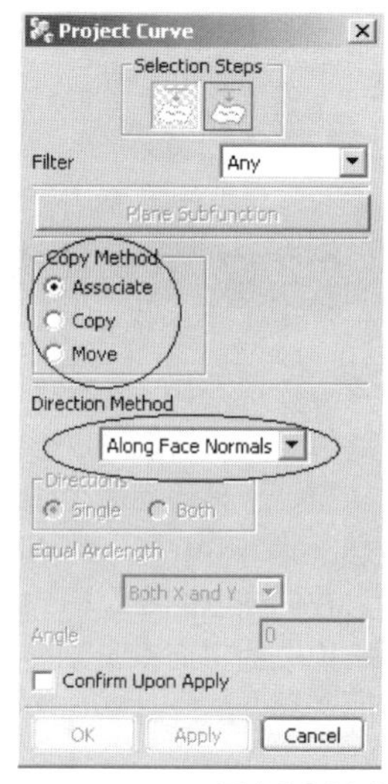

图6.2.2.19.2

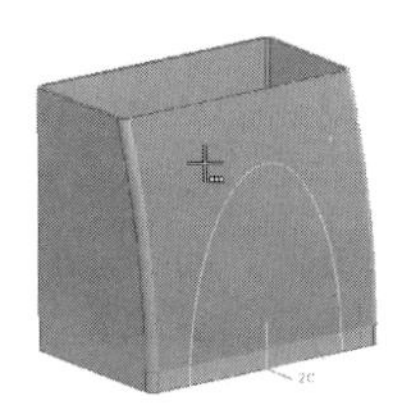
图6.2.2.19.3

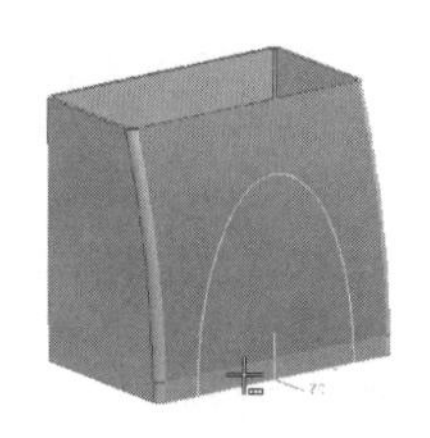
图6.2.2.19.4

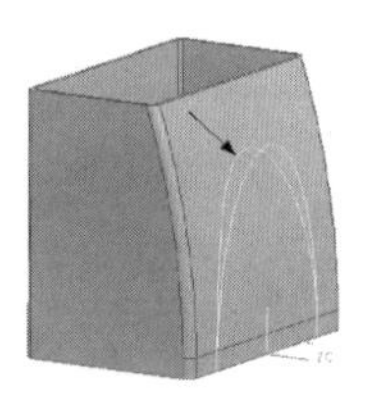
图6.2.2.19.5

6.2.2.20 拉伸投影曲线

点击拉伸工具，弹出图 6.2.2.20.1 的对话框。在视口中选择刚绘制好的椭圆线，点击中键结束。又弹出图 6.2.2.20.2 的对话框，点击中键接受默认的 Direction and Distance(方向和距离)的选项。

视口中弹出如图 6.2.2.20.3 的 Vector Constructor(矢量构造器)的对话框，同时视口中显示出矢量的方向，箭头所指的方向就是拉伸的方向，如图 6.2.2.20.4 所示。点击中键接受上述设置。

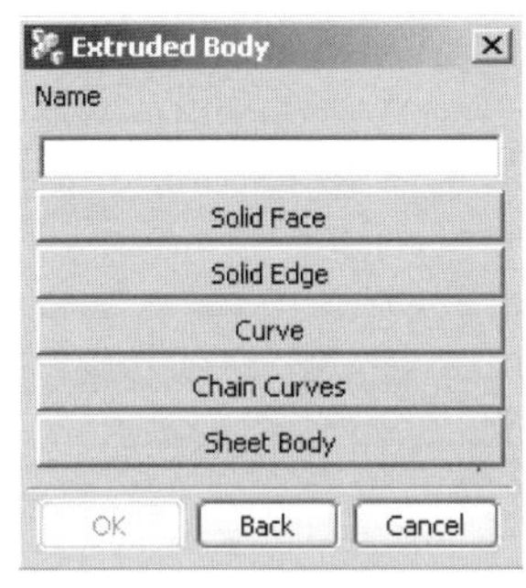

图 6.2.2.20.1

图 6.2.2.20.2

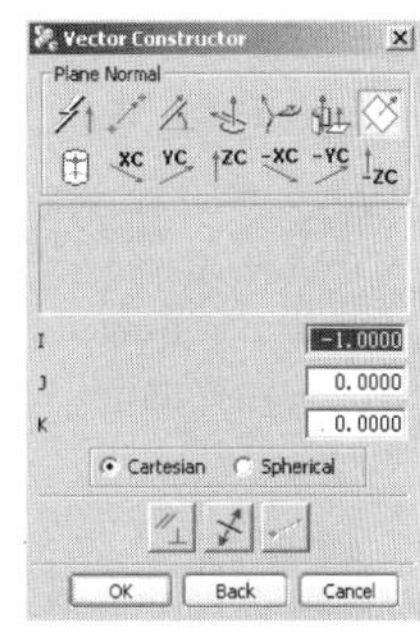

图 6.2.2.20.3

系统弹出图 6.2.2.20.5 的对话框，如图在 Start Distance(起始距离)上设 -20，在 End Distance 上设 20，Taper Angle(锥形角度)按默认 0，Taper Start （锥形起始点）不动。点击中键结束设定。此时视口中的椭圆形线拉伸出如图 6.2.2.20.6 的效果，拉伸完成。

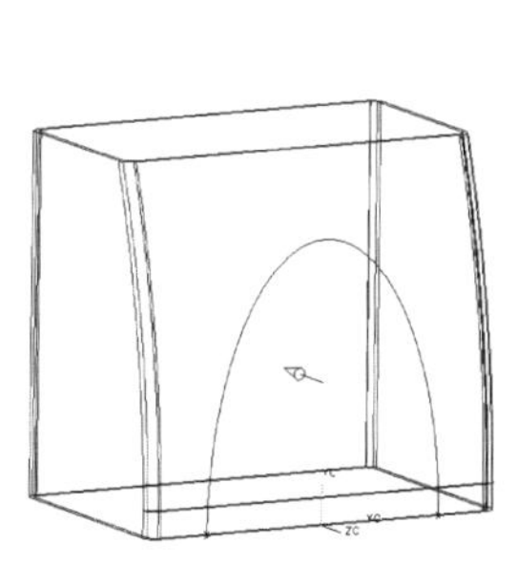

图 6.2.2.20.4

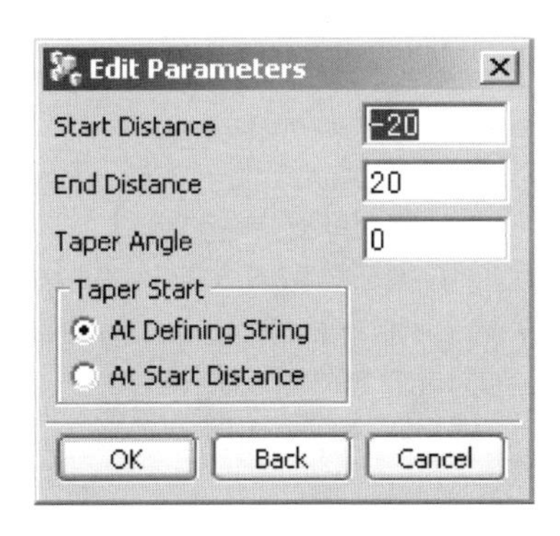

图 6.2.2.20.5

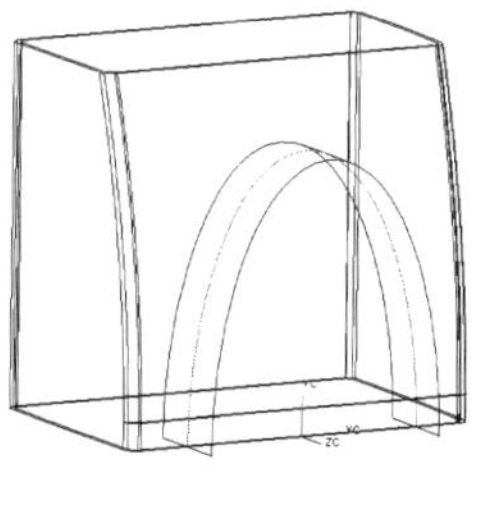

图 6.2.2.20.6

6.2.2.21 用拉伸曲面剪切主体生成拱形孔洞

下面我们要用拉伸好的曲面在主体上剪切出拱形孔洞。剪切的结果如图 6.2.2.21.5 的效果。

点击 Trim Body(剪切实体)工具，弹出图 6.2.2.21.1 的对话框，不输入名称。同时窗口下方的提示栏内显示 Select Target Bodies(选择目标物体)，选择主体，点击中键结束。此时弹出图 6.2.2.21.2 Trim Body(剪切物体)的对话框，不做任何选择。窗口下方的提示栏内显示 Select face or datum plane(选择曲面或基准平面)，选择先前拉伸好的拱形曲面。

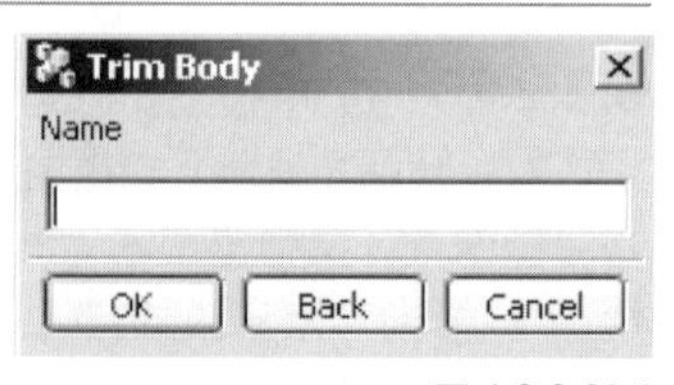

图 6.2.2.21.1

系统弹出图 6.2.2.21.3 的对话框，第一个选项是接受默认的剪切方向，第二个选项是翻转默认的剪切方向。

从图 6.2.2.21.4 的视图里看默认的剪切方向是向外的，我们所要剪切的方向是向内，因此要在图 6.2.2.21.3 的对话框中点击第二个选项，翻转默认的剪切方向。再点击一下中键，视口中的模型被剪切成如图 6.2.2.21.5 的效果。

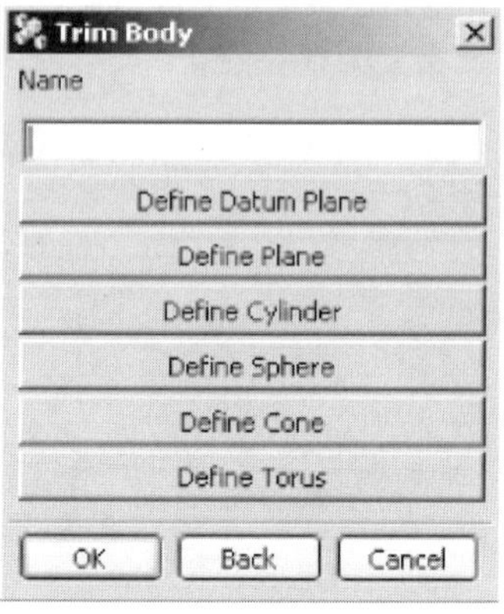

图 6.2.2.21.2

至此，皂液器的主体模型就建好了。下面我们还要借助在主体模型上生成的投影曲线，生成一个贴合于主体表面的拱形曲面。

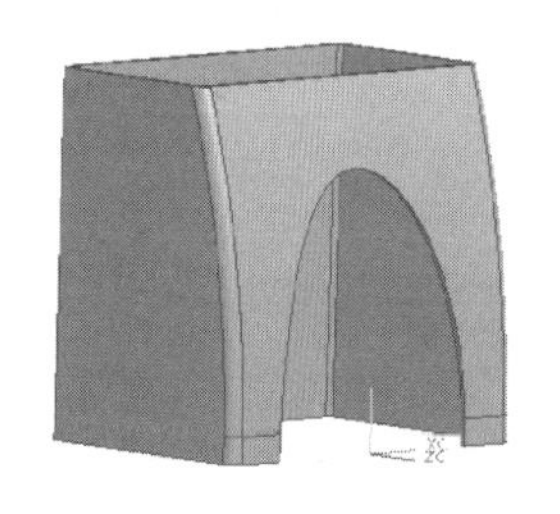

图 6.2.2.21.5

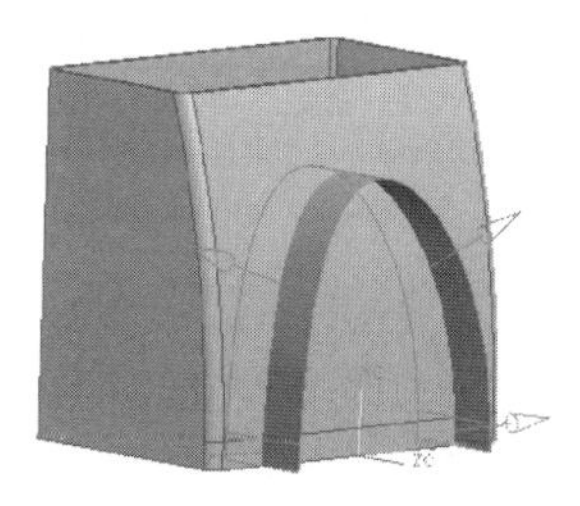

图 6.2.2.21.4

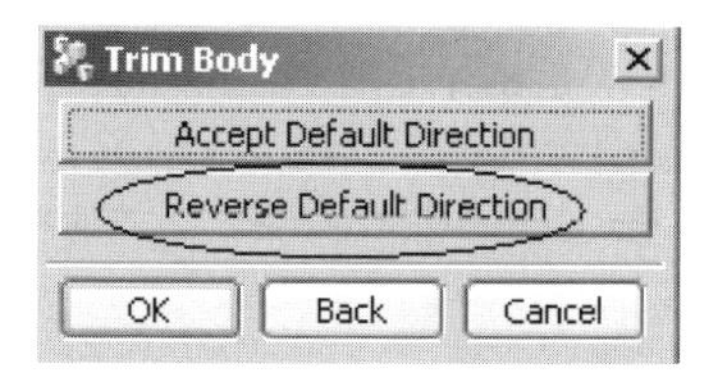

图 6.2.2.21.3

6.3 建立拱形曲面

6.3.1 旋转坐标系

隐藏所有的物体，视口里只保留如图 6.3.1.1 的两条投影曲线。请注意坐标系的状态。选择下拉菜单 WCS\Rotate(旋转)，弹出图 6.3.1.2 的对话框。我们选择 - YC Axis: ZC -> XC(如图 6.3.1.2)。因为我们要以图 6.3.1.3 中所示的 XC 和 YC 所构成的平面来绘制曲线，所以要做如上的选择。旋转结果如图 6.3.1.3。

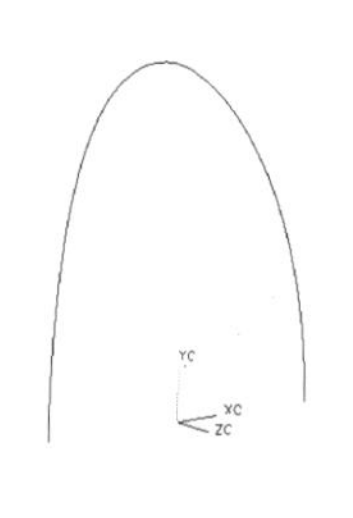

图 6.3.1.1

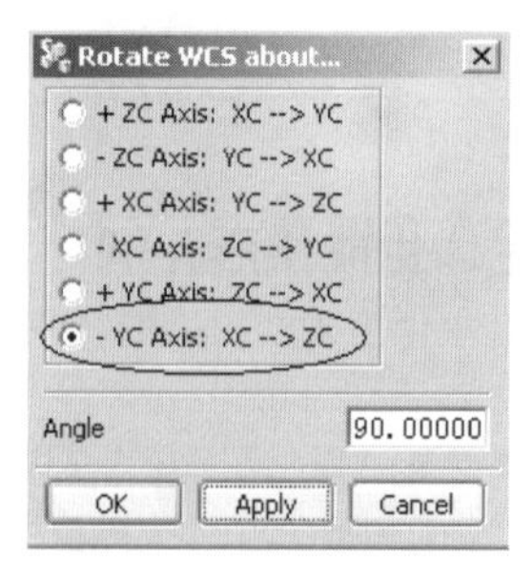

图 6.3.1.2

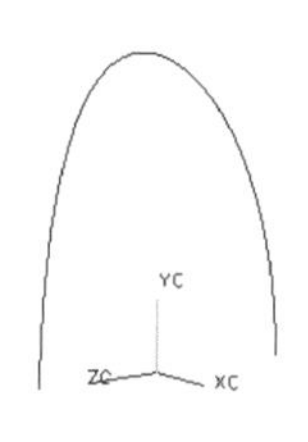

图 6.3.1.3

6.3.2 创建三个辅助点

选择Insert\Curve\Point(插入\曲线\点)，系统弹出点构造器的对话框。如图6.3.2.1所示，先点击Reset(重新设置)，使XC、YC和ZC都回零，再点击Offset(偏移)旁边的窗口，选Along Curve（沿着曲线）的偏移形式。

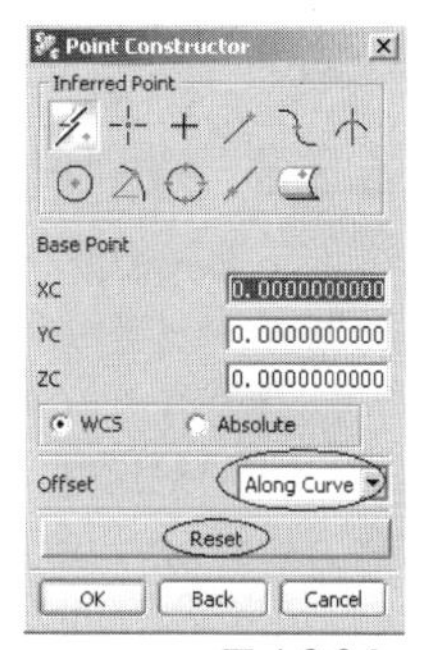

图6.3.2.1

如图6.3.2.2所示，在视口中选择先前绘制好的椭圆曲线，点击中键后系统提示Select curve for offset along curve(选择产生位移的曲线)，再点击椭圆曲线，椭圆曲线产生如图6.3.2.3的变化。箭头所在的位置是位移的起点，箭头所指的方向是偏移的方向。在弹出的图6.3.2.4的对话框中点击Percent(百分比)，再将Percentage旁边的100改成50，表明将在这条曲线的50%的位置创建一个点。点击中键完成，再点击OK结束。图6.3.2.5显示了在椭圆形曲线中点的位置创建的点。

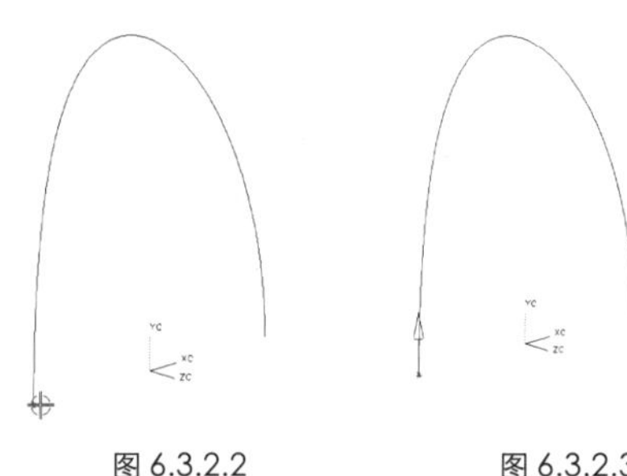
图6.3.2.2

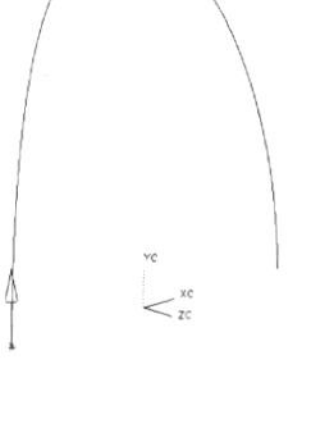
图6.3.2.3

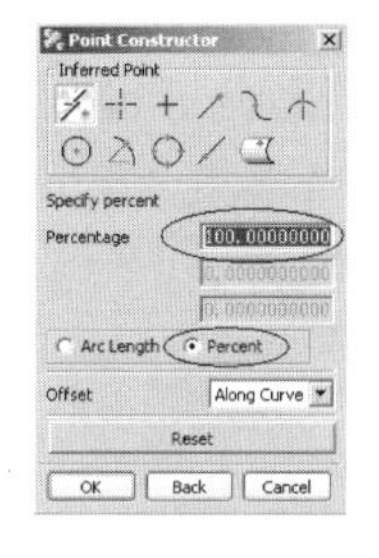

图6.3.2.4

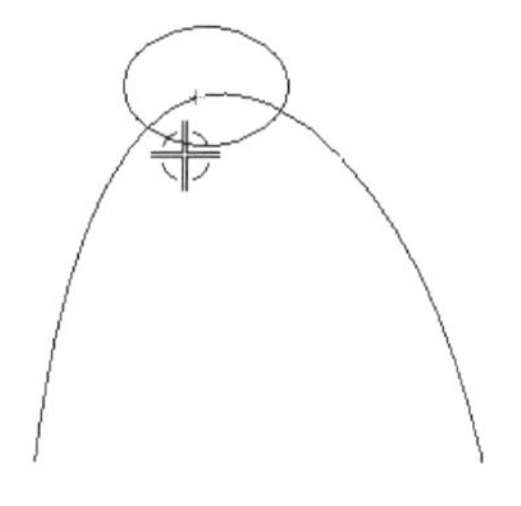
图6.3.2.5

下面我们再创建一个点。先点击Reset(重新设置)，使XC、YC和ZC都回零，再点击Offset(偏移)旁边的窗口，选Rectangular（长方形）的偏移形式。如图6.3.2.6在XC旁边的窗口里输入20，表明将要创建的点是在XC的20，YC和ZC为零点的位置。点击中键结束，再点击OK完成。第二个点生成后的效果应如图6.3.2.7。

接下来我们创建最后一个点。先点击Reset(重新设置)，使XC、YC和ZC都回零，再点击Offset(偏移)旁边的窗口，选Rectangular（长方形）的偏移形式。如图6.3.2.8在XC旁边的窗口里输入10，在YC旁边的窗口里输入50，ZC为0，表明将要创建的点

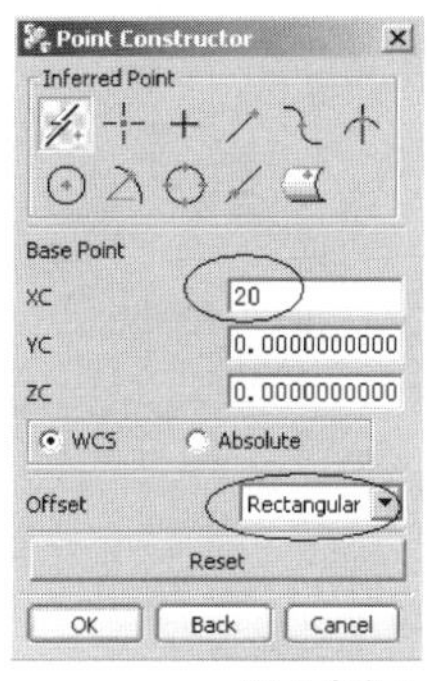

图6.3.2.6

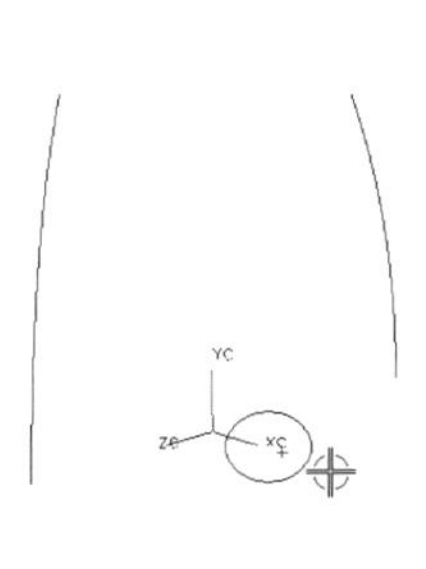
图6.3.2.7

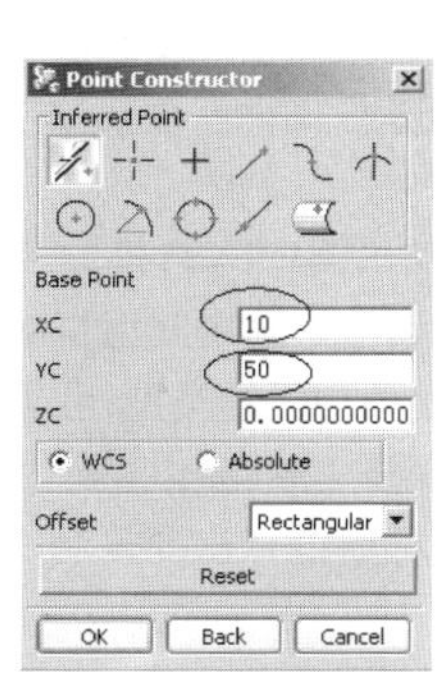

图6.3.2.8

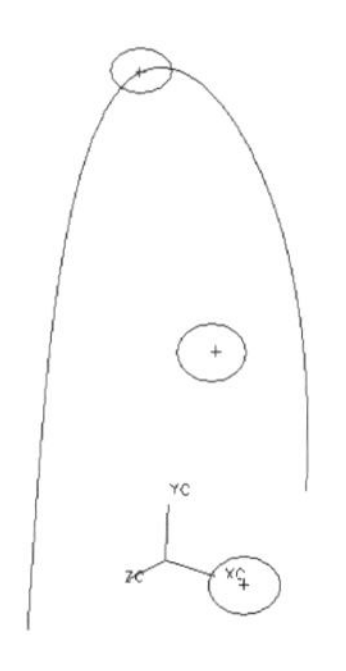
图6.3.2.9

是在 XC 的 10，YC 的 50，ZC 为 0 点的位置。点击中键结束，再点击 OK 完成。第三个点生成后的效果应如图 6.3.2.9。

6.3.3 分割椭圆曲线

下面我们要利用在椭圆线的50%的位置生成的点将椭圆线分割开，创建两条将来生成拱形曲面所需要的扫描导线。

首先点击 Basic Curve(基本曲线)工具，系统弹出如图 6.3.3.1 的对话框。我们在 Filter 里选择 Point（意指只选择点），将 Associative Output（关联输出）的点去掉，在 Input Curves（输入曲线）栏内选 Delete(删除)。

此时在窗口的下方提示…defined the first trim boundary…(选择第一个修剪边界)，我们如图 6.3.3.2 在视口内选择先前创建的点。接着窗口的下方提示…defined the second trim boundary…(选择第二个修剪边界)，点击中键忽略。此时系统提示 Select string to trim (选择要修剪的曲线)，如图6.3.3.3在视口内选择椭圆线。系统自动将鼠标所点击的这一半椭圆线修剪掉。

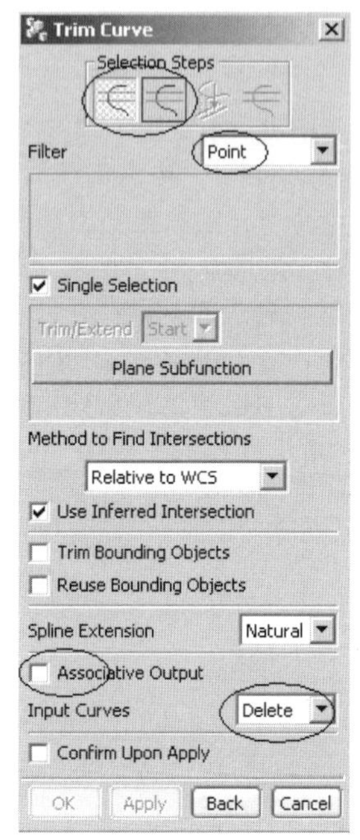

图 6.3.3.1

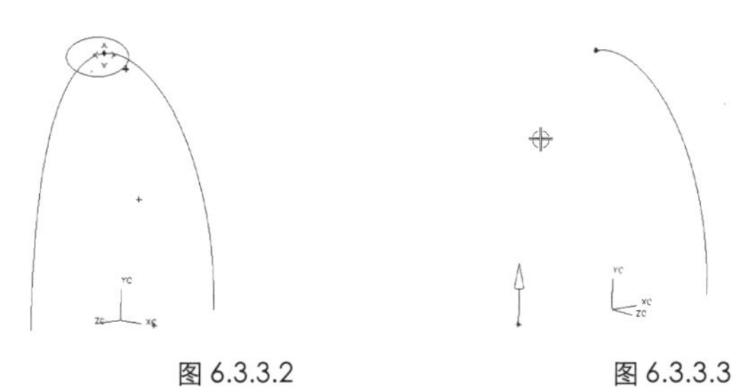

图 6.3.3.2　　图 6.3.3.3

6.3.4 镜像复制另一半椭圆线

上面我们创建了一条将来生成拱形曲面所需要的扫描导线，下面我们通过镜像复制的方法创建另一条生成拱形曲面所需要的扫描导线。

选择 Edit\Transform(编辑\转换)，系统弹出图 6.3.4.1 的对话框。这个对话框的意思是要求我们挑选一种物体的类型，我们视口里只有一条椭圆线要复制，所以可以忽略，直接在视口里用鼠标左键点击要复制的椭圆线就可以了。

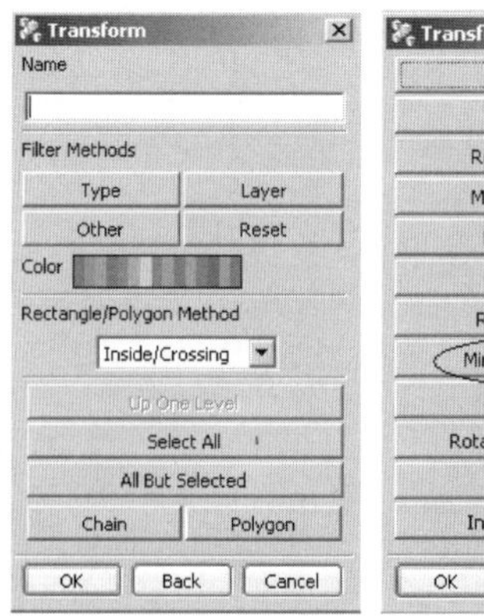

图 6.3.4.1　　图 6.3.4.2

再点击鼠标中键，系统弹出图 6.3.4.2 的对话框，要求我们选择哪一种形式镜像，如图选择 Mirror Through a Plance (通过一个平面做镜像复制)。

选择后系统弹出图 6.3.4.3 的对话框，要求我们选择一个平面。如图选择 Principal planes (基础平面)中的 ZC。点击鼠标中键后，系统弹出图 6.3.4.4 的对话框，要求我们选择一种镜像转换的方式，如图选择 Copy(复制)，系统自动沿着 ZC 轴镜像复制出另一半椭圆曲线。请见图 6.3.4.5。

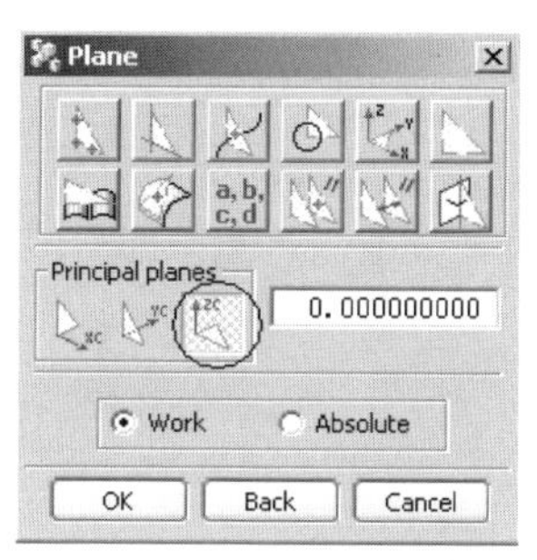

图 6.3.4.3

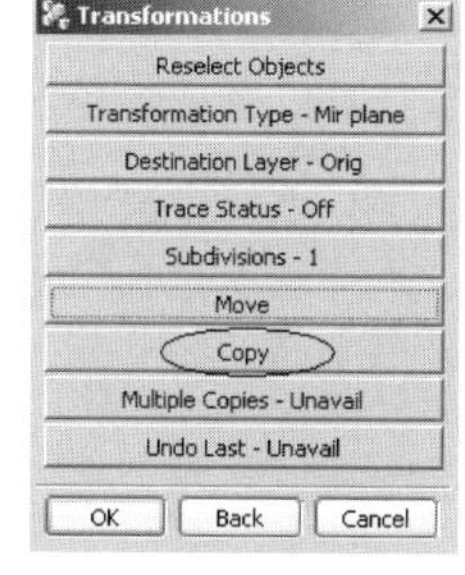

图 6.3.4.4

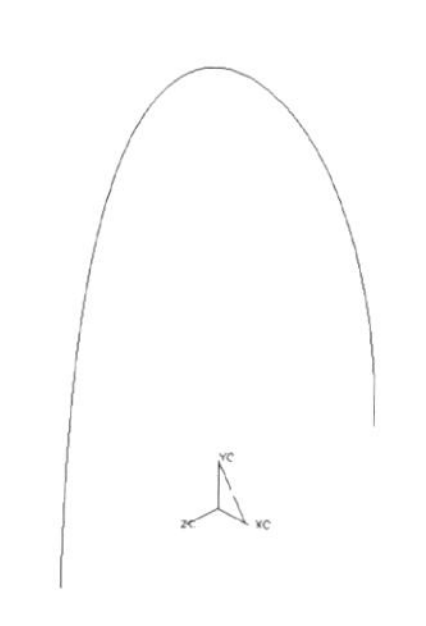
图 6.3.4.5

6.3.5 绘制生成扫描曲面所需要的第三条导线

下面我们还要创建一条曲线，这条曲线是生成扫描曲面所需要的第三条导线。首先如图 6.3.5.1 将先前我们创建的三个点显示出来。接着选择Spline by points(通过设定点来绘制样条线)工具，系统弹出图 6.3.5.2 的对话框。

按照默认的设置不做任何改动。如图 6.3.5.3 在视口里逐一从上到下选择三个点。点击中键完成曲线的绘制。

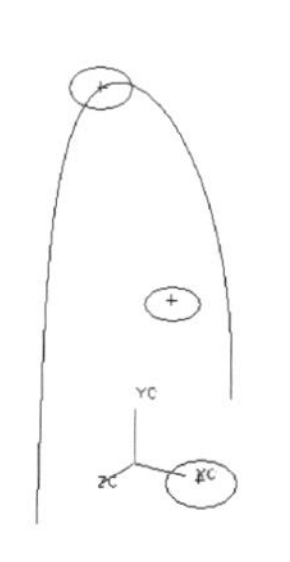
图 6.3.5.1

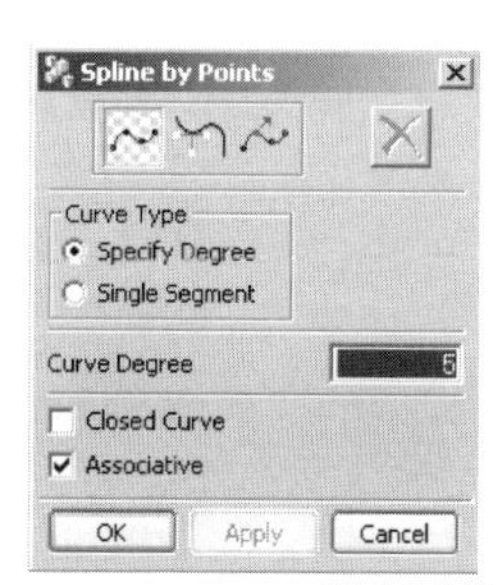

图 6.3.5.2

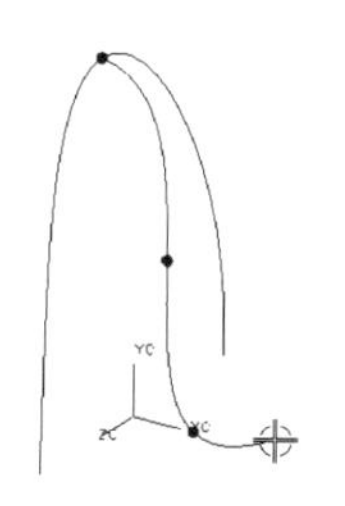
图 6.3.5.3

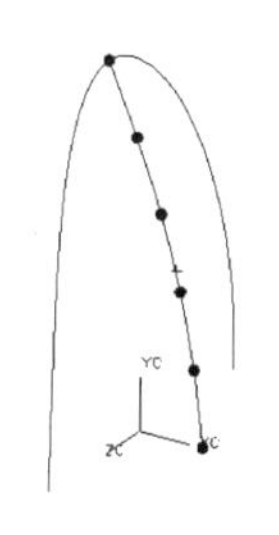
图 6.3.5.4

6.3.6 绘制生成扫描曲面所需要的截面线

三条导线绘制好后，我们还需要一条截面线（如图 6.3.6.1)。因绘制方法和第6.3.5小节所讲述完全一样，因此从略，请大家自行参照前述绘制。

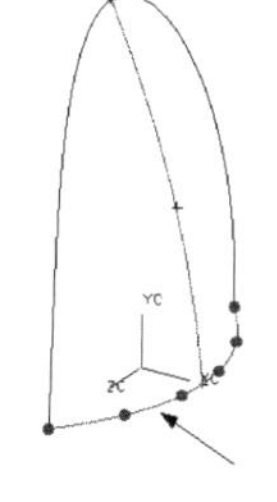
图 6.3.6.1

6.3.7 创建拱形扫描曲面

在下拉菜单上选择Insert\Free Form Feature\Swept…(插入\自由形态特征\扫描)，弹出图6.3.7.1的对话框，要求我们选择哪一种类型的导线；同时窗口下方的提示栏提示我们Select guide string 1(选择第一条导线)。如图6.3.7.2选择第一条导线，点击鼠标中键结束。

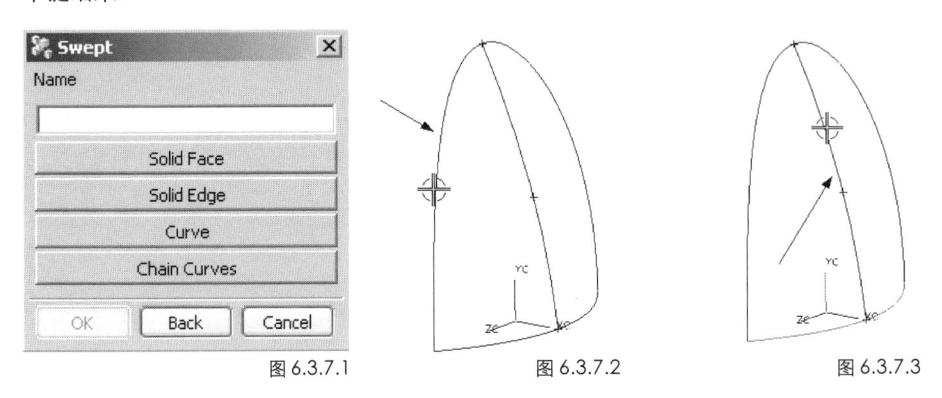

图6.3.7.1　　图6.3.7.2　　图6.3.7.3

接着提示栏提示我们Select guide string 2(选择第二条导线)，如图6.3.7.3选择第二条导线，点击中键结束。提示栏又提示我们Select guide string 3(选择第三条导线)，如图6.3.7.4选择第三条导线，点击中键结束。

最后，系统提示我们Select section string 1(选择第一条截面线)，如图6.3.7.5选择第一条截面线，点击鼠标中键结束。

此时系统弹出图6.3.7.6的参数设定对话框，点击中键接受默认设置。系统又弹出图6.3.7.7的对话框，继续点击中键或OK键结束。

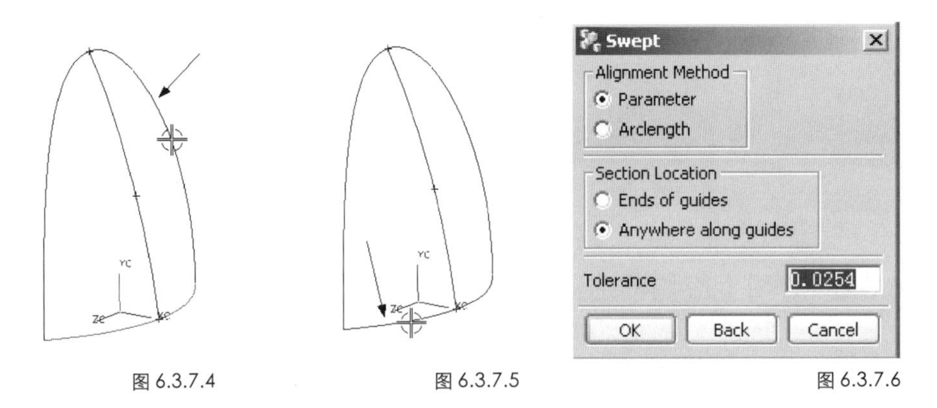

图6.3.7.4　　图6.3.7.5　　图6.3.7.6

系统接着弹出图6.3.7.8的对话框，要求我们选择创建曲面的形式，继续点击中键或OK接受系统默认的Create(创建)的形式。最后生成的拱形曲面的效果如图6.3.7.9所示。

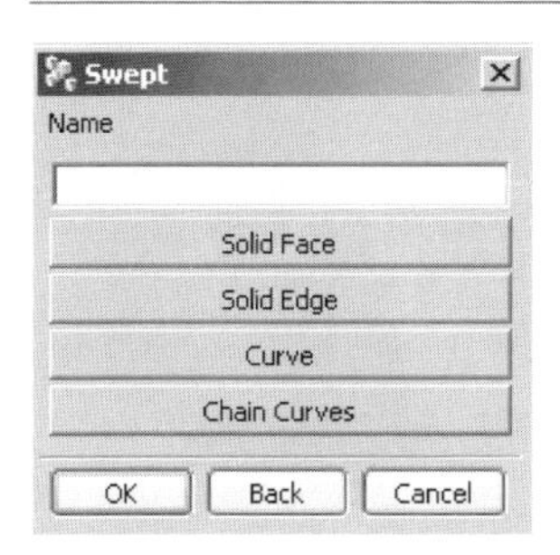

图 6.3.7.7

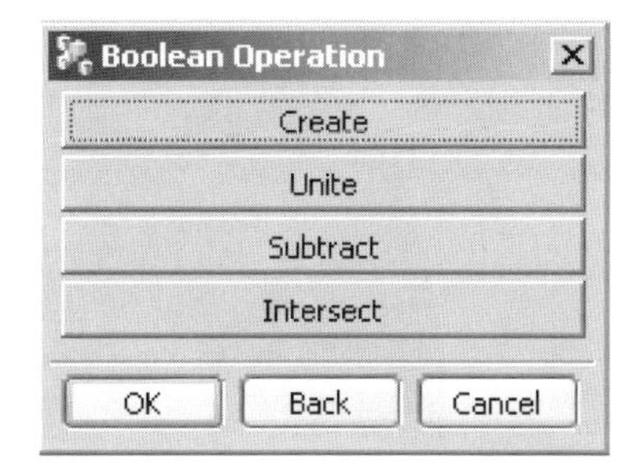

图 6.3.7.8

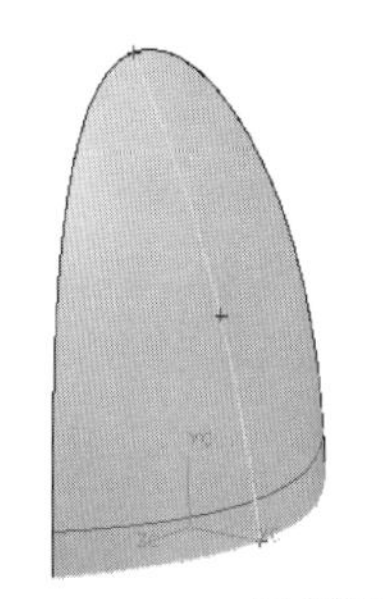

图 6.3.7.9

6.3.8 给曲面加厚

选择下拉式菜单Insert\From Feature\Thicken Sheet…(插入\从特征\加厚片体)，系统弹出如图6.3.8.1的对话框。我们在First Offset(第一偏移)旁边的窗口中键入0，在Second Offset(第二偏移)旁边的窗口中键入2，其他按默认。

系统提示我们Select a sheet body to thicken（选择一个片体加厚），如图6.3.8.2选择前面制作好的曲面，点击鼠标中键结束。系统自动完成加厚2mm的操作，效果如图6.3.8.3。

图 6.3.8.1

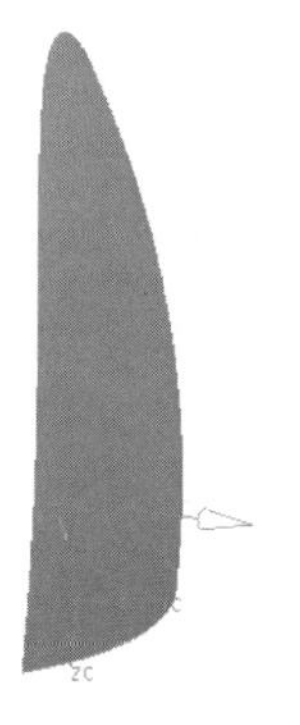

图 6.3.8.2

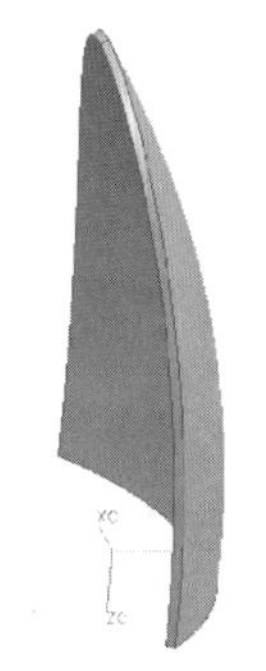

图 6.3.8.3

6.3.9 为加厚的曲面倒圆角

在工具条上选择Edge Blend(倒圆角)工具，系统弹出如图6.3.9.1的对话框。

如图设置，将Default Radius(默认半径)设定成2，再在视口里如图6.3.9.2选择一条边，点击中键后，模型会出现图6.3.9.3的变化。再继续选择另外一面的边，点击中键后，模型最后的结果应如图6.3.9.4所示的效果。

至此，全自动皂液器的第二部分就完成了。我们可以把其他没有用的模型和曲线等删除掉，把拱形曲面单独存为一个文件，文件名为Face（或其他），为以后单独对它进行编辑或装配打好基础。

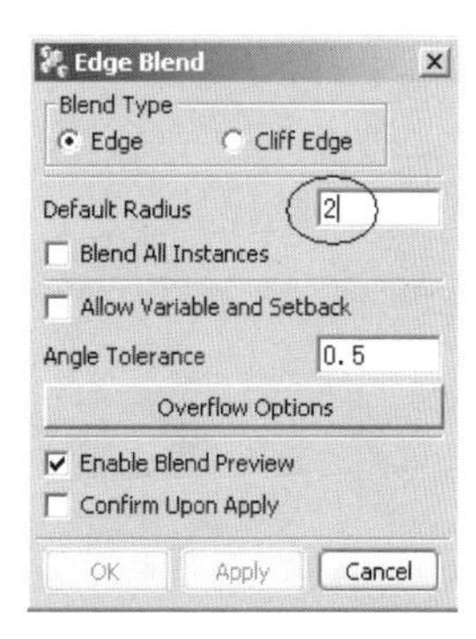

图 6.3.9.1

图 6.3.9.2

图 6.3.9.3

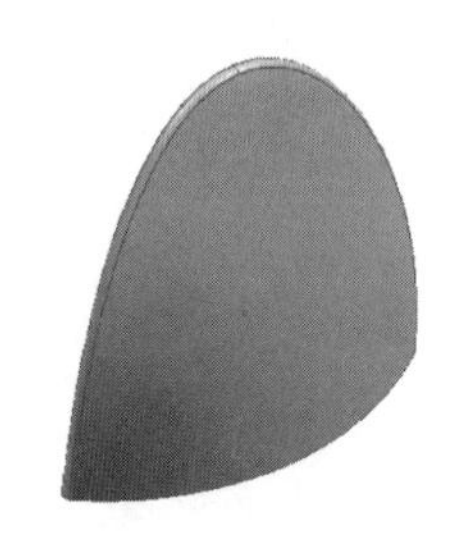

图 6.3.9.4

6.4 为上盖造型增加细节

6.4.1 绘制圆弧曲线

我们在第6.2.2.13小节里曾经储存过一个文件名为TOP的皂液器的上盖文件，现在我们将它打开，打开后的文件应如图6.4.1.1。经过本章的学习。我们将把此文件修改成如图6.4.1.2的效果。

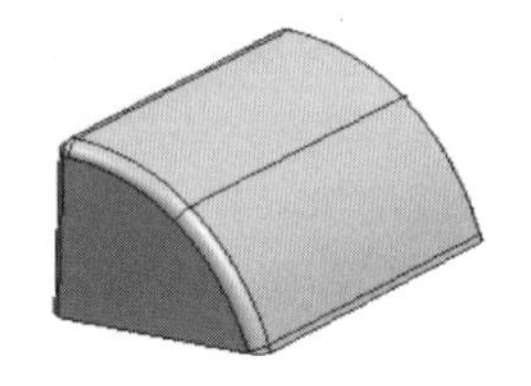

图 6.4.1.1

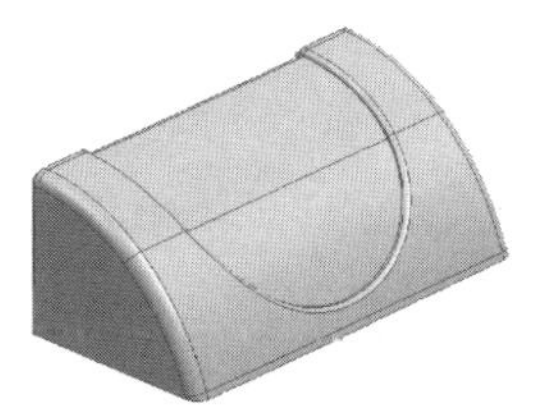

图 6.4.1.2

下面我们要绘制一条圆弧曲线。首先移动坐标系。选择下拉菜单 WCS\Origin(原点)，弹出图 6.4.1.3 的对话框。在视口中选择如图 6.4.1.4 的坐标原点。

接下来选择草绘工具，弹出设定草绘平面的工具条，接受默认的设置，使草绘平面设定在如图 6.4.1.5 的位置。点击中键后，系统转到如图 6.4.1.6 的草图绘制状态。

选择 Arc(圆弧)工具，弹出绘制圆弧的工具条，在其中选择Arc by Center and Endpoints(以圆心和端点绘制弧线)。另外在窗口下方的捕捉形式上只选择Midpoint(中点) 捕捉。

此时将鼠标移动到如图 6.4.1.7 的附近，系统自动将鼠标点捕捉到上盖的顶部边缘的中点上。点击鼠标左键确认圆弧的中点

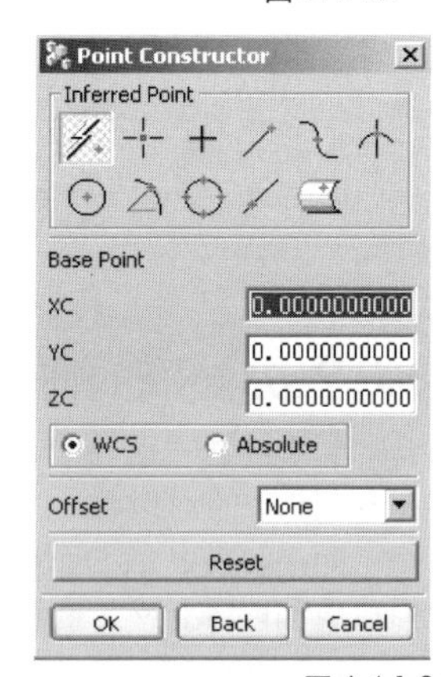

图 6.4.1.3

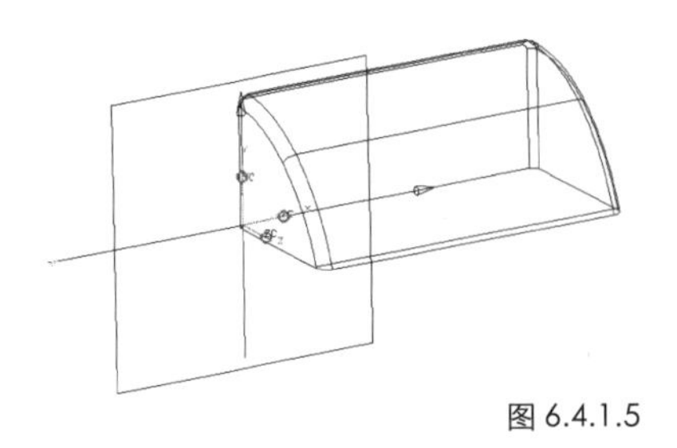

图 6.4.1.5

图 6.4.1.4

位置，接着把捕捉关掉，将鼠标放到如图 6.4.1.8 所示的附近位置上。此时鼠标标识旁边有两个参数窗口，一个是 Radius(半径)，另一个是 Sweep Angle(扫描角度)，我们只在 Radius(半径)上输入 50，Sweep Angle(扫描角度)保持为 0，输入好参数后在图 6.4.1.8 所示的附近位置上点击左键。再在Sweep Angle(扫描角度)上输入180，半径保持不变。输入后将鼠标左键向上盖的顶部边缘的下方拖动，此时视口里显示出如图6.4.1.9所示的圆弧，点击中键后再点击完成草图绘制，完成后的圆弧线应如图 6.4.1.10。

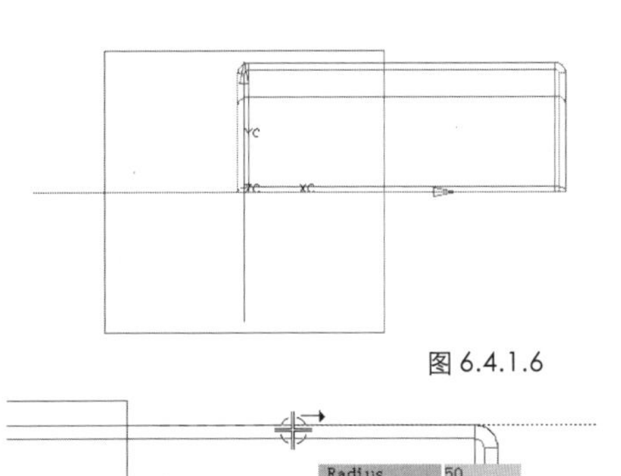

图 6.4.1.6

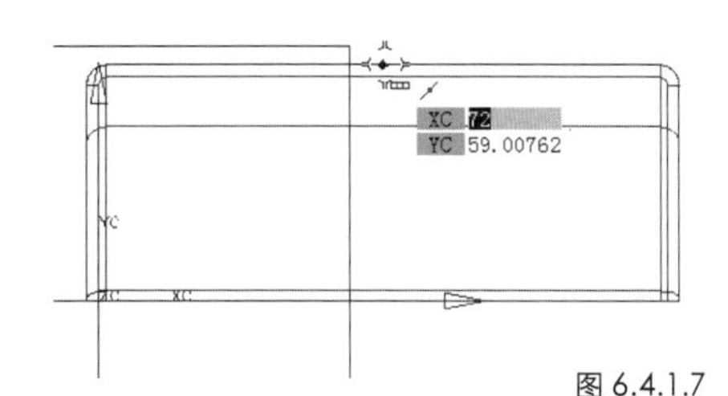

图 6.4.1.7

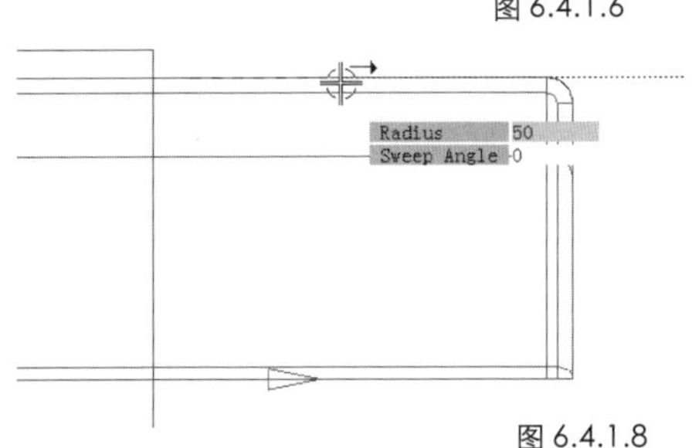

图 6.4.1.8

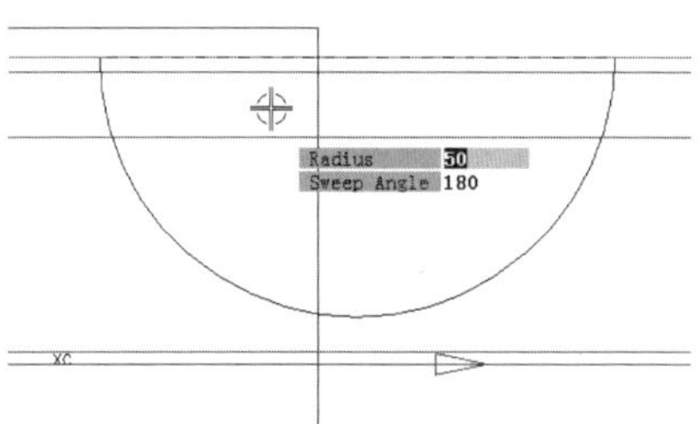

图 6.4.1.9

6.4.2 拉伸圆弧曲线

点击 Extruded Body（拉伸物体），系统弹出图6.4.2.1的对话框，按默认设置选择如图6.4.2.2所示的圆弧曲线。系统弹出如图6.4.2.3的对话框，点击中键接受默认的设置。

系统又弹出如图 6.4.2.4 的对话框，要求确认拉伸的矢量方向，观察一下图6.4.2.5中矢量箭

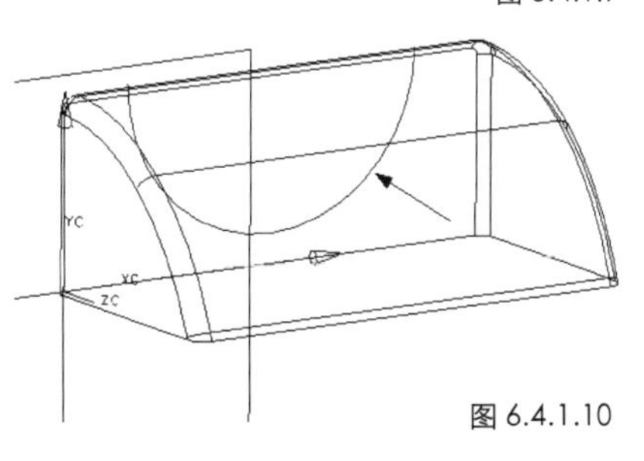

图 6.4.1.10

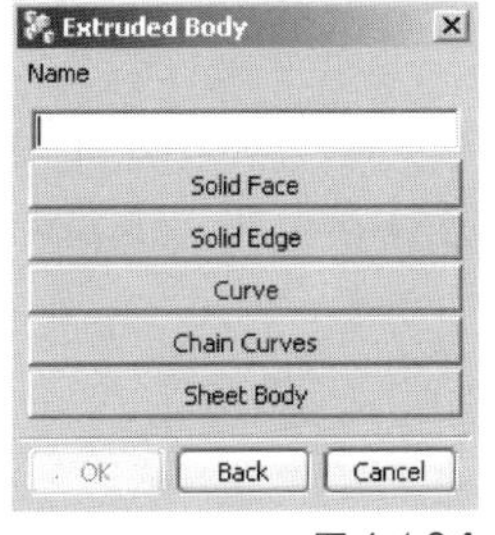

图 6.4.2.1

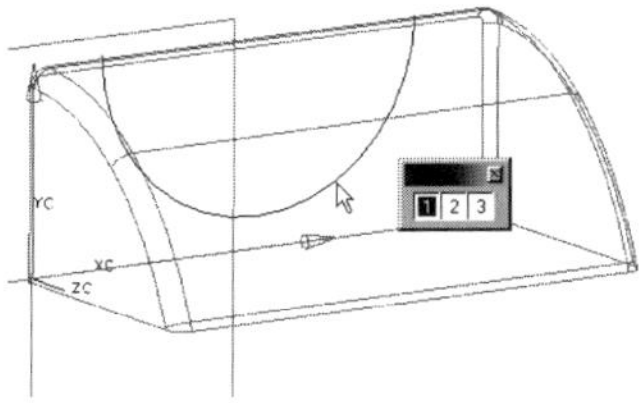

图 6.4.2.2

图 6.4.2.3

头的方向，确认矢量箭头是朝着ZC轴的正方向的，点击中键接受设置。

此时系统弹出如图6.4.2.6的设定拉伸起始位置和终止位置的对话框，我们在Start Distance(起始距离)上键入数值-10，在End Distance（终止距离）上键入数值120。点击中键确认，此时视口中的圆弧线拉伸出如图6.4.2.7的效果。

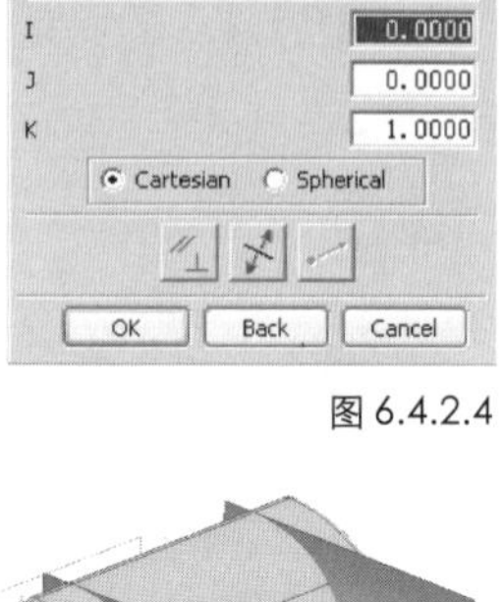

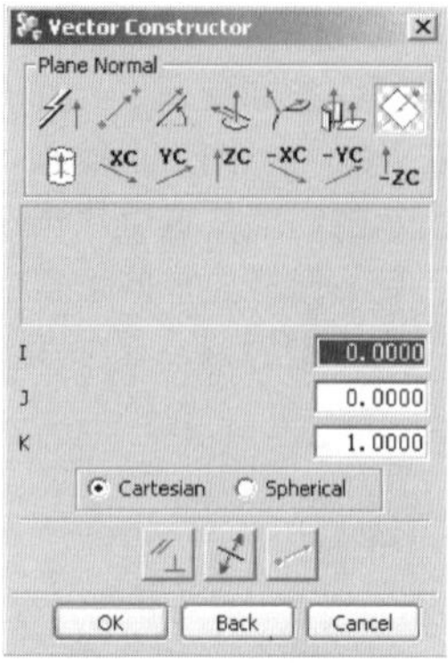

图6.4.2.4

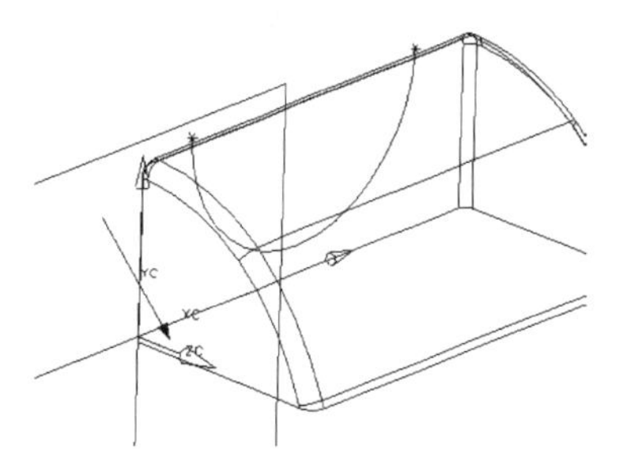
图6.4.2.5

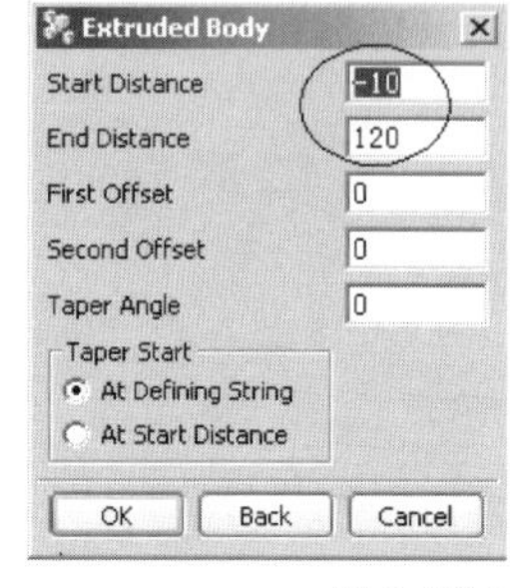

图6.4.2.6

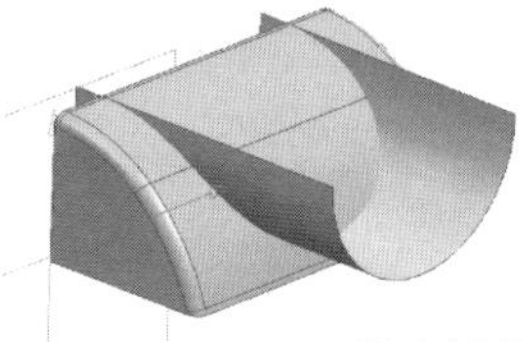

图6.4.2.7

6.4.3 用圆弧曲面分解上盖实体

下面我们要将上盖实体分解成两块。选择下拉菜单Insert\Feature Operation\Split(插入\特征操作\分解)，系统弹出图6.4.3.1的对话框，可以通过键入名称来选择物体，同时窗口的下方提示Select target object(选择目标物体)，我们只需在视口里用鼠标左键点击上盖实体即可（请见图6.4.3.2）。

此时系统弹出如图6.4.3.3的对话框，要求我们选择分解物体的类型，同时窗口的下方提示Select face or datum plane (选择面或基准平面)。我们只需在视口里用鼠标左键点击前面制作的圆弧曲面即可。

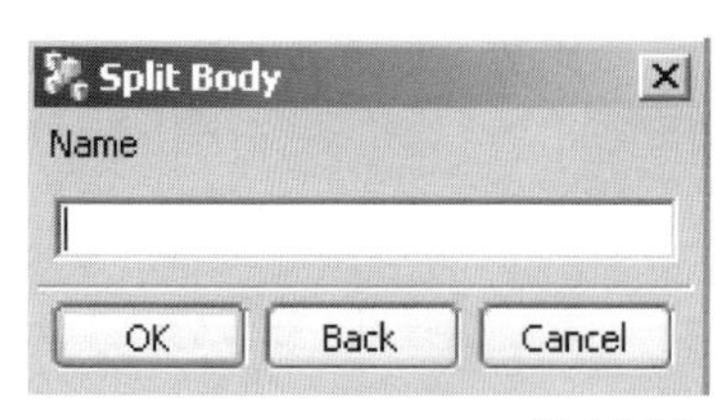

图6.4.3.1

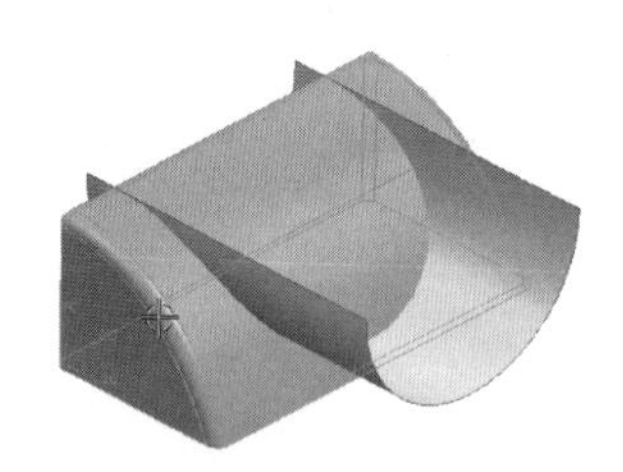
图6.4.3.2

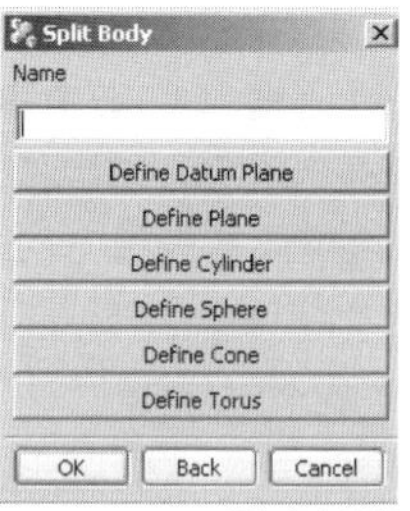

图6.4.3.3

此时系统弹出如图6.4.3.4的提示框，告诉我们分解后的物体将失去各种参数，点击OK继续，分解完成，再用鼠标左键点击图6.4.3.1对话框中的Cancel结束分解操作。此时用鼠标左键点击视口中的上盖实体，可以看出已经分解成为两块。

图6.4.3.4

6.4.4 生成位移曲面

将用于分解的椭圆形曲面隐藏起来，再选择下拉菜单Insert\Feature Operation\Offset Face(插入\特征操作\位移曲面)。

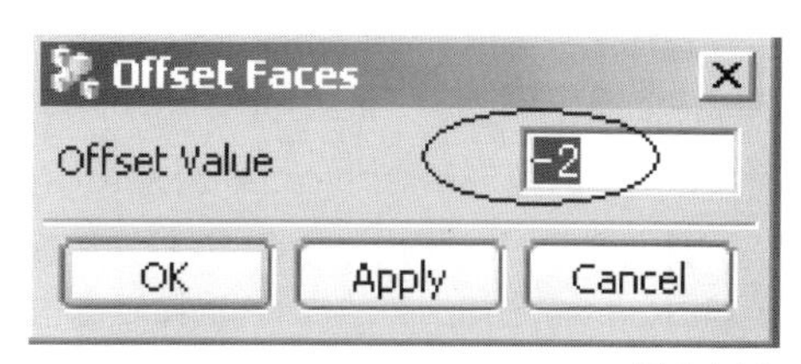

图 6.4.4.1

此时系统弹出如图 6.4.4.1 的对话框，同时窗口的下方提示 Enter offset value and Select faces to offset(输入位移数值并选择位移曲面)，在图 6.4.4.1 的对话框中输入-2，再用鼠标左键点击如图 6.4.4.2 所示的上盖上的各个曲面。选择后点击鼠标中键结束，此时视口中上盖的效果应如图 6.4.4.3。

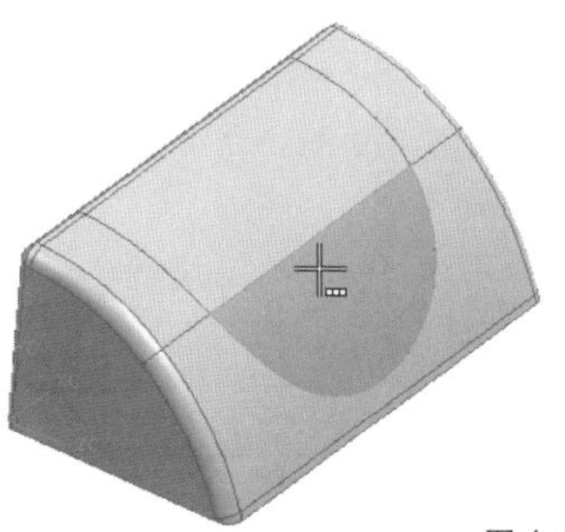
图 6.4.4.2

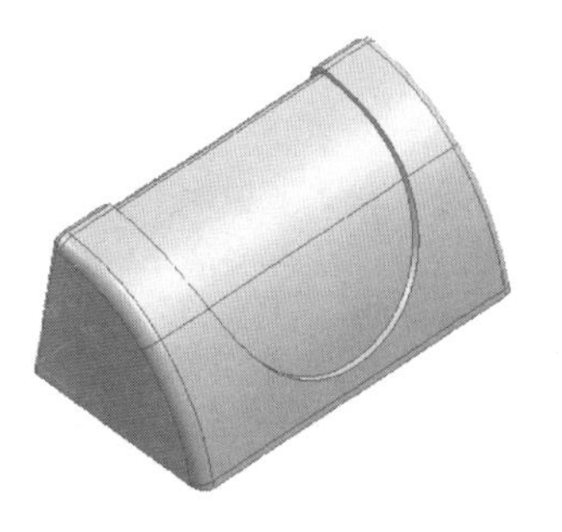
图 6.4.4.3

6.4.5 合并两个实体

为了能将上盖的实体挖空，我们需将曾经分解的实体再合并起来。方法是选择下拉菜单Insert\Feature Operation\Unite(插入\特征操作\合并)。此时系统弹出如图6.4.5.1的对话框，同时窗口的下方提示Select target body (选择目标物体)，用鼠标左键点击图 6.4.5.2 所示的上盖实体。

图 6.4.5.1

选择后点击鼠标中键结束，此时窗口的下方提示 Select tool object(选择工具物体)，如图 6.4.5.3 选择上盖的另一部分，选择后点击鼠标中键完成，两个物体合并到一起。

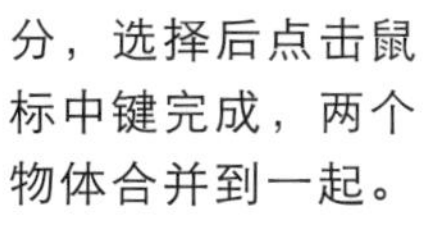

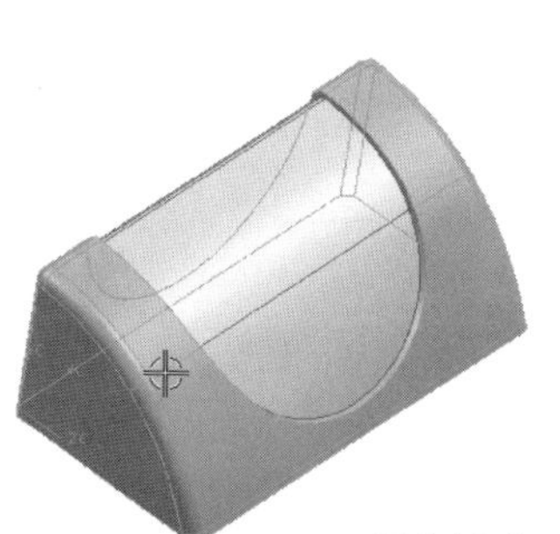
图 6.4.5.2

图 6.4.5.3

6.4.6 挖空上盖

选择下拉菜单Insert\Feature Operation\Hollow(插入\特征操作\挖空)，系统弹出如图6.4.6.1的对话框，同时窗口的下方提示Select face to pierce(选择目标物体)。

我们在Default Thickness（默认厚度）栏内输入2，再如图6.4.6.2选择上盖的底面，选择后点击鼠标中键结束。此时窗口的下方提示Select face to offset(选择位移面)，用鼠标左键选择（面比较多可以按住鼠标左键圈选）图6.4.6.3所示的上盖表面，再点击鼠标中键完成，挖空后的效果应如图6.4.6.4。

图6.4.6.1

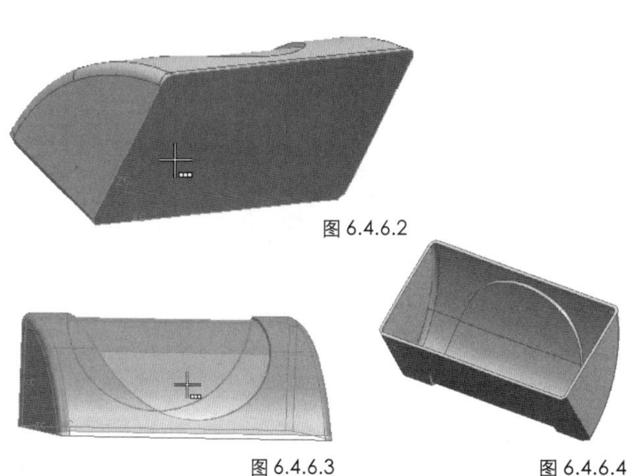

图6.4.6.2

图6.4.6.3

图6.4.6.4

6.4.7 为上盖倒圆角

选择Edge Blend(倒圆角)工具，此时系统弹出如图6.4.7.1的对话框。

在Default Radius（默认半径）栏内输入2。再如图6.4.7.2选择上盖的弧形边缘，连背面都选好后，点击鼠标中键结束，倒圆角后的效果应如图6.4.7.3，总体效果如图6.4.7.4。

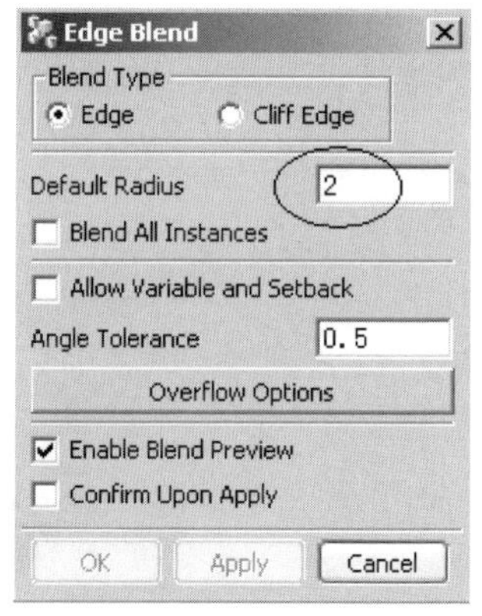

图6.4.7.1

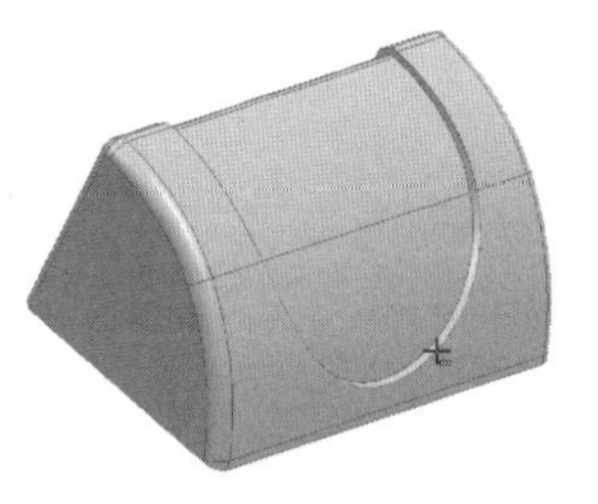

图 6.4.7.2

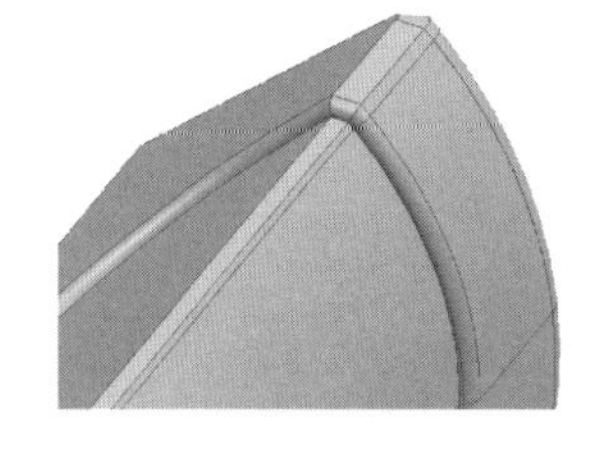

图 6.4.7.3

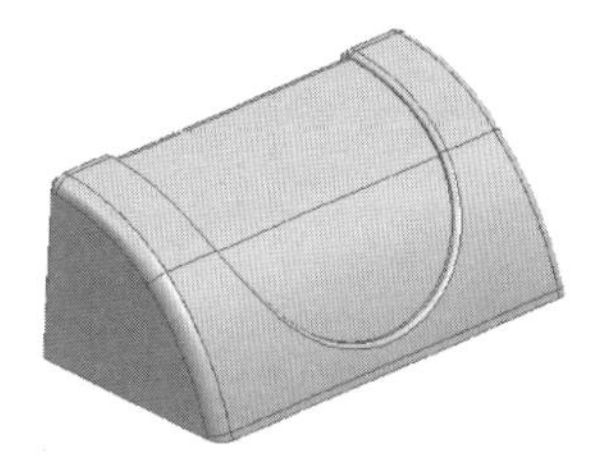

图 6.4.7.4

6.5 制作皂液器的底部

6.5.1 翻转主体模型

我们在第 6.2.1 小节里曾经创建过一个文件名为 BODY 的皂液器的主体文件，现在我们将它打开，打开后的文件应如图 6.5.1.1。经过本章节的学习。我们将把此文件修改成如图 6.5.1.2 的效果。

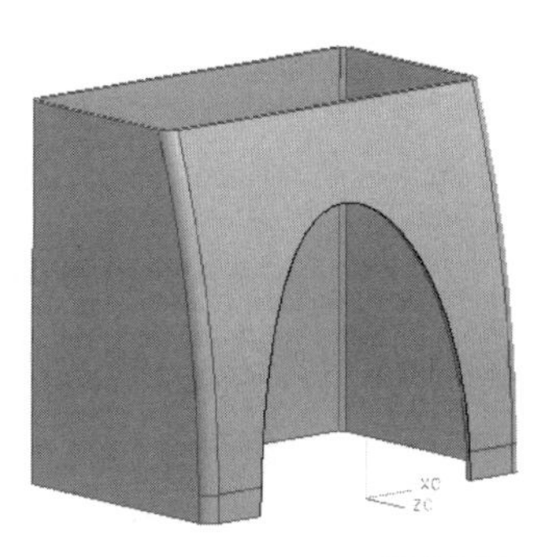

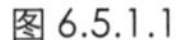

图 6.5.1.1

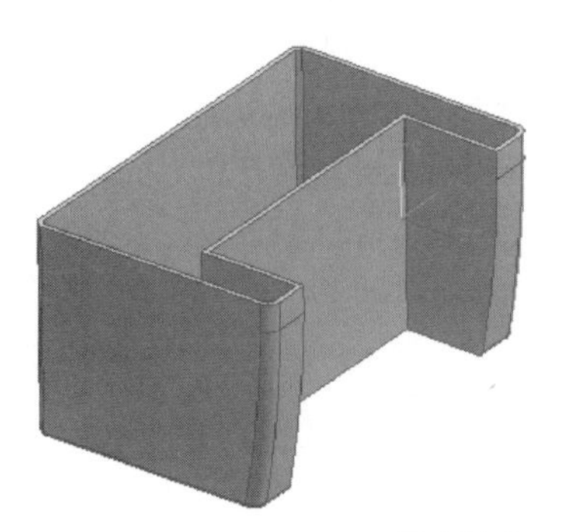

图 6.5.1.2

首先我们要先将主体模型多余的特征去除。点击窗口右边的 Part Navigator(零件导航器)，系统弹出如图 6.5.1.3 的对话框，在最下面 TRIM BODY 一项上点击右键。系统又弹出如图 6.5.1.4 的对话框，选择 Delete(删除)。

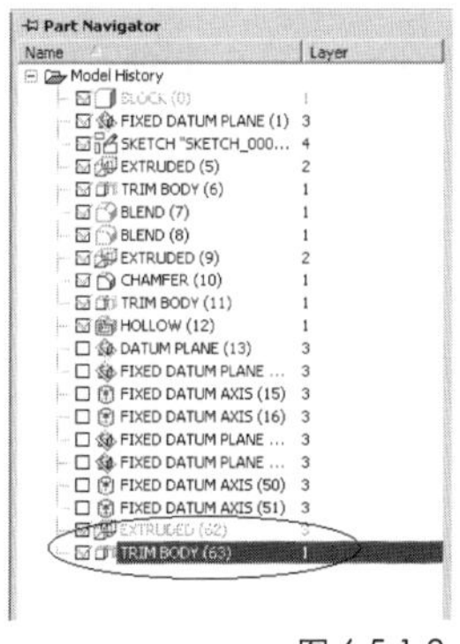

图 6.5.1.3

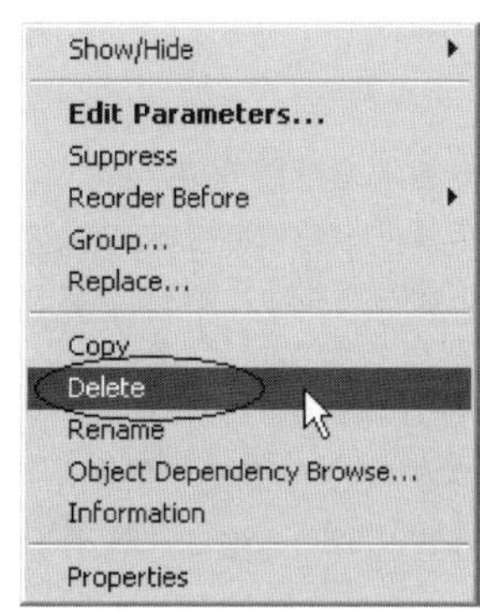

图 6.5.1.4

此时视口里的主体模型上的拱形剪切特征去除了如图 6.5.1.5，再选择删除工具 ✕ ，将图 6.5.1.6 所示的圆弧曲线删掉。

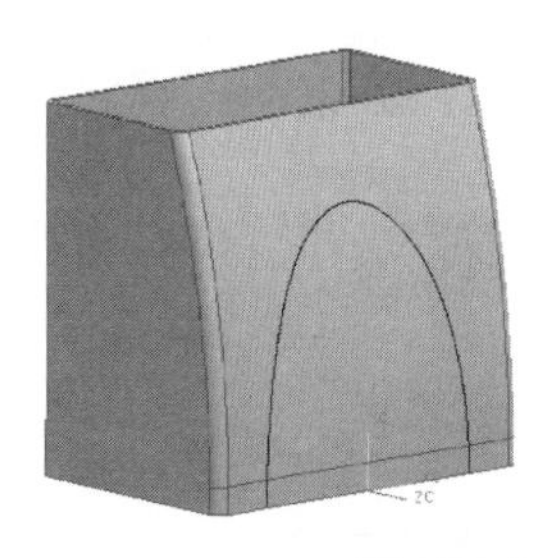

图 6.5.1.5

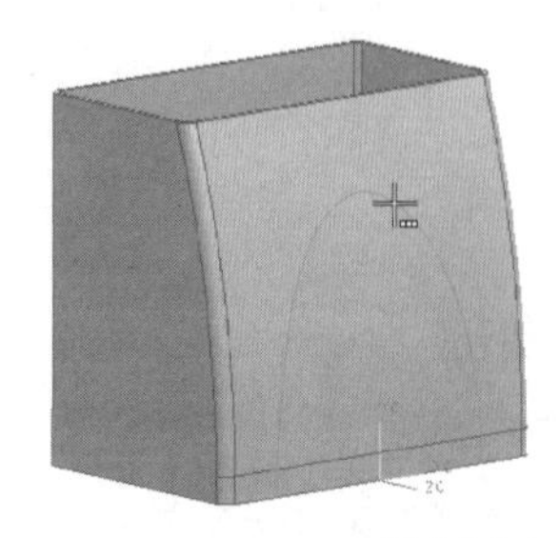

图 6.5.1.6

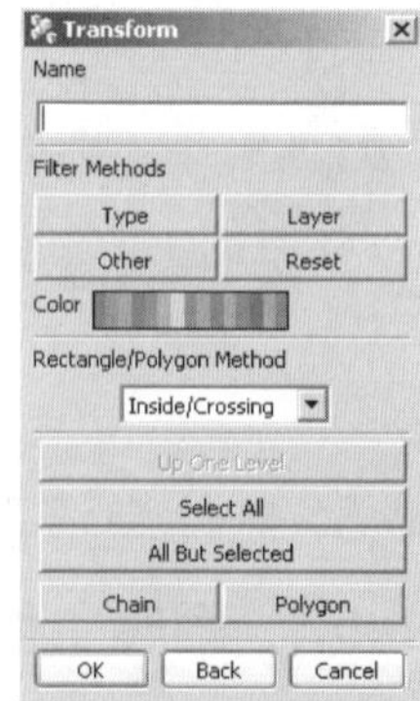

图 6.5.1.7

接着将主体模型向下翻转。选择下拉菜单 Edit Transform(编辑 \ 转换)，此时系统弹出如图 6.5.1.7 的对话框，让我们选择物体的类型。直接在视口里选择如图 6.5.1.8 的主体模型，点击中键结束选择。

此时系统弹出如图 6.5.1.9 的对话框，选择 Mirror Through a Plane(通过平面镜像)。

此时系统弹出如图 6.5.1.10 的对话框，选择 YC 作为镜像平面。点击中键后，系统弹出如图 6.5.1.11 的对话框，选择 Move(移动)，系统又弹出如图 6.5.1.12 的对话框。

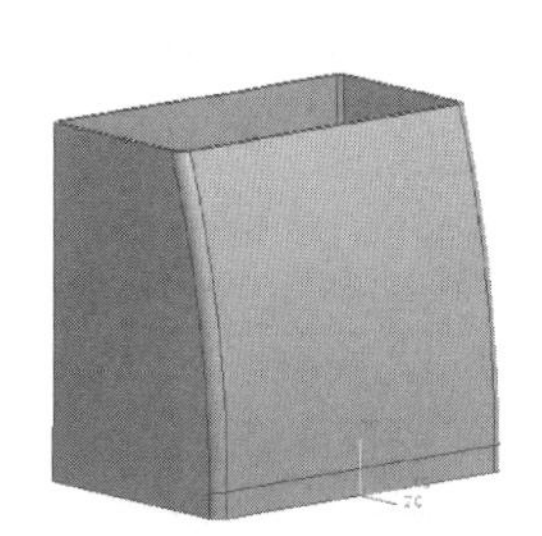

图 6.5.1.8

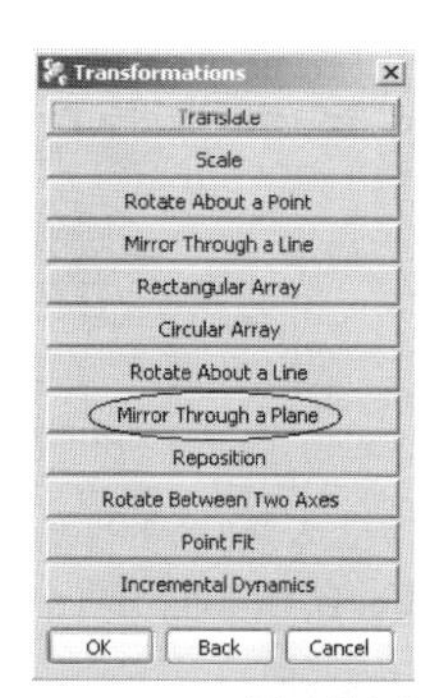

图 6.5.1.9

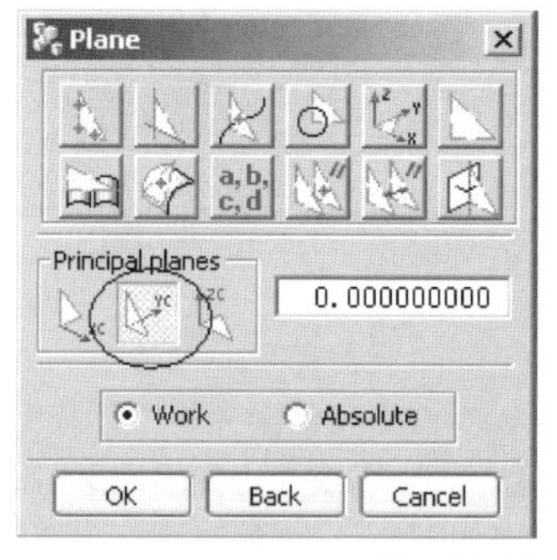

图 6.5.1.10

此对话框提示我们系统不能镜像复制具有参数的物体，如果选择 Remove Parameters(删除参数)，则物体本身所具有的参数将丢失。如图选择Remove Parameters (删除参数)，主体模型如图 6.5.1.13 翻转过来。另起文件名 Bottom（底部）存盘。

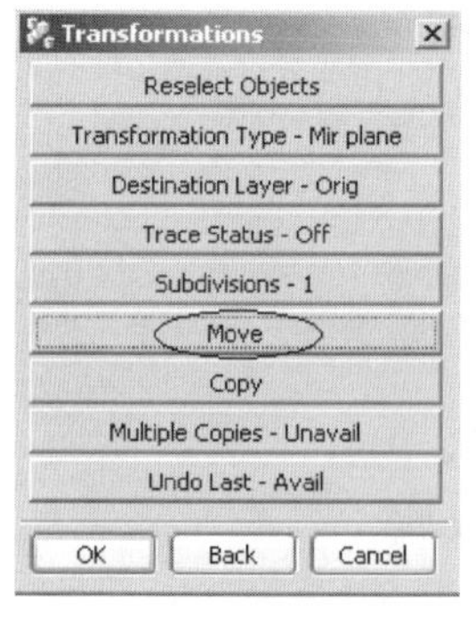

图 6.5.1.11

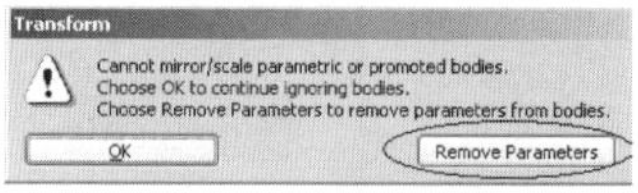

Transform
Cannot mirror/scale parametric or promoted bodies.
Choose OK to continue ignoring bodies.
Choose Remove Parameters to remove parameters from bodies.
OK　Remove Parameters

图 6.5.1.12

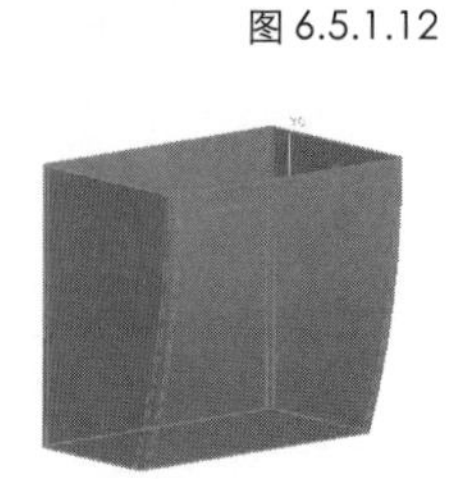

图 6.5.1.13

6.5.2 绘制草绘直线

下面我们要绘制一条草绘直线。选择草绘工具，弹出设定草绘平面的工具条，接受默认设置。

将鼠标放在如图 6.5.2.1 的位置，在 XC 旁边键入 -100，在 YC 上键入 -80 后回车。然后向右移动鼠标，再在 XC 旁边键入 100，在 YC 上键入 -80 后回车，最后点击结束，如图 6.5.2.2。

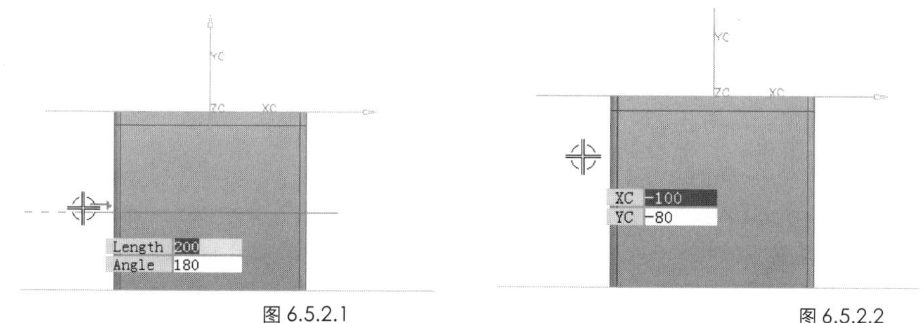

图 6.5.2.1　　图 6.5.2.2

6.5.3 拉伸直线

点击 Extruded Body（拉伸物体），系统弹出图 6.5.3.1 的对话框，按默认设置选择如图 6.5.3.2 所示的直线。系统弹出如图 6.5.3.3 的对话框，点击中键接受默认的设置。

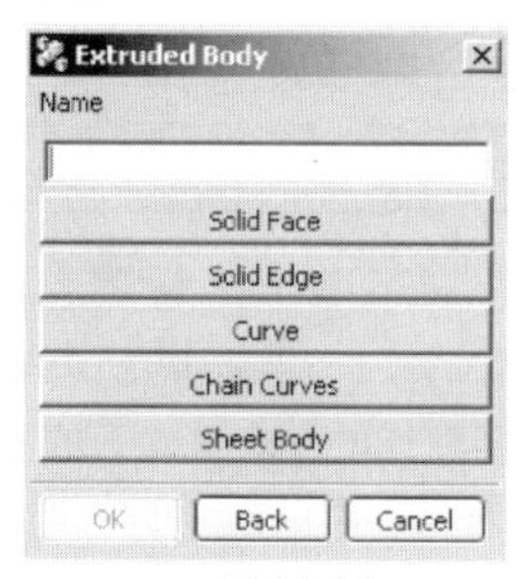

图 6.5.3.1

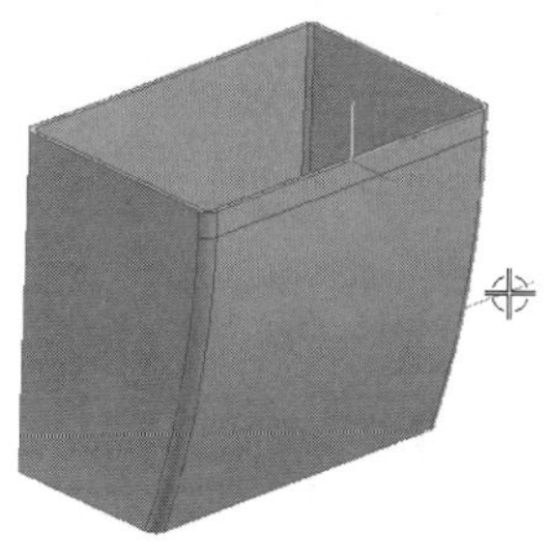

图 6.5.3.2

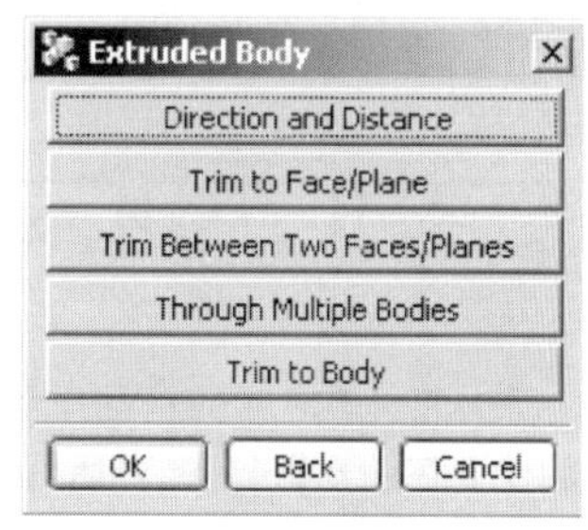

图 6.5.3.3

系统又弹出如图 6.5.3.4 的对话框，要求确认拉伸的矢量方向，观察一下图 6.5.3.5 中矢量箭头的方向，确认矢量箭头是朝着 ZC 轴的正方向的，我们需要将箭头翻转。点击图 6.5.3.4 中翻转矢量的图标将矢量箭头翻向 ZC 轴的反方向，点击中键结束。

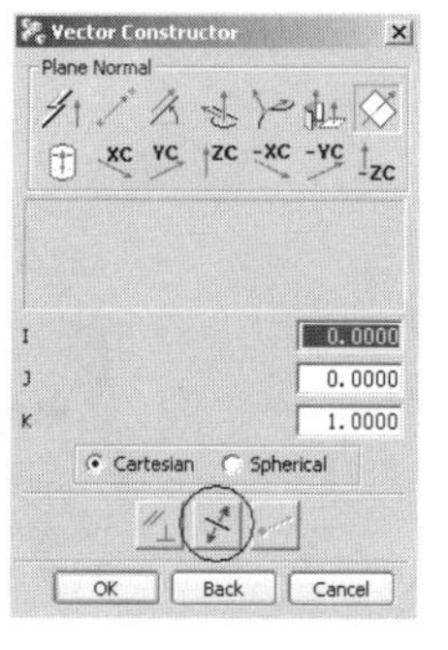

图 6.5.3.4

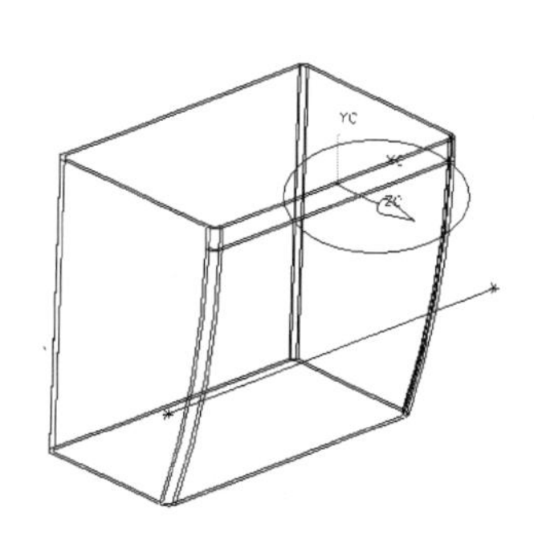

图 6.5.3.5

此时系统弹出如图6.5.3.6的设定拉伸起始位置和终止位置的对话框，我们在Start Distance(起始距离)上键入数值-10，在End Distance（终止距离）上键入数值120。点击中键确认，此时视口中的直线拉伸出如图6.5.3.7的效果。

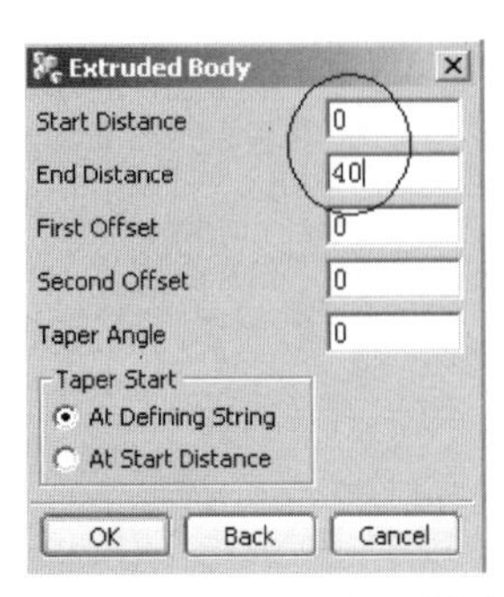

图 6.5.3.6

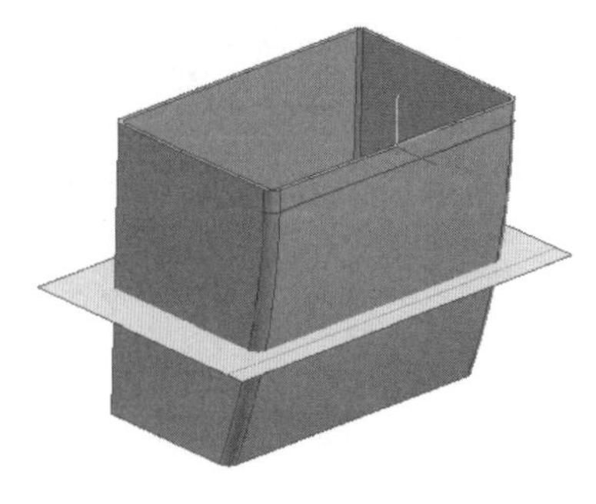

图 6.5.3.7

6.5.4 剪切主体

点击Trim Body(剪切实体)工具，弹出图6.5.4.1的对话框，不输入名称。同时窗口下方的提示栏内显示Select Target Bodies(选择目标物体)，选择主体，击中键结束。此时弹出图6.5.4.2 Trim Body(剪切物体)的对话框，不做任何选择。窗口下方的提示栏内显示Select face or datum plane(选择曲面或基准平面)，选择先前拉伸好的平面。

系统弹出图6.5.4.3的对话框，第一个选项是接受默认的剪切方向，第二个选项是翻转默认的剪切方向。

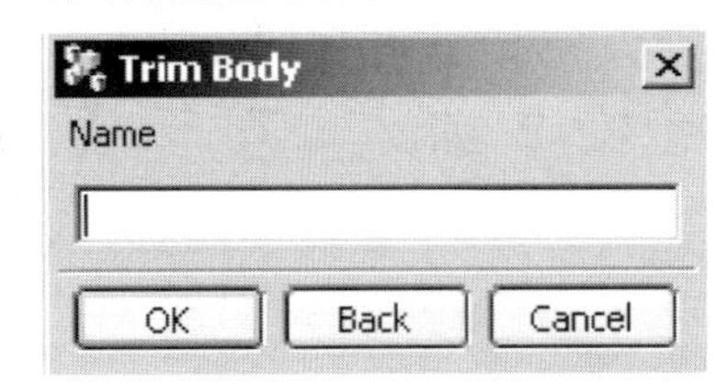

图 6.5.4.1

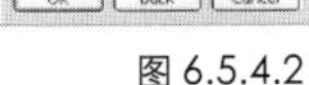

图 6.5.4.2

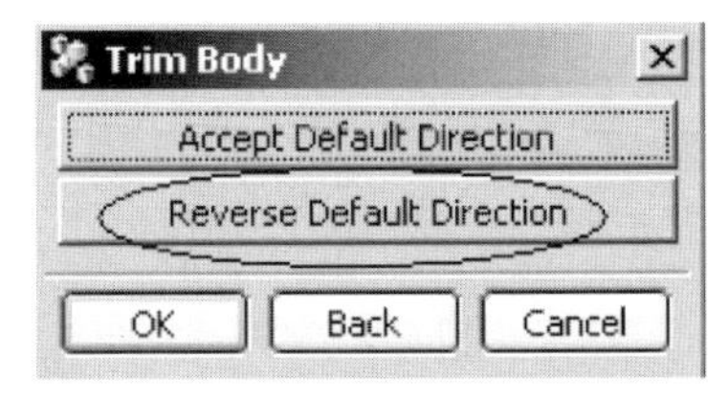

图 6.5.4.3

从图6.5.4.4的视图里看默认的剪切方向是向上的，我们所要剪切的方向是向下的，因此要在图6.5.4.3的对话框中点击第二个选项，翻转默认的剪切方向。再点击一下中键，视口中的模型被剪切成如图6.5.4.5的效果，点击Cancel结束。

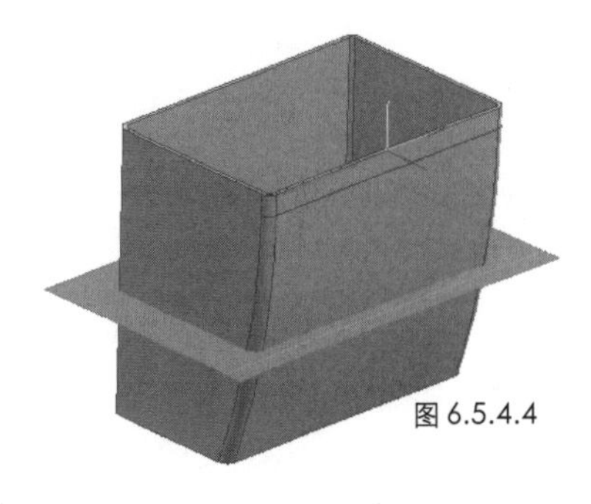

图 6.5.4.4

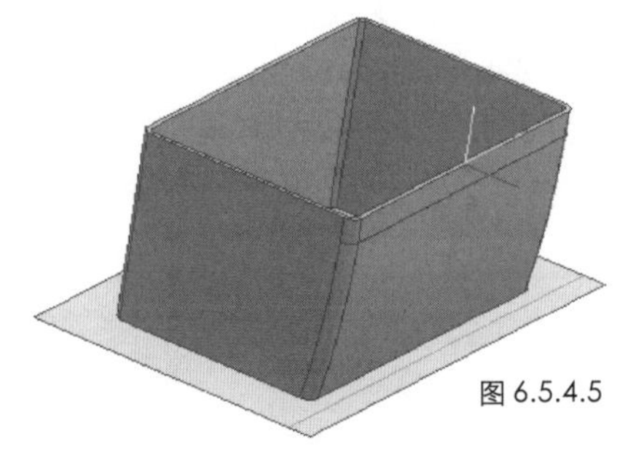

图 6.5.4.5

6.5.5 拉伸底部

点击 Extruded Body（拉伸物体），系统弹出图 6.5.5.1 的对话框，按默认设置依次选择如图 6.5.5.2 所示的底部外边界（要仔细选全），选择好后点击中键结束。系统弹出如图 6.5.5.3 的对话框，点击中键接受默认的设置。

系统又弹出如图6.5.5.4的对话框，要求确认拉伸的矢量方向，观察一下图6.5.5.5中矢量箭头的方向，确认矢量箭头是朝着YC轴的正方向的，我们需要将箭头翻转。点击图 6.5.5.4 中翻转矢量的图标将矢量箭头翻向 YC 轴的反方向，点击中键结束。

此时系统弹出如图6.5.5.6的设定拉伸起始位置和终止位置的对话框，我们在StartDistance(起始距离)上键入数值 0，在 End Distance（终止距离）上键入数值2。点击中键确认，此时视口中弹出如图 6.5.5.7 的对话框，请我们选择创建形式。如图选择Unite（合并），此时窗口下方的提示栏内显示 Select target solid(选择目标体)，选择主体，合并后的效果如图 6.5.5.8，点击 Cancel 完成操作。

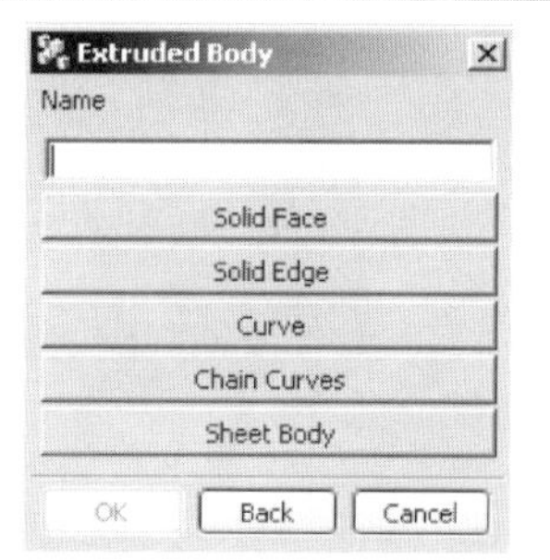

图 6.5.5.1

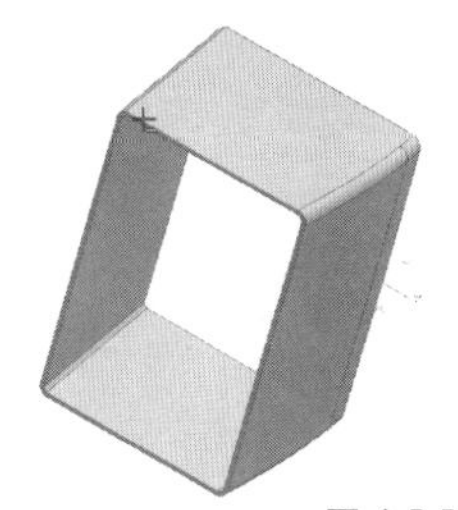
图 6.5.5.2

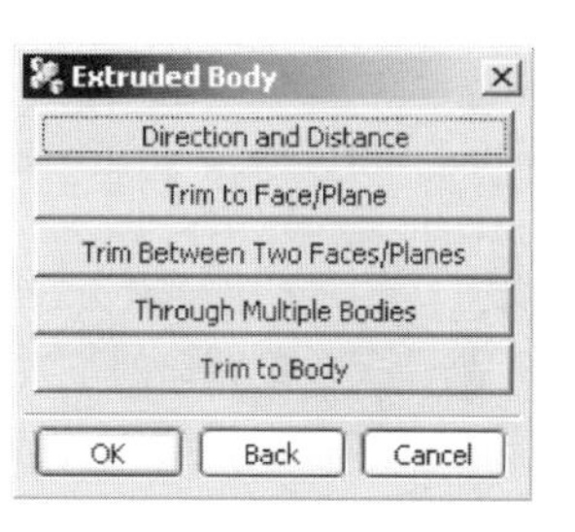

图 6.5.5.3

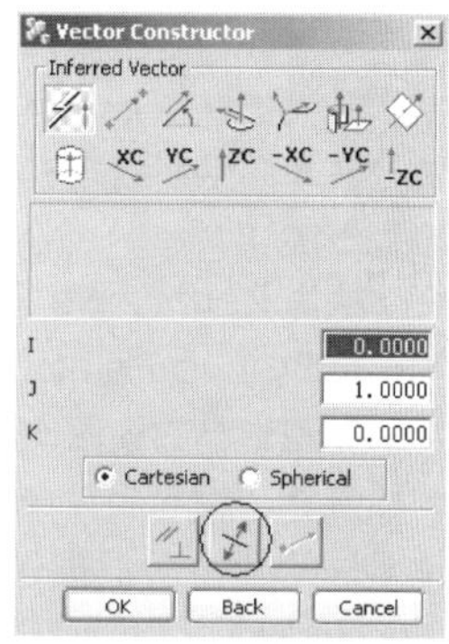

图 6.5.5.4

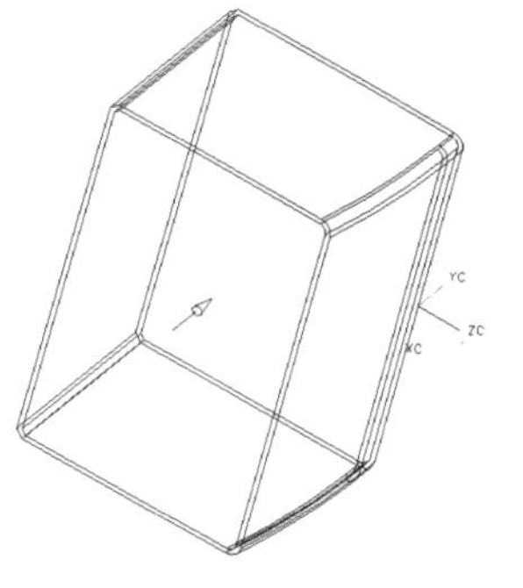
图 6.5.5.5

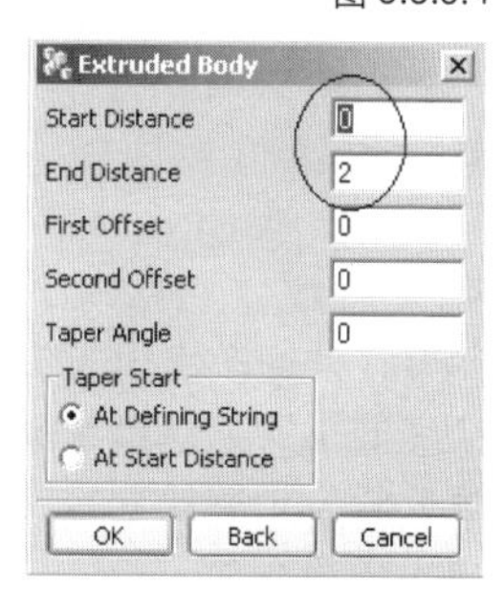

图 6.5.5.6

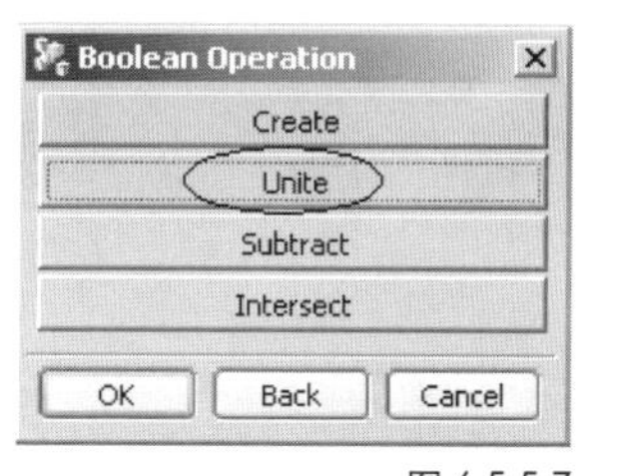

图 6.5.5.7

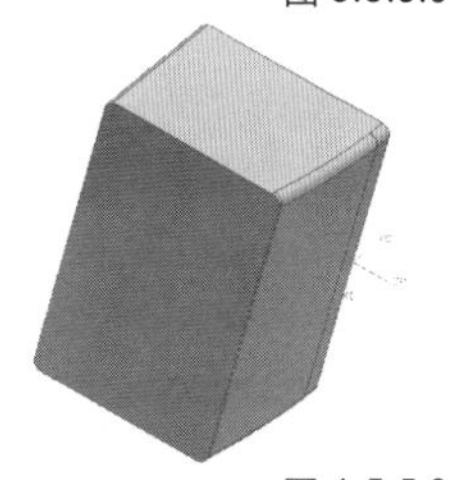
图 6.5.5.8

6.5.6 为底部倒圆角

选择Edge Blend(倒圆角)工具，弹出图 6.5.6.1 的对话框。设Default Radius(默认半径)为2，其他不动。在视口中选择如图 6.5.6.2 所示的一组边。再旋转视口，选择对面的一组边。

点击中键结束，所得结果应如图 6.5.6.3。

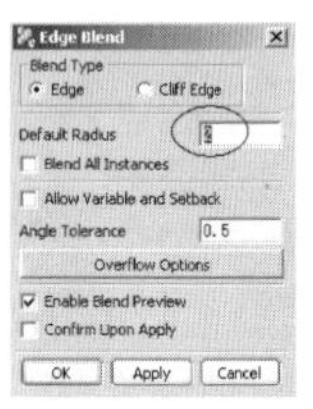

图 6.5.6.1

图 6.5.6.2

图 6.5.6.3

6.5.7 修剪底部

下面我们要把底部模型修剪成如图 6.5.7.1 的形状。

首先选择草绘工具，弹出设定草绘平面的工具条，接受默认的设置，使草绘平面设定在如图 6.5.7.2 的位置。点击中键后，系统转到如图 6.5.7.3 的草图绘制状态。

选择 Rectangle(长方形)工具，弹出绘制长方形的工具条，在其中选择第一项 By Two Points(依据两点)，另外把窗口的下方的捕捉形式全部关掉。

在把鼠标放在图 6.5.7.3 所示的位置，再在 XC 旁边的数值栏内输入 -55，在 YC 旁边的数值栏内输入 20，按回车完成第一个点的指定。接着向右拉动鼠标，在图 6.5.7.4 所示的位置，在 Width(宽度)旁边的数值栏内输入 110，在 Height(高度)旁边的数值栏内输入 120，按回车完成第二个点的指定。点击左键完成长方形的绘制，再点击中键退出。

接下来我们要拉伸此长方形，并剪切掉一部分底壳。

点击 Extruded Body (拉伸物体)，系统弹出图 6.5.7.5 的对话框，按默认设置选择如图 6.5.7.6 所示的长方形。系统弹出如图 6.5.7.7 的对话框，点击中键接受默认的设置。

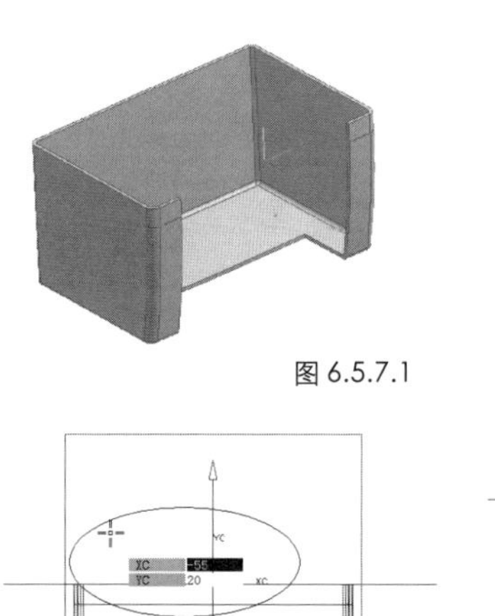
图 6.5.7.1

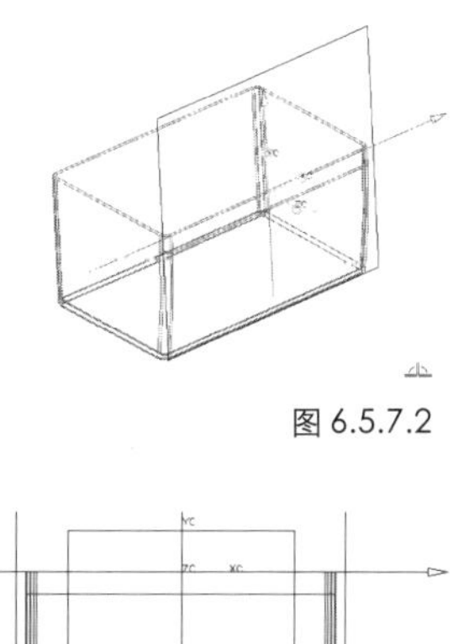
图 6.5.7.2

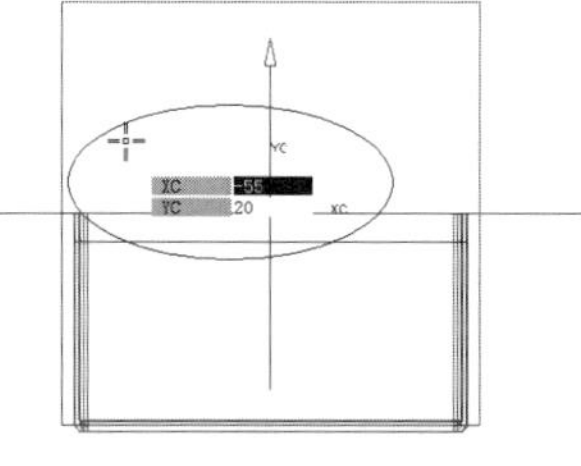

图 6.5.7.3

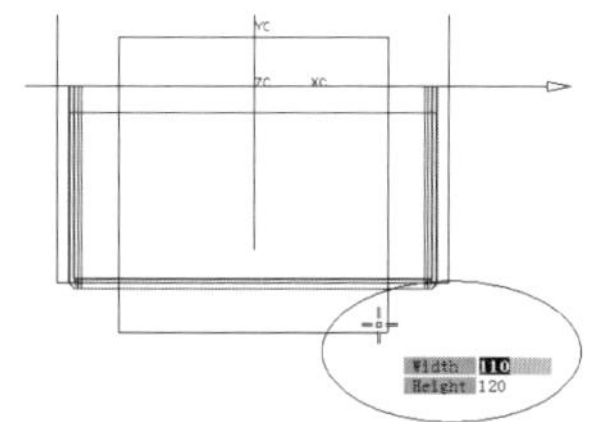

图 6.5.7.4

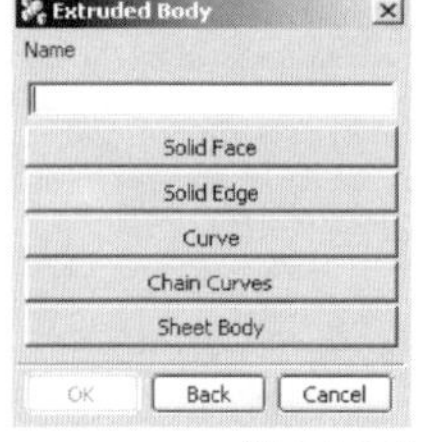

图 6.5.7.5

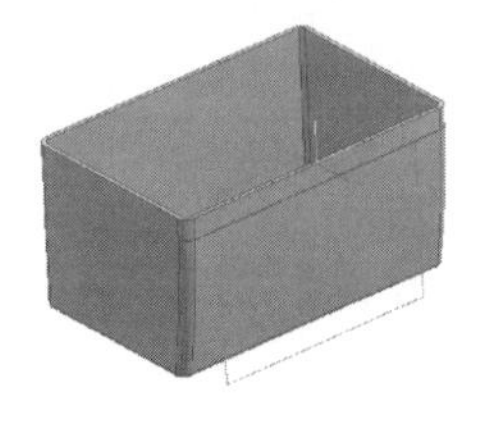
图 6.5.7.6

系统又弹出如图 6.5.7.8 的对话框，要求确拉伸的矢量方向，观察一下图 6.5.7.9 中矢量箭头的方向，确认矢量箭头是朝着 ZC 轴的正方向的，需要翻转，如图 6.5.7.10 点击翻转矢量箭头的图标，再点击中键结束。

此时系统弹出如图 6.5.7.11 的设定拉伸起始位置和终止位置的对话框，我们在 Start Distance(起始距离)上键入数值 0，在 End Distance（终止距离）上键入数值 40。点击中键确认，此时视口中的长方形拉伸出如图 6.4.2.7 的效果。

点击中键确认，此时系统弹出 Boolean Operation（布尔操作）的对话框，如图 6.5.7.12 选择 Subtract(减)，点击中键后，绘图窗口的下方提示我们 Select target solid (选择目标实体)，如图 6.5.7.13 选择底壳。视口中的模型剪切成如图 6.5.7.14 的效果。

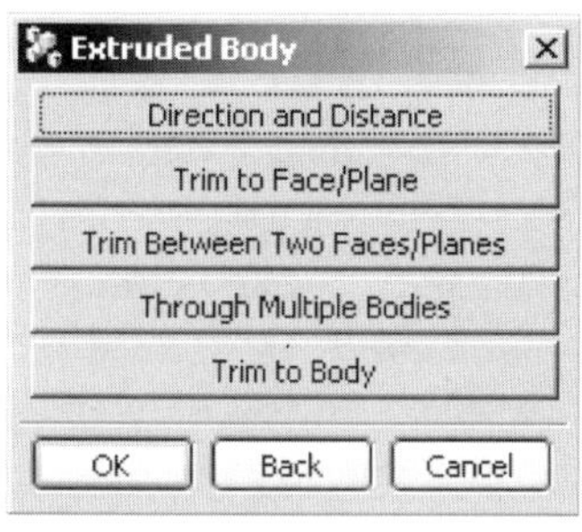

图 6.5.7.7

图 6.5.7.8

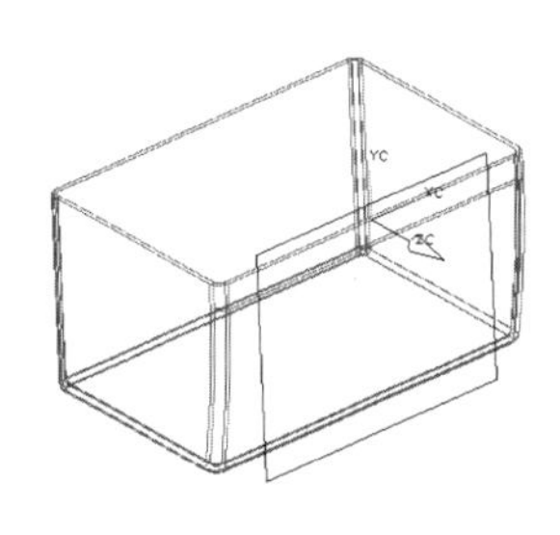

图 6.5.7.9

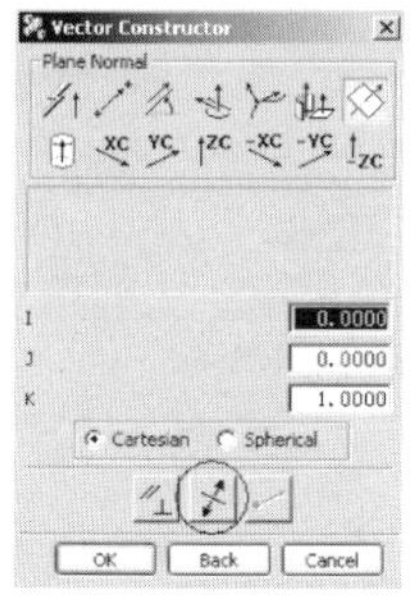

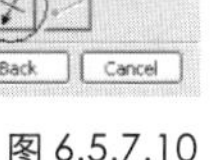

图 6.5.7.10

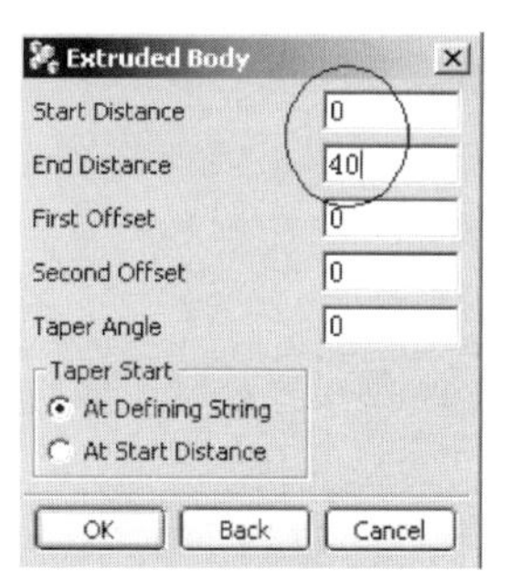

图 6.5.7.11

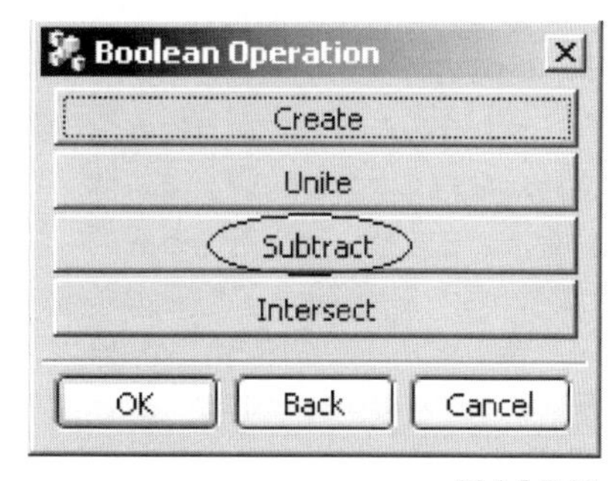

图 6.5.7.12

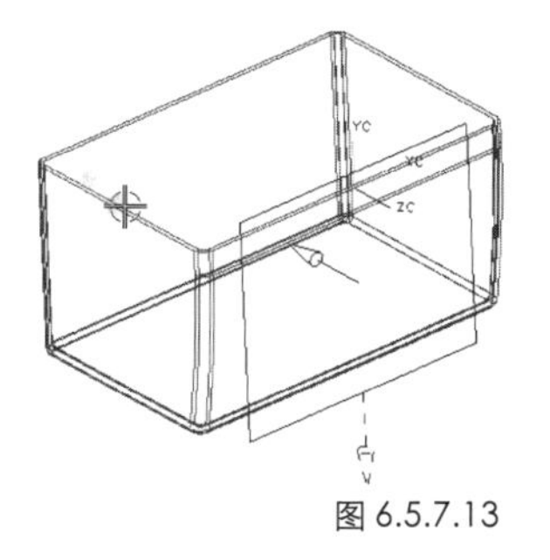

图 6.5.7.13

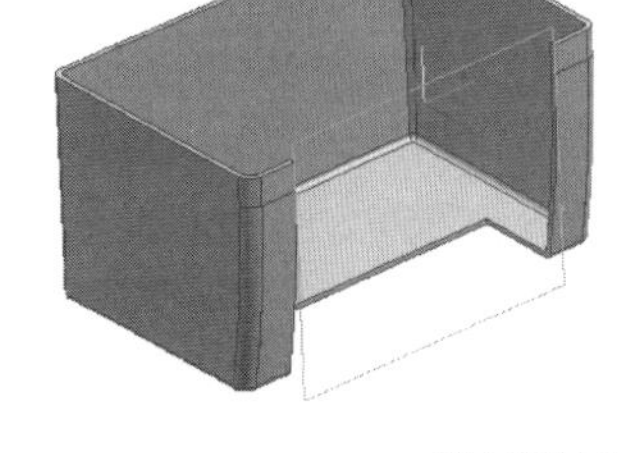

图 6.5.7.14

6.5.8 建立薄壁

下面我们要为底壳剪切掉的部位建立薄壁，建成后的效果应如图 6.5.8.20。

首先移动坐标系。选择下拉菜单 WCS\Origin(原点)，弹出如图 6.5.8.1 的对话框。在视口中选择如图 6.5.8.2 的坐标原点。

接下来要将坐标系旋转一下。选择下拉菜单 WCS\Rotate(旋转)，弹出图 6.5.8.3 的对话框，如图设置。旋转后的坐标原点的情况如图 6.5.8.4。

下面我们要为拉伸薄壁绘制两条草绘直线。选择草绘工具，弹出设定草绘平面的工具条，接受默认的设置，使草绘平面设定在如图 6.5.8.5 的位置。点击中键后，系统转到如图 6.5.8.6 的草图绘制状态。

但是在正交模式下是很难绘制的，我们可以旋转一下视口，在图 6.5.8.7 的状态下绘制。

选择 Line(直线)工具，弹出绘制圆弧的工具条。我们将窗口下方的捕捉形式选择成Endpoint(中点)捕捉。在选中此点作为直线的起点。然后向左上方拖动鼠标，再在Length(长度)旁边的数值栏内输入 38，在 Angle (角度) 旁边的数值栏内输入 180，按回车完成第二个点的指定，如图 6.5.8.8 和图 6.5.8.9。

接着图6.5.8.10所示的位置向下拉动鼠标，在图 6.5.8.11 所示的位置上点击左键，完成第二条线的绘制，点击中键，再点击退出。

接下来我们要拉伸出一个薄壁来。点击 Extruded Body (拉伸物体)，系统弹出图 6.5.8.12 的对话框，接受默认设置，并如图 6.5.8.13 所示选择的直线和底壳的边界。

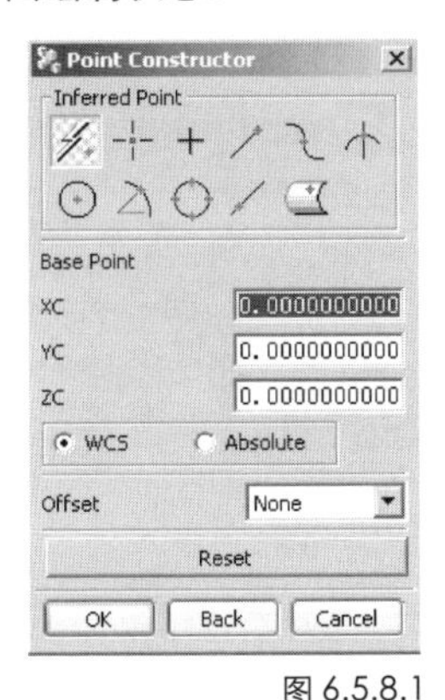

图 6.5.8.1

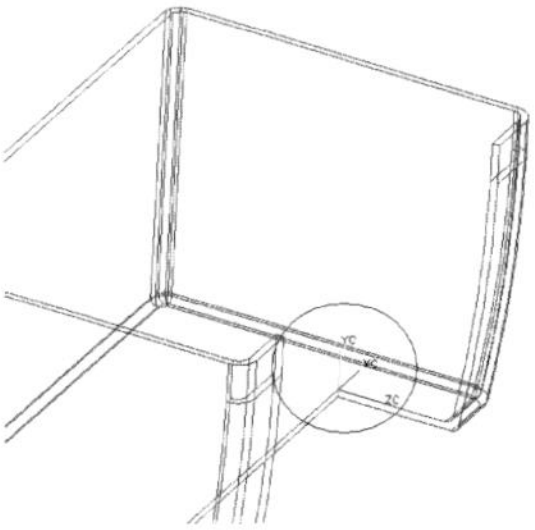

图 6.5.8.2

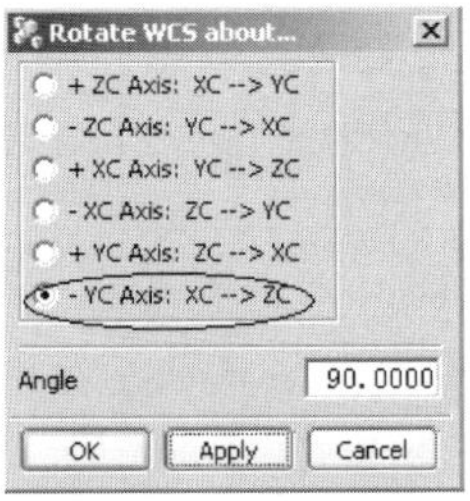

图 6.5.8.3

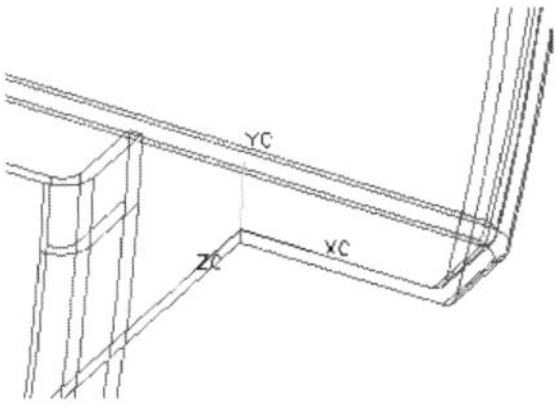

图 6.5.8.4

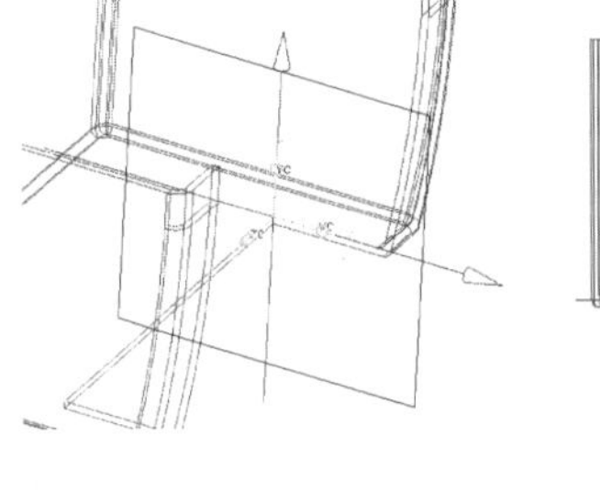

图 6.5.8.5

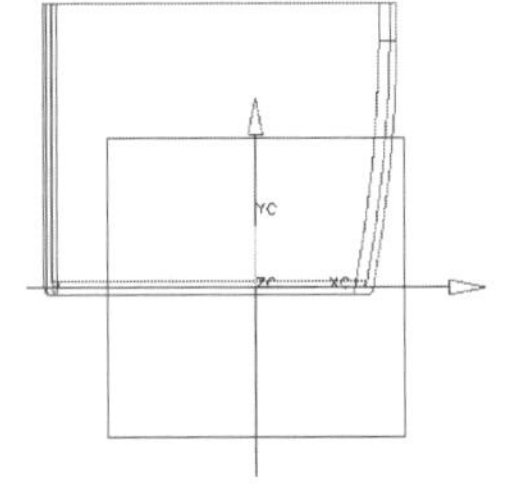

图 6.5.8.6

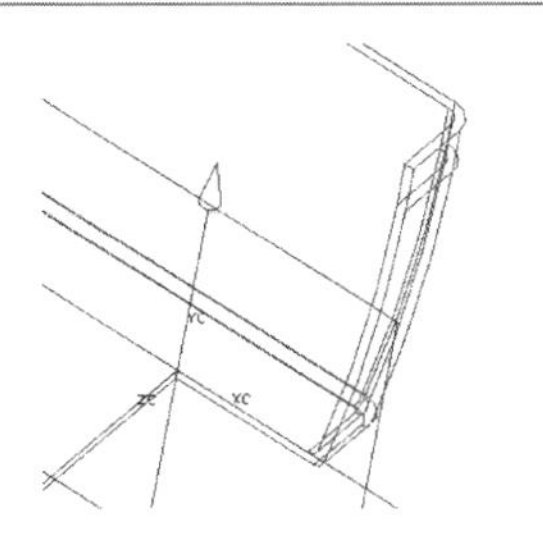

图 6.5.8.7

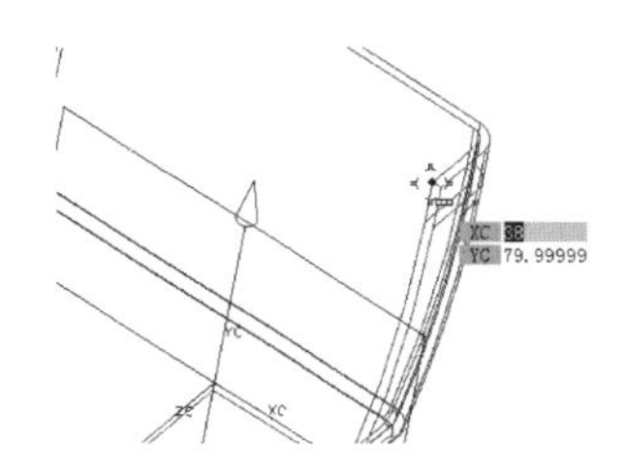

图 6.5.8.8

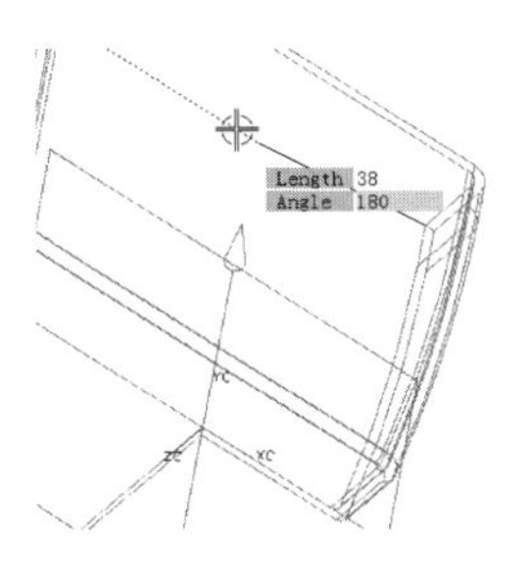

图 6.5.8.9

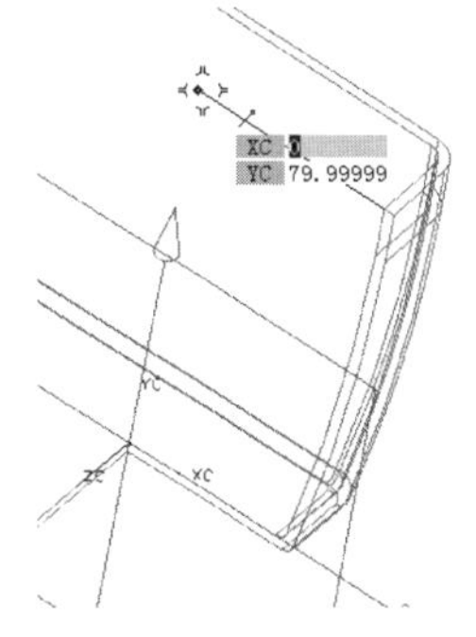

图 6.5.8.10

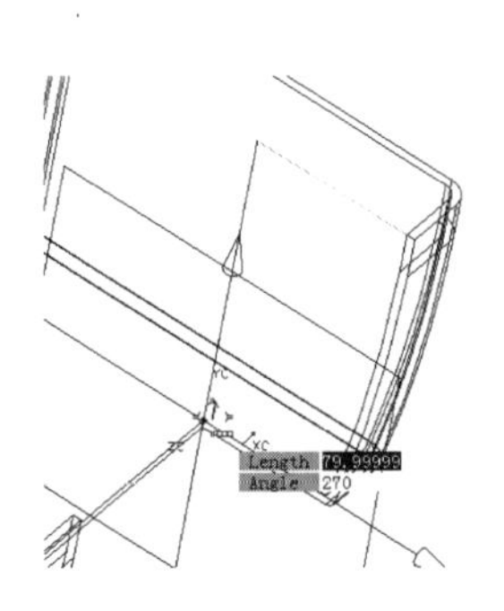

图 6.5.8.11

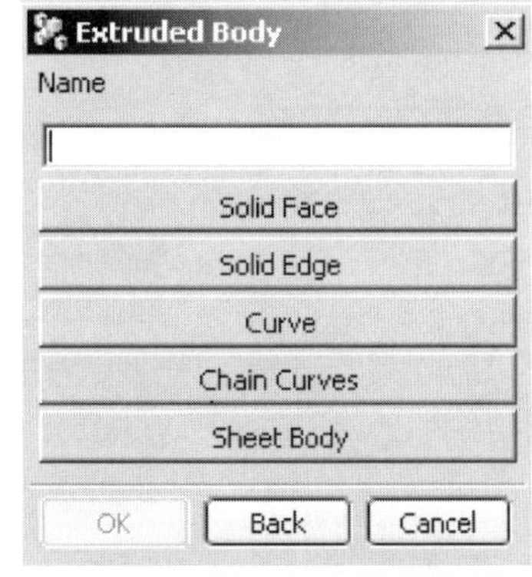

图 6.5.8.12

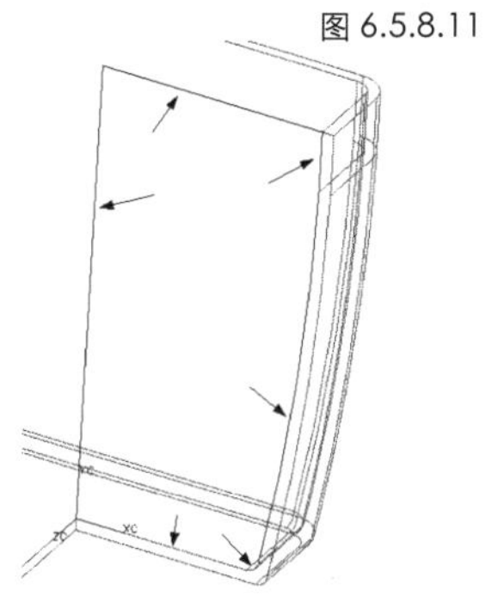

图 6.5.8.13

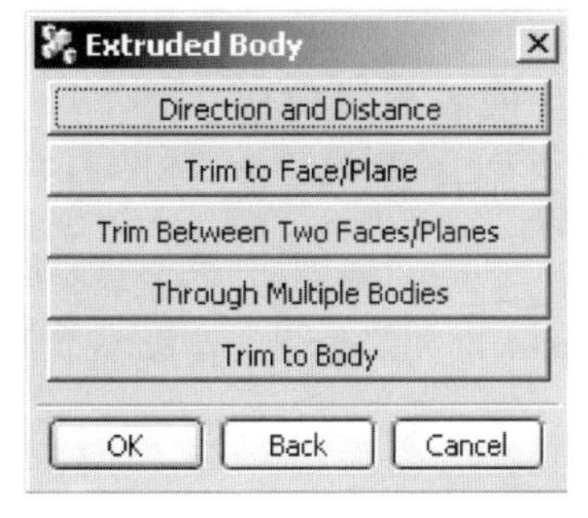

图 6.5.8.14

选好后弹出如图 6.5.8.14 的对话框，点击中键接受默认的设置。系统又弹出如图 6.5.8.15 的对话框，要求确拉伸的矢量方向，观察一下图 6.5.8.16 中矢量箭头的方向，确认矢量箭头是朝着ZC轴的正方向的，需要翻转，如图6.5.8.17点击翻转矢量箭头的图标，再点击中键结束。

此时系统弹出如图 6.5.8.18 的设定拉伸起始位置和终止位置的对话框，我们在 Start Distance(起始距离)上键入数值 0，在 End Distance（终止距离）上键入数值 2。点击中键确认。此时系统弹出Boolean Operation（布尔操作）的对话框，如图6.5.8.19选择Unite (合并)，点击中键后，绘图窗口的下方提示我们 Select target solid(选择目标实体)，如图 6.5.8.20 选择底壳，点击中键后视口中的模型合并成如图 6.5.8.20 的效果。

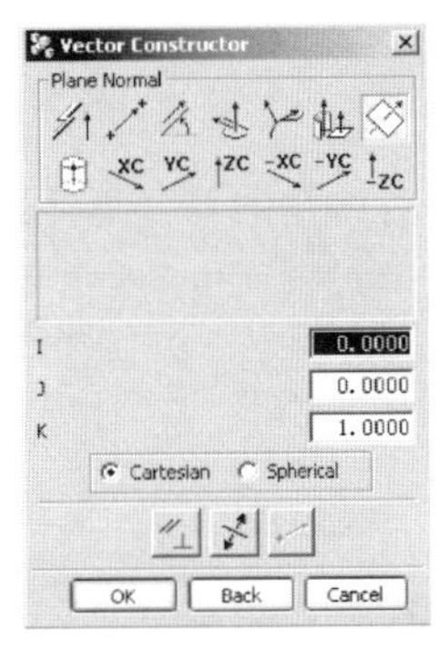

图 6.5.8.15

图 6.5.8.16

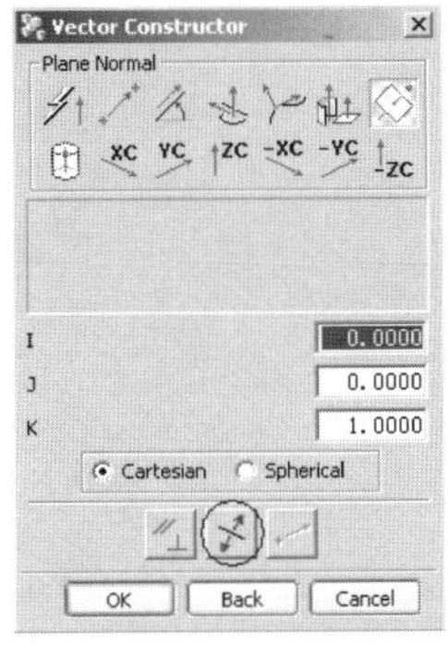

图 6.5.8.17

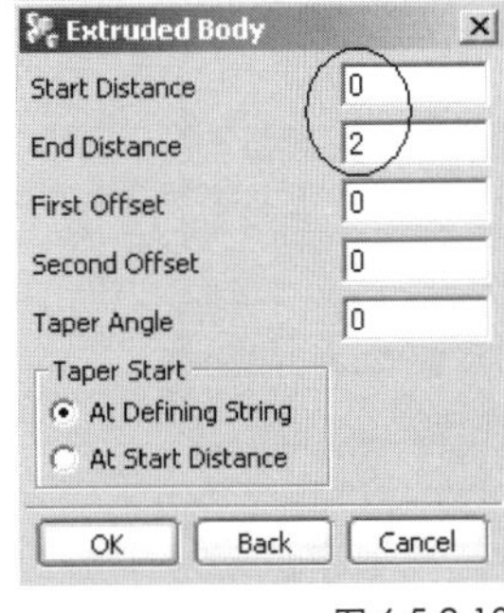

图 6.5.8.18

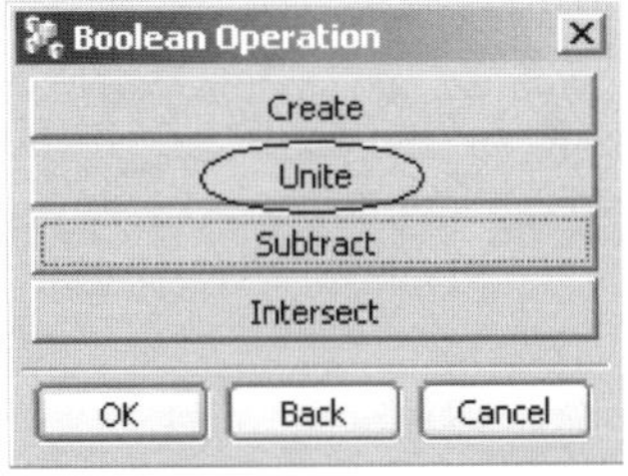

图 6.5.8.19

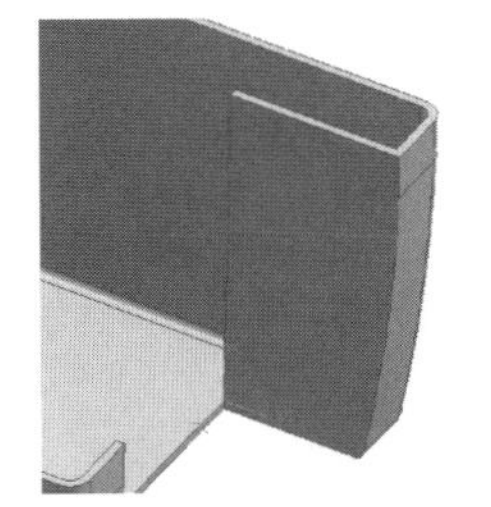
图 6.5.8.20

6.5.9 镜像复制薄壁

下面我们要镜像复制前面制作的薄壁。镜像前，我们要先创建一个镜像复制所需要的基准平面。选择 Datum Plane(基准平面)工具，弹出创建基准平面的工具条 ，同时窗口的下方提示 Select object to create datum plane(选择物体创建基准平面)。如图 6.5.9.1 选择一个侧面，再转到另一侧面，系统生成如图 6.5.9.2 的基准平面。

下面就可以镜像复制薄壁了。选择下拉菜单 Insert\Feature Operation\Instance…(插入\特征操作\关联)，系统弹出图6.5.9.3的对话框，如图选择Mirror Feature(镜像特征)。

系统弹出图 6.5.9.4 的对话框，如图选择左边栏目内 EXTRUDED(拉伸)特征，点击向右的箭头将这个特征移到右边来，再点击中键。此时系统提示选择一个基准平面，如图 6.5.9.5 选择。

选择后点击中键，镜像复制后的特征如图 6.5.9.6。

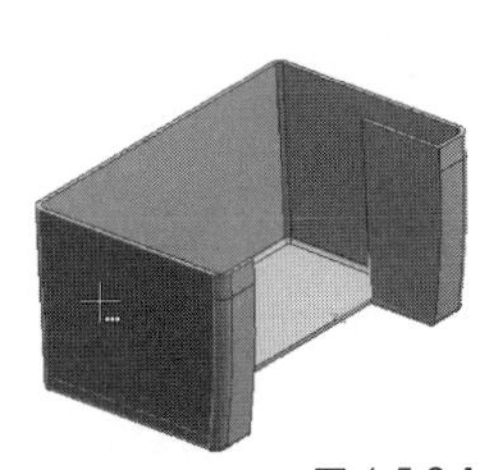

图 6.5.9.1

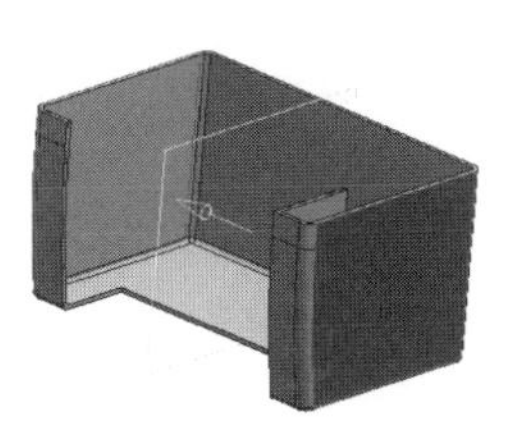

图 6.5.9.2

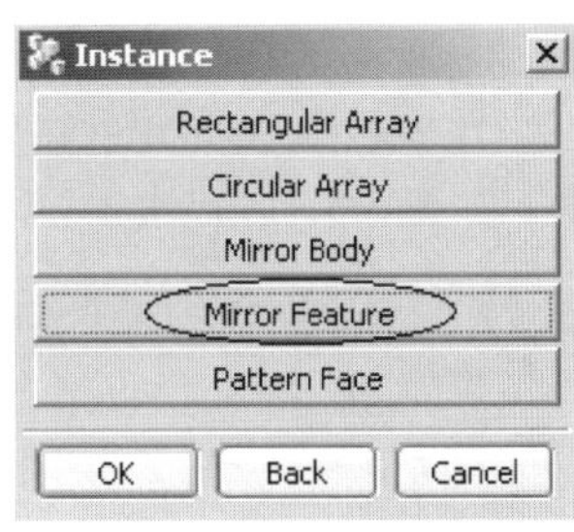

图 6.5.9.3

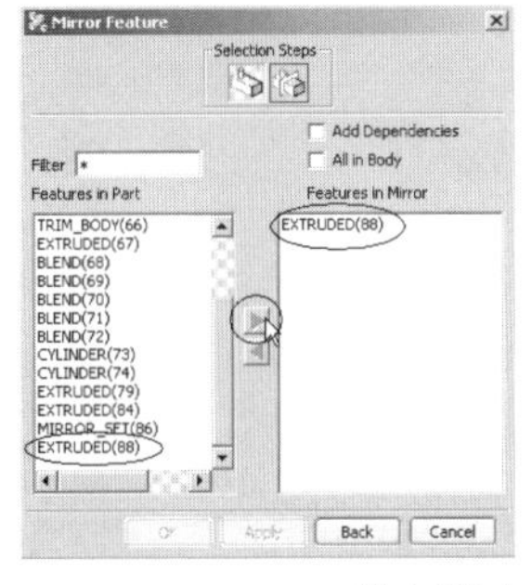

图 6.5.9.4

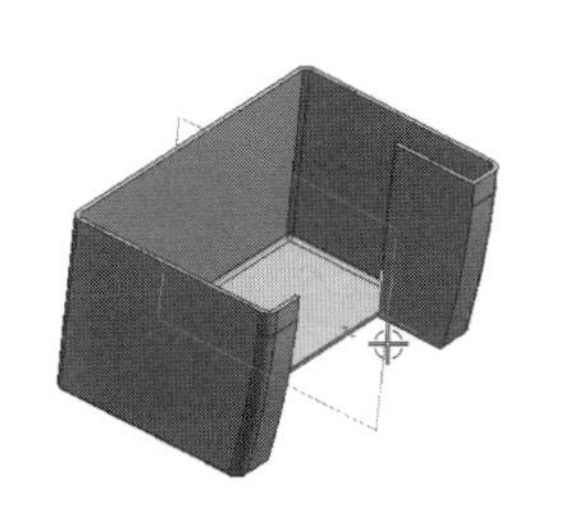

图 6.5.9.5

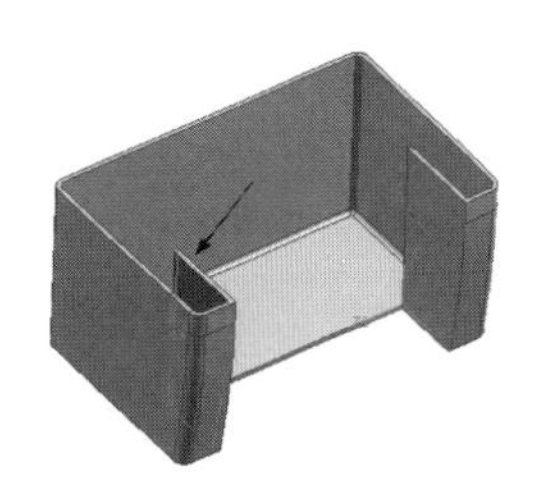

图 6.5.9.6

6.5.10 拉伸最后一个薄壁

先绘制一条直线，如图 6.5.10.1。再选此线和各个边，拉伸后的效果应如图 6.5.10.2，操作过程此处从略，大家可以根据前面讲过的内容自己完成。至此，皂液器的主要模型都创建完了。内部的结构可以交给结构工程师来完成。在双方的协调配合下，工业设计的工作才能做好。下面我们将讲解装配。

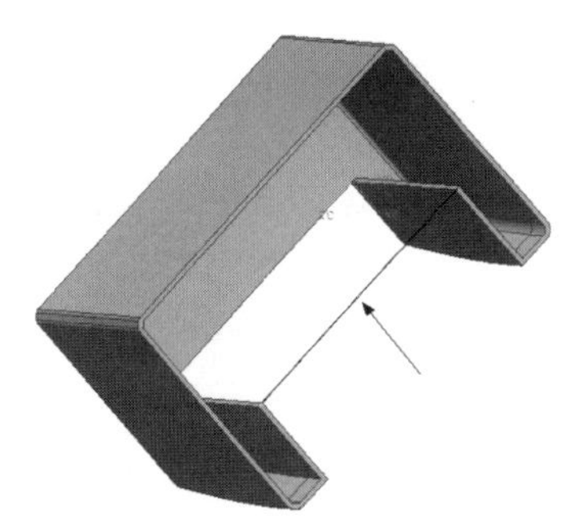

图 6.5.10.1

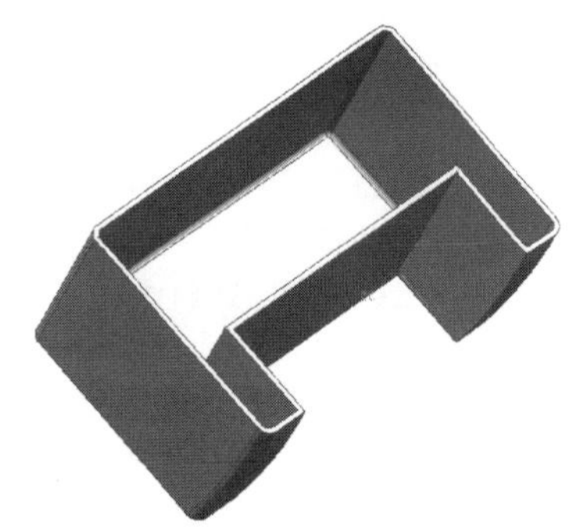

图 6.5.10.2

6.6 装配

6.6.1 新建文件

点击新建文件工具，如新建一个文件，单位选毫米，起文件名为ASS，如图6.6.1.1。

选择下拉菜单Assemblies\Components\Add Existing(装配\组件\添加现存组件)，弹出图6.6.1.2的对话框,如图选择Choose Part File（选择零件文件），如图6.6.1.3。

在弹出的对话框中选择我们先前创建的文件名为Body的零件。弹出添加零件的对话框，如图6.6.1.4点击MODEL（模型）旁边的箭头，如图6.6.1.5选择Entire Part(整

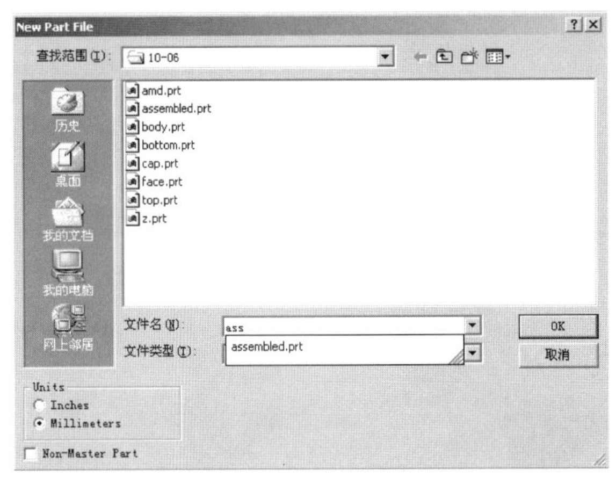

图6.6.1.1

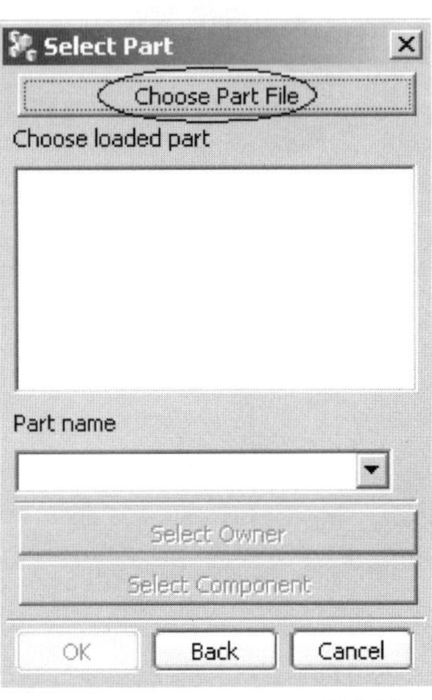

图6.6.1.2

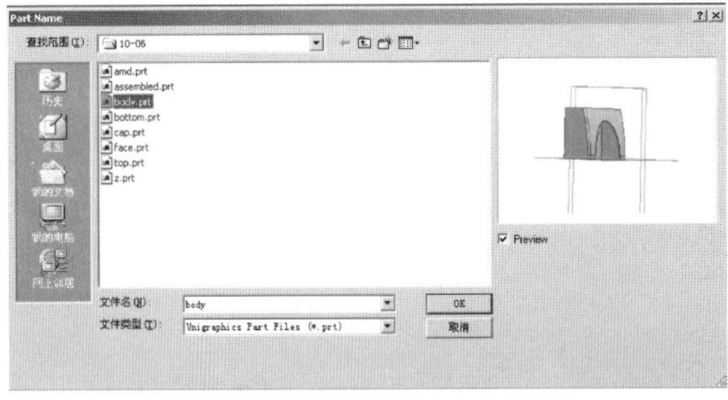

图6.6.1.3

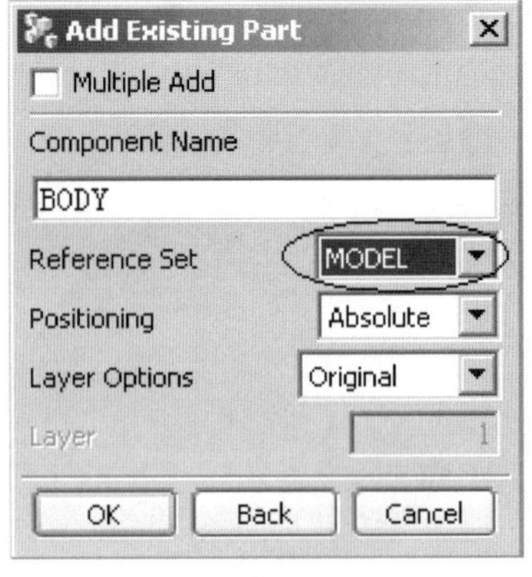

图6.6.1.4

个零件)。选择此项可以将基准平面等所有内容都添加进来。此时弹出一个小窗口，如图6.6.1.6。

点击OK弹出点构造器的对话框，同时窗口下方的提示栏内显示Select Origin Point…(选择原点)，点击中键接受默认设置，XC、YC和ZC均为0（如图6.6.1.7）。此时视口中显示如图6.6.1.8的效果。

图6.6.1.5

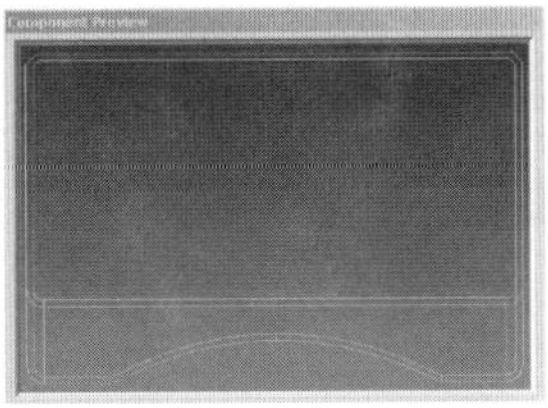

图6.6.1.6

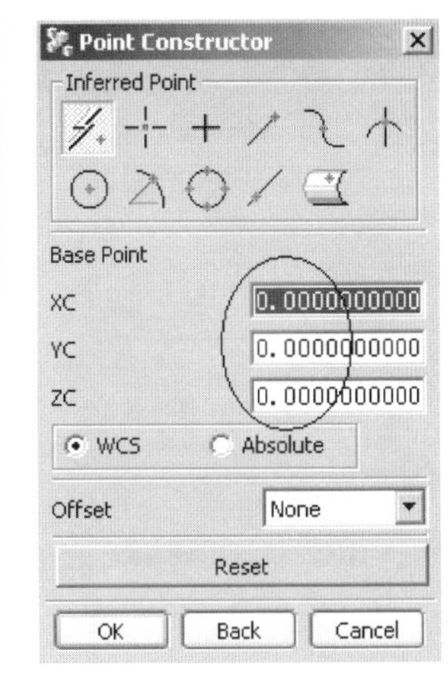

图6.6.1.7

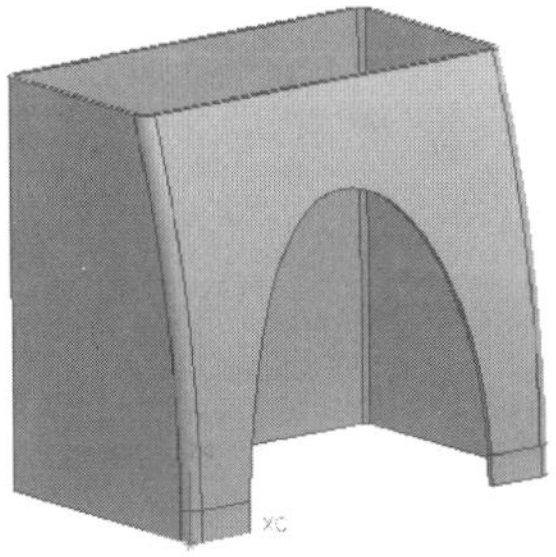

图6.6.1.8

6.6.2 装配上盖

我们已经在XC、YC和ZC的0点上装配了一个零件，下面接着装配。选择下拉菜单Assemblies\Components\Add Existing(装配\组件\添加现存组件)，弹出图6.6.2.1的对话框,如图选择Choose Part File（选择零件文件）。

在弹出的对话框中选择我们先前创建的文件名为Cap的零件（见图6.6.2.2)。弹出添加零件的对话框，如图6.6.2.3点击MODEL（模型）旁边的箭头，如图6.6.2.4选择Entire Part(整个零件)。此时弹出一个小窗口，如图6.6.2.5。

弹出Mating Condition（匹配条件）的对话框，在Filter旁边选择Face（面)，参见图6.6.2.6。

同时窗口下方的提示栏内显示Select object FROM Component to be mated(选择被匹配的物体)，如图6.6.2.7选择上盖的底面。

此时窗口下方的提示栏内显示Select object on Component to mate TO(选择匹配物体)，如图6.6.2.8选择主体的顶面。

点击两下中键，视口中的装配情况呈现出图6.6.2.9的效果。

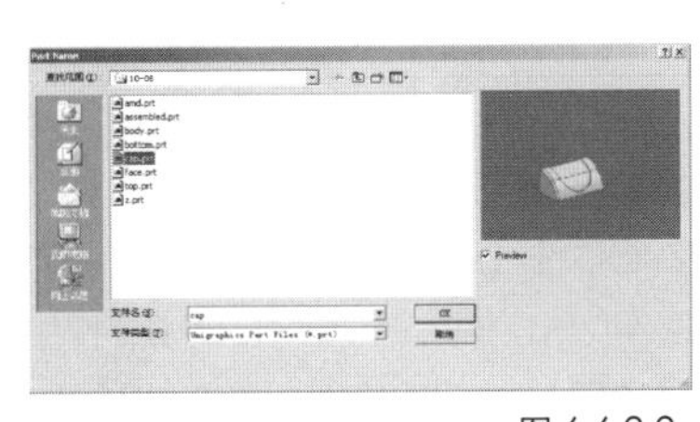

图6.6.2.2

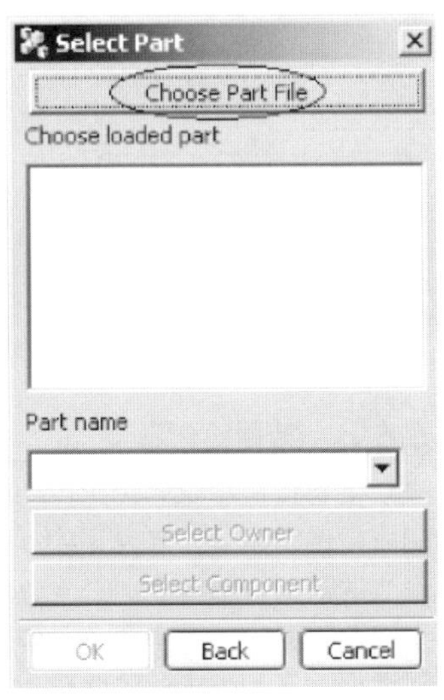

图6.6.2.1

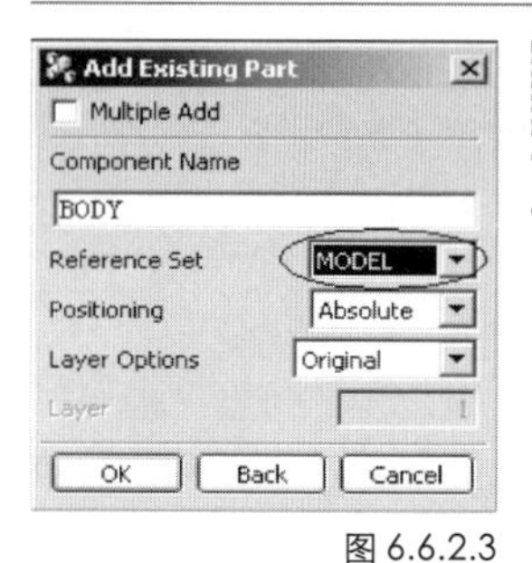

图 6.6.2.3

图 6.6.2.4

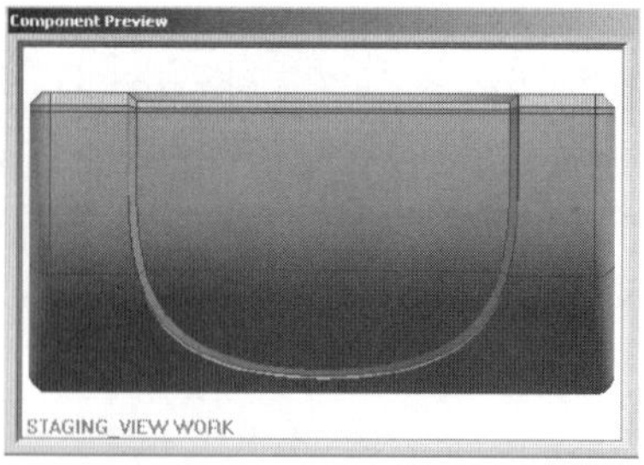

图 6.6.2.5

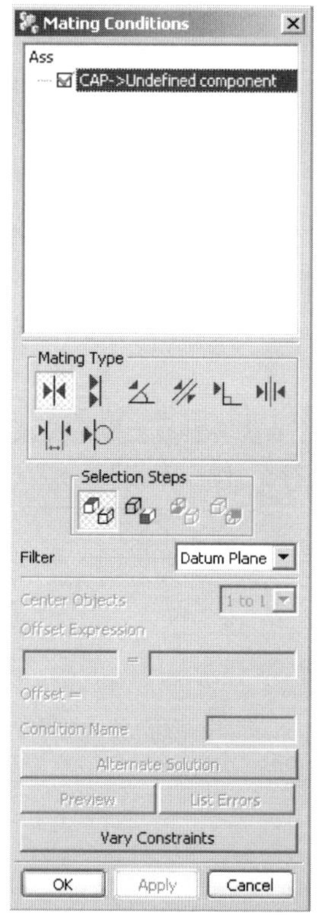

图 6.6.2.6

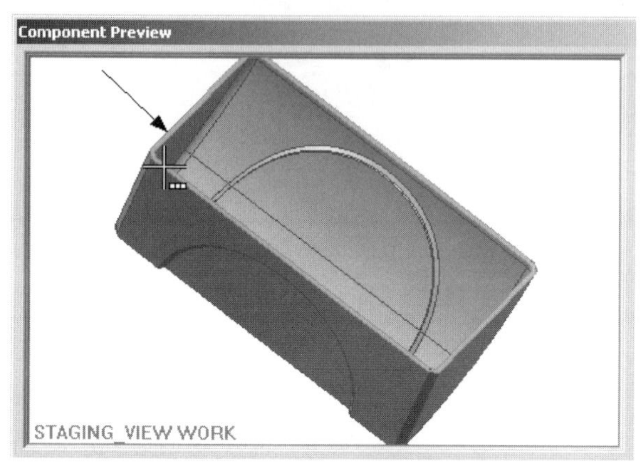

图 6.6.2.7

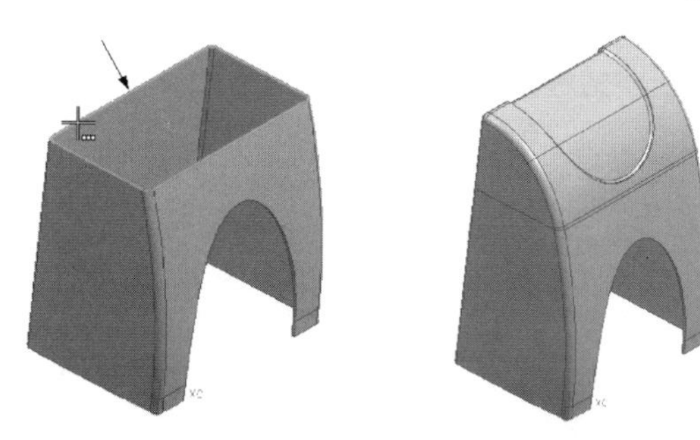

图 6.6.2.8　　图 6.6.2.9

6.6.3 装配底部

接着选择 Choose Part File（选择零件文件）继续装配。在弹出的对话框中选择我们先前创建的文件名为 Bottom 的零件。弹出添加零件的对话框，点击 MODEL（模型）旁边的箭头，选择 Entire Part(整个零件)(过程从略)。

此时弹出一个小窗口，如图 6.6.3.1，同时弹出 Mating Condition（匹配条件）的对话框，在 Filter 旁边选择 Face（面），参见图 6.6.2.6。同时窗口下方的提示栏内显示 Select object FROM Component to be mated(选择被匹配的物体)，如图 6.6.3.1

选择底部的上面。

此时窗口下方的提示栏内显示Select object on Component to mate TO(选择匹配物体)，如图6.6.3.2选择主体的底面。

点击两下中键，视口中的装配情况呈现出图6.6.3.3的效果。

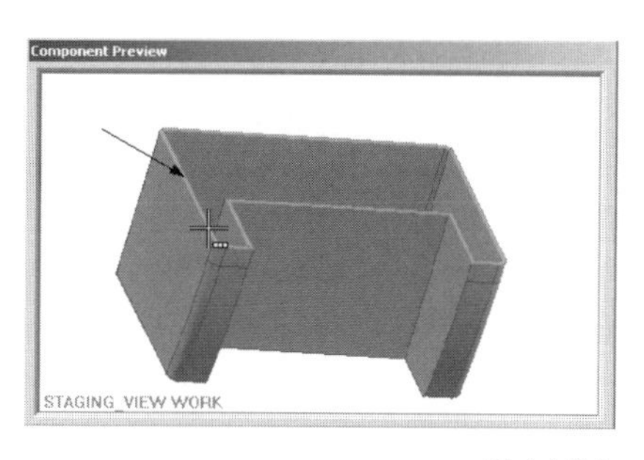

图 6.6.3.1

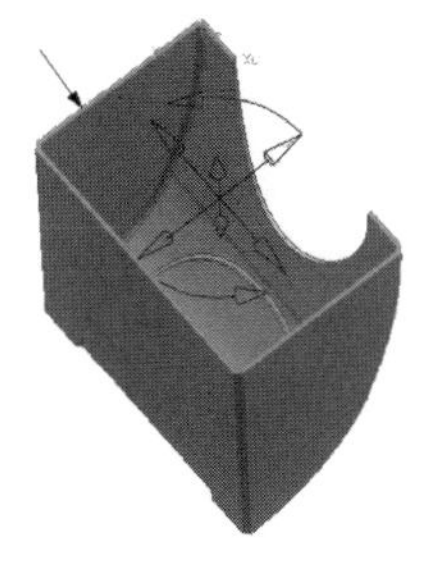

图 6.6.3.2

图 6.6.3.3

6.6.4 为装配拱形曲面建立两套基准平面

接着继续把拱形曲面和主体装配在一起。为了便于装配，在装配前我们要为主体和拱形曲面分别建立一套基准平面。

选择窗口右边装配导航器，在弹出如图6.6.4.1 的窗口中，选择Cap和Bottom 两个文件后，点击右键，在弹出如图6.6.4.2的对话框中选择Blank(隐藏)。再选Body文件点击右键，在弹出如图6.6.4.3的对话框中选择Make Work Part(成为工作部件)。此时视口中只剩下主体部件了，如图6.6.4.4。

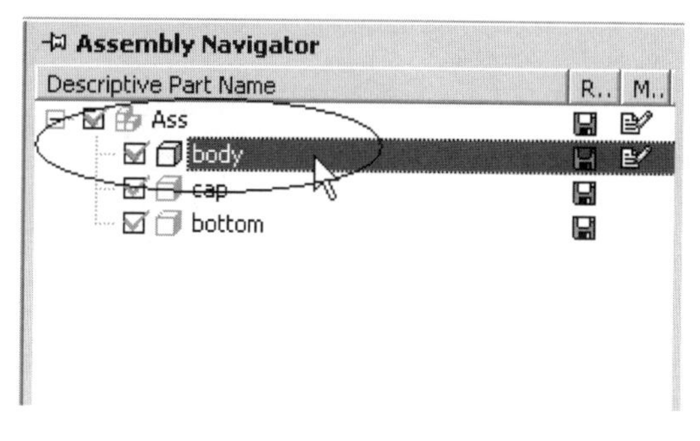

图 6.6.4.1

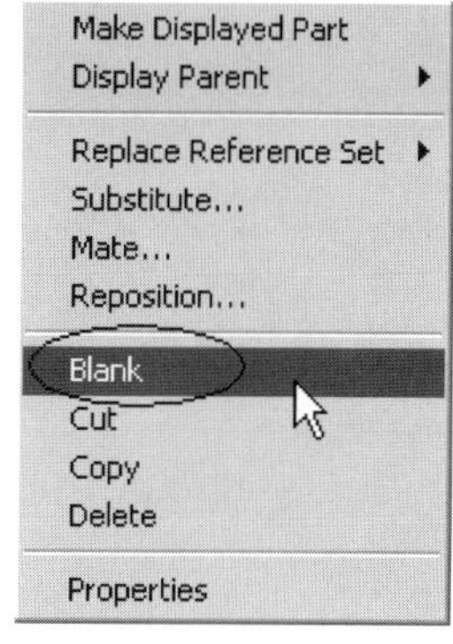

图 6.6.4.2

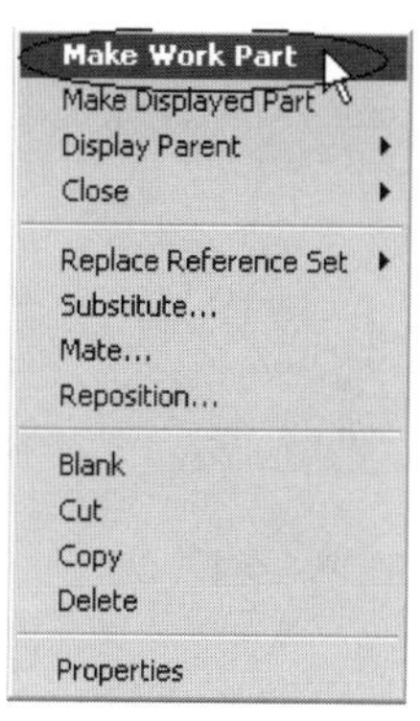

图 6.6.4.3

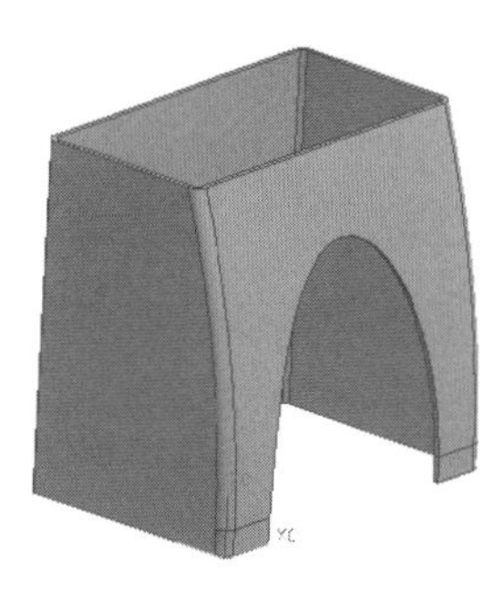

图 6.6.4.4

选择下拉菜单 WCS\Origin(工作坐标系 \ 原点)，弹出图 6.6.4.5 的对话框，如图在 XC 旁输入 75。移动后的坐标系原点在如图 6.6.4.6 的位置。

接下来我们利用刚刚移动过的坐标系来创建一套基准平面。选择 Datum Plane（基准平面）工具，弹出图 6.6.4.7 的对话框，如图选择后，系统建立起如图 6.6.4.8 的三个基准平面。

下面我们还要为拱形曲面建立三个基准平面便于装配。首先打开文件名为 Face 的文件，仔细观察坐标方向和图 6.6.4.8 中的坐标方向不一样（请见图 6.6.4.9）。

选择下拉菜单 WCS\Rotate(工作坐标系 \ 旋转)，弹出图 6.6.4.10 的对话框，如图在 Angle(角度)旁输入 180。旋转后的坐标方向如图 6.6.4.11。

接下来我们利用刚刚旋转过的坐标系来创建一套基准平面。选择 Datum Plane（基准平面）工具，弹出图 6.6.4.7 的对话框，如图选择后，系统建立起如图 6.6.4.12 的三个基准平面，存盘退出。

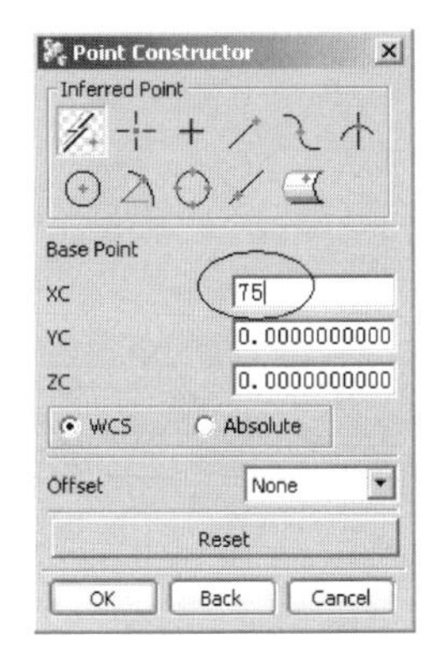

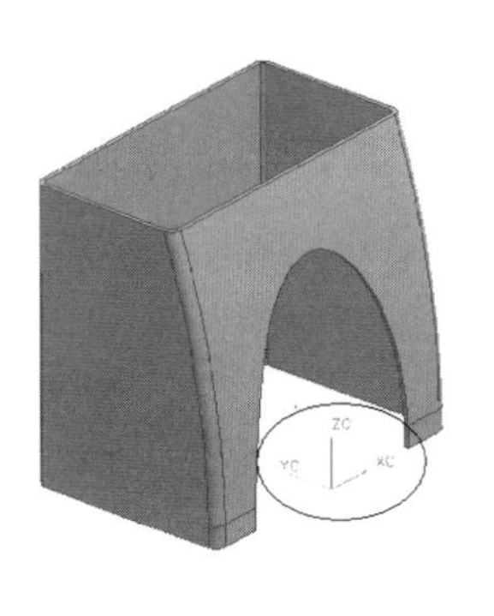

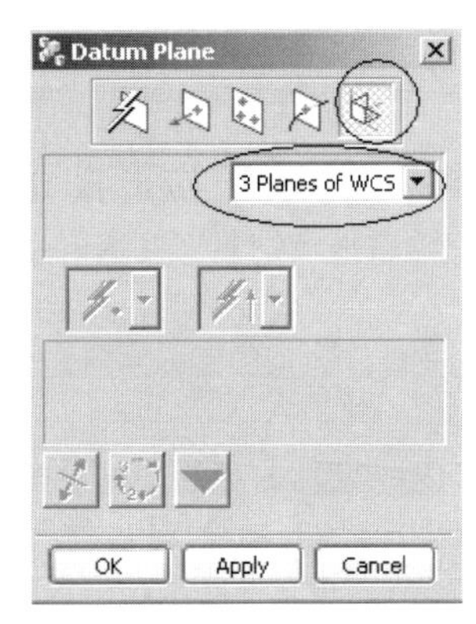

图 6.6.4.5　　图 6.6.4.6　　图 6.6.4.7

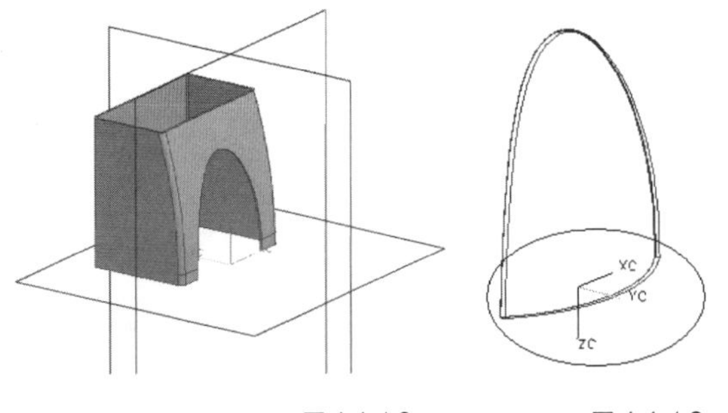

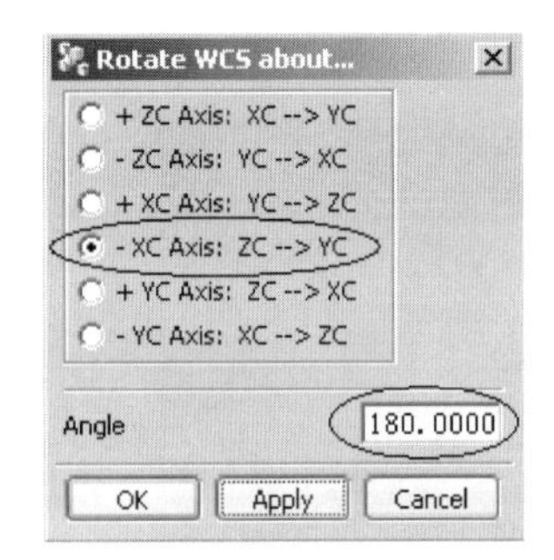

图 6.6.4.8　　图 6.6.4.9　　图 6.6.4.10

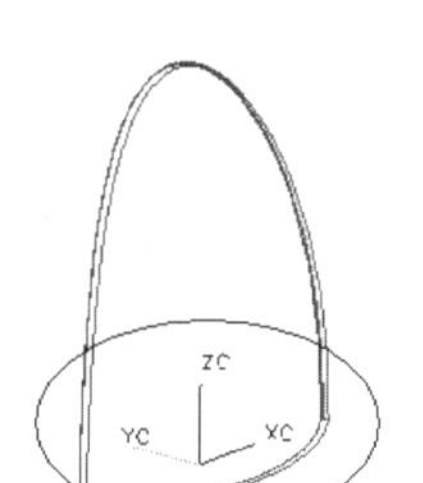

图 6.6.4.11

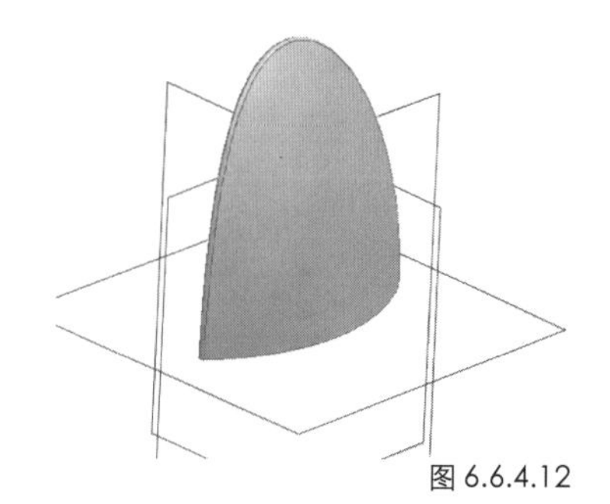
图 6.6.4.12

6.6.5 装配拱形曲面

准备工作做好了，我们就可以继续装配了。选择 Choose Part File（选择零件文件）继续装配。在弹出的对话框中选择我们先前创建的文件名为Face的零件。弹出添加零件的对话框，点击 MODEL（模型）旁边的箭头，选择 Entire Part(整个零件)(过程从略)。

此时弹出一个小窗口，如图 6.6.5.1，同时弹出 Mating Condition（匹配条件）的对话框，在 Filter 旁边选择 Datum Plane（基准平面），在匹配方式上选 Align(对齐)，参见图 6.6.5.1。

同时窗口下方的提示栏内显示 Select object FROM Component to be mated(选择被匹配的物体)，如图 6.6.5.2 选择。此时窗口下方的提示栏内显示 Select object on Component to mate TO(选择匹配物体)，如图 6.6.5.3 选择。点击两下中键，视口中的装配情况呈现出图 6.6.5.4 的效果。

点击装配导航器，把其他的部件都显示出来，最后的装配效果如图 6.6.5.5。

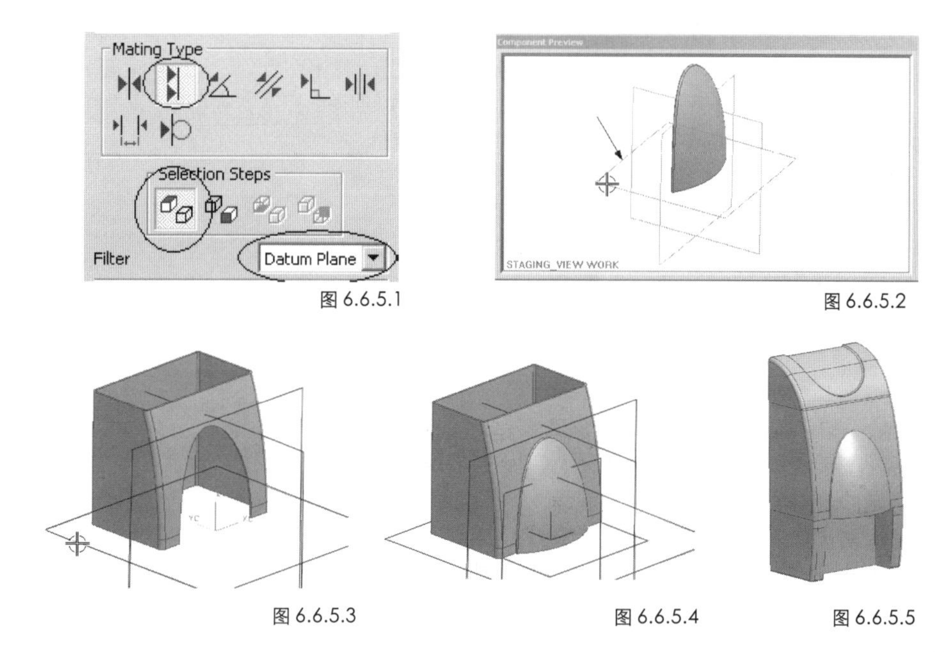

图 6.6.5.1　图 6.6.5.2

图 6.6.5.3　图 6.6.5.4　图 6.6.5.5

6.7 绘制工程图

6.7.1 建立新图纸

下面我们以零件 CAP 为例绘制一幅图。首先打开文件名为 CAP 的文件。效果如图 6.7.1.1。

选择下拉菜单 Application\Drawing…(应用\绘图)，此时视口中显示出如图6.7.1.2的绘图区域。点击Insert Drawing Sheet(插入图纸)工具，弹出图 6.7.1.3 的对话框，如图设置，在Drawing Sheet Name（图纸名称）栏中输入SOAP作为图纸名称，图纸大小选择 A3-297 × 420（此选项最好根据自己的打印机最大打印尺寸来设定)，Scale(比例)按默认 1 : 1，单位选择Millimeters，投影角为 1st Angle Projection(第一投影角)。最后点击 OK 完成图纸的设置。

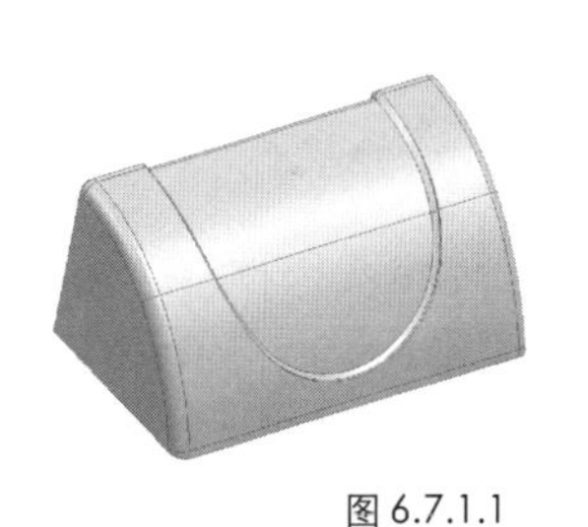

图 6.7.1.1

图 6.7.1.2

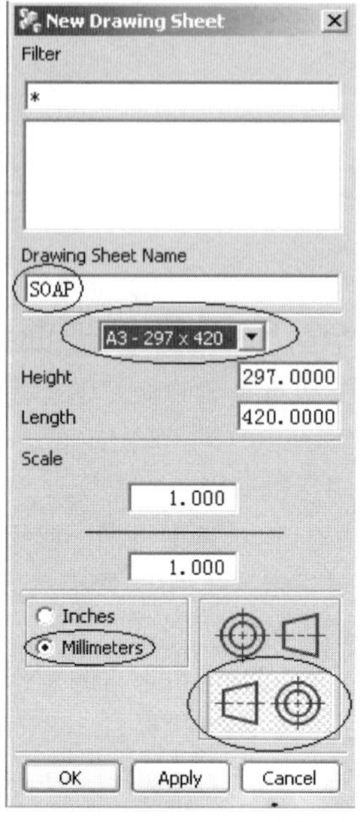

图 6.7.1.3

6.7.2 设置环境参数

选择下拉菜单 Preferences\View…(偏好\视图)，弹出图 6.7.2.1 的对话框。

在图 6.7.2.1 中选择 Threads(螺纹标准)为 ISO/Simplified 标准，在图 6.7.2.2 中关闭Smooth Edges(平滑边缘)的复选框，最后点击 OK 退出。

在图 6.7.2.3 中选择 Hidden Lines（隐藏线)，并设置成 Invisible(不可见)，不在视图中显示隐藏线。

接着选择下拉菜单 Preferences\Visualization…(偏好\显示设置)，弹出图 6.7.2.4 的对话框。在 Names/Borders(名称和边框)中把Show Model View Borders（显示模型的视图边框）关掉。点击 OK 退出。

下面再选择下拉菜单 Preferences\Section Line Display…(偏好\剖切线显示)，弹出图 6.7.2.5 的对话框。在Display(显示)栏中选择 GB Standard（国标)，Style(风格)中选实心箭头，点击 OK 退出。

最后再选择下拉菜单 Preferences\Drafting…(偏好\制图)，弹出图 6.7.2.6 的对话框。在 Display Border(显示边框)栏中关闭复选框。点击 OK 设置完成。

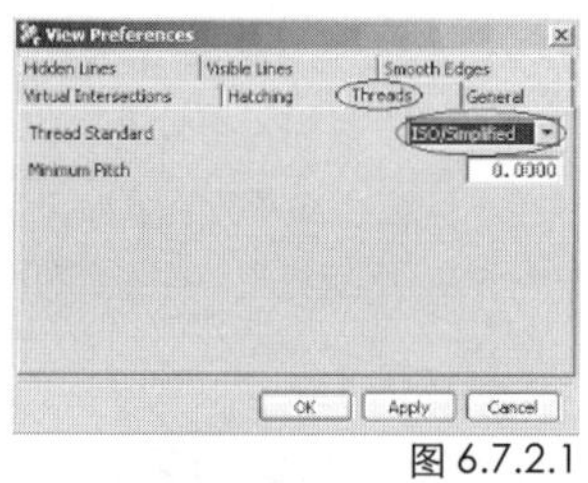

图 6.7.2.1

图 6.7.2.2

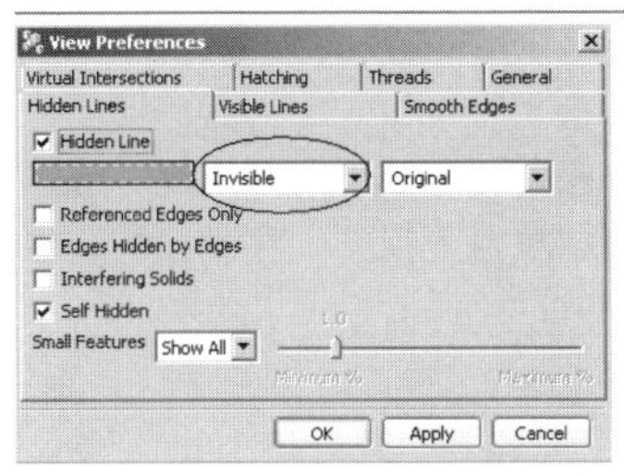

图 6.7.2.3

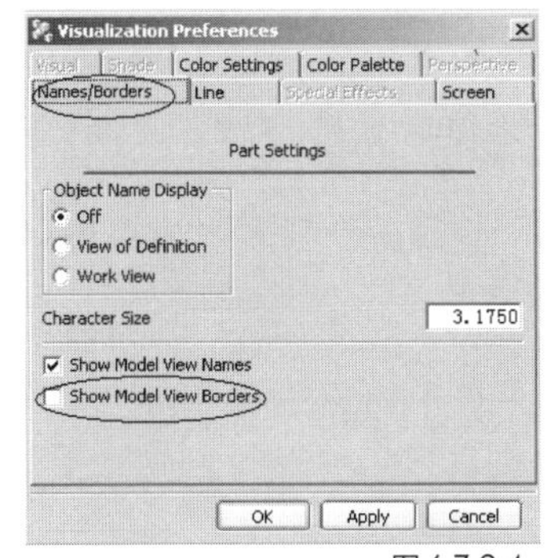

图 6.7.2.4

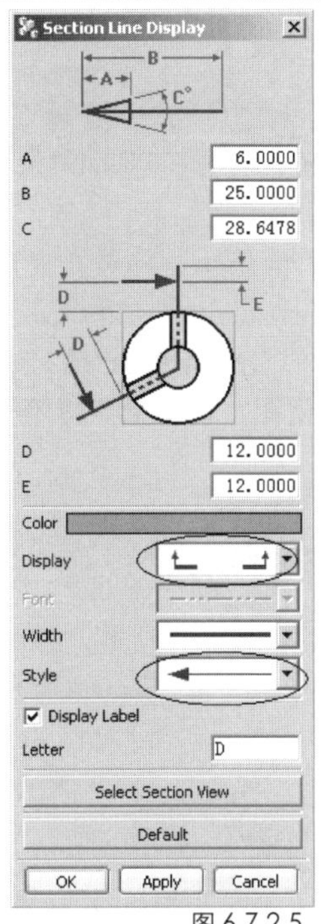

图 6.7.2.5

图 6.7.2.6

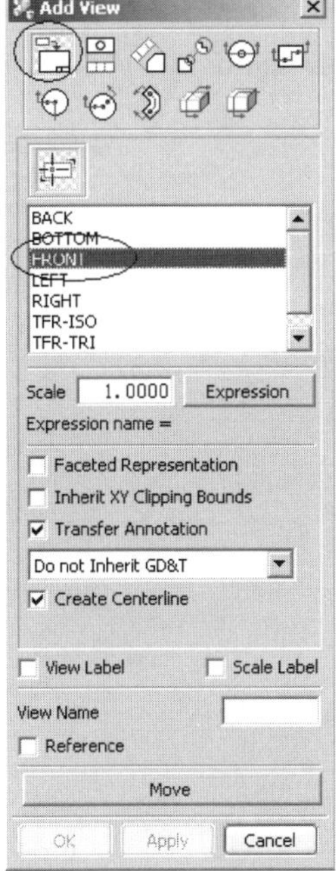

图 6.7.3.1

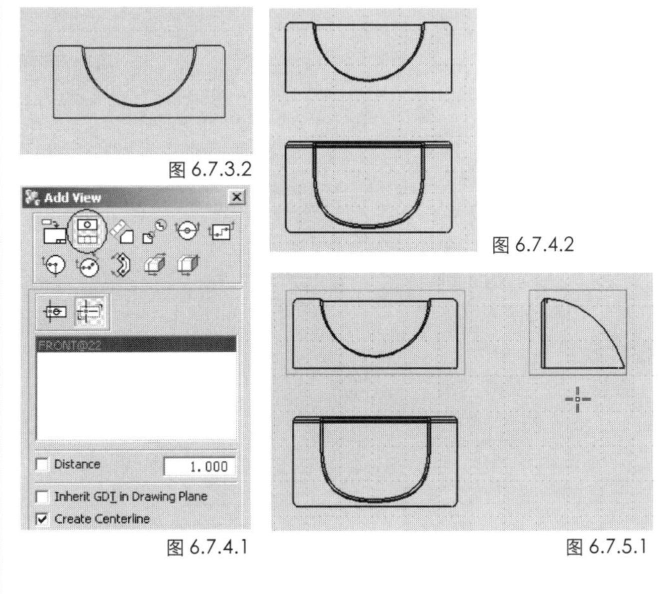

图 6.7.3.2

图 6.7.4.1

图 6.7.4.2

图 6.7.5.1

6.7.3 添加主视图

点击 Add View to Drawing(添加视图)工具，弹出图 6.7.3.1 的对话框。选择 Import Views(输入视图)按钮，再选择 FRONT（前视图）作为主视图，移动鼠标将主视图放在如图 6.7.3.2 的位置。

6.7.4 添加俯视图

点击 Add View 对话框中的 Orthographic View(正投影视图)按钮，如图 6.7.4.1 选择 FRONT（前视图）作为父视图，移动鼠标将俯视图放在如图 6.7.4.2 的位置。

6.7.5 添加右视图

接着仍以 FRONT（前视图）作为父视图，移动鼠标将右视图放在如图 6.7.5.1 的位置 。

6.7.6 添加剖视图

接下来如图 6.7.6.1 选择 Simple Section Cut（单一剖视图），以主视图作为父视图，此时窗口下方的提示栏内显示 Define Hinge Line…(指定吊线)，如图 6.7.6.2 选择 YC 作为 Hinge Line (吊线)。

这时视口内的主视图上出现如图 6.7.6.3 的矢量箭头，点击 Apply 接受。系统弹出如图 6.7.6.4 的对话框，要求指定剖切位置，如图 6.7.6.5 指定剖切位置。

点击OK后视口内出现图 6.7.6.6 的剖视图，点击鼠标将剖视图放在一个合适的位置上就可以了。经过整理位置，最后完成的各个视图如图 6.7.6.7（其中又增加了一个剖视图）。

图 6.7.6.1

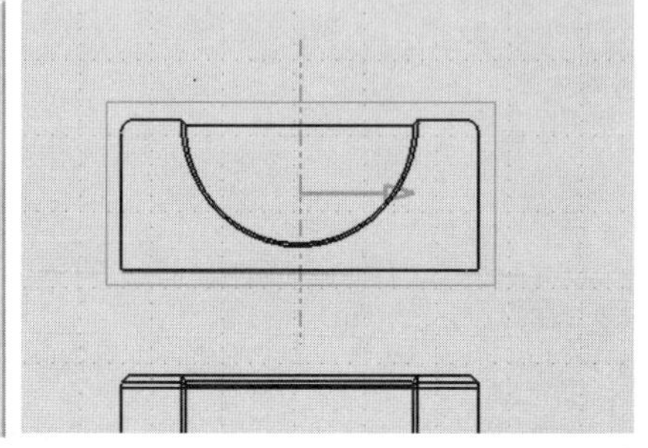

图 6.7.6.3

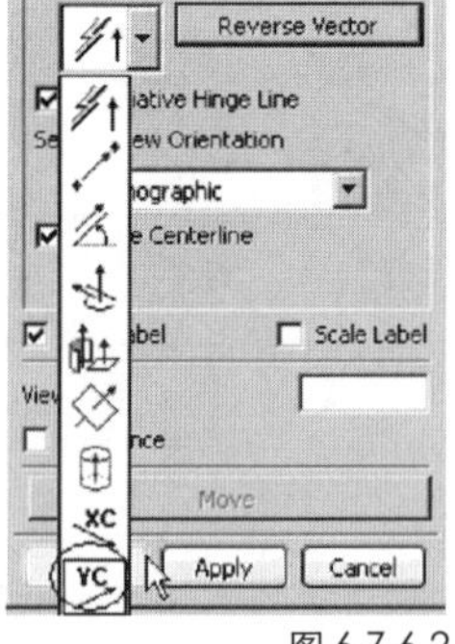

图 6.7.6.2

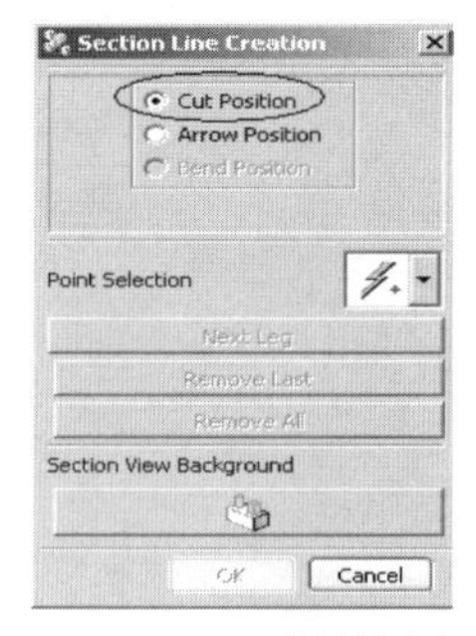

图 6.7.6.4

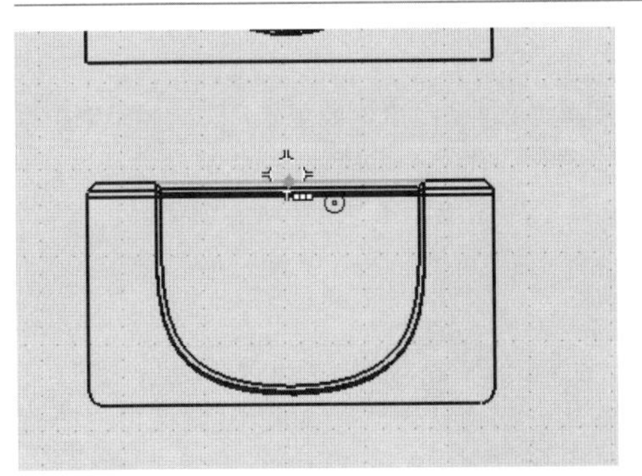

图 6.7.6.5

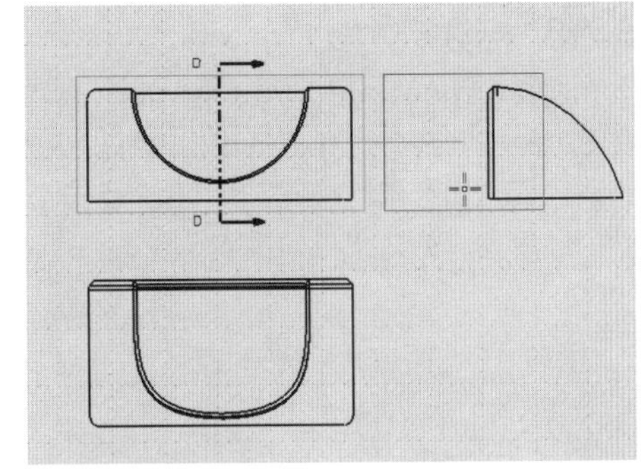

图 6.7.6.6

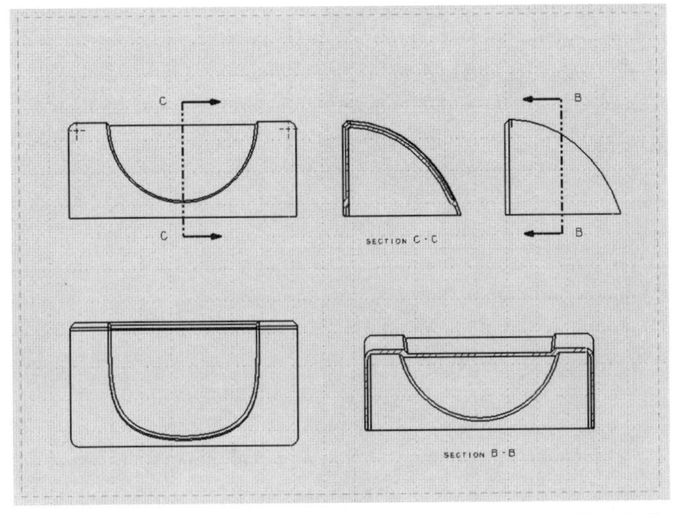

图 6.7.6.7

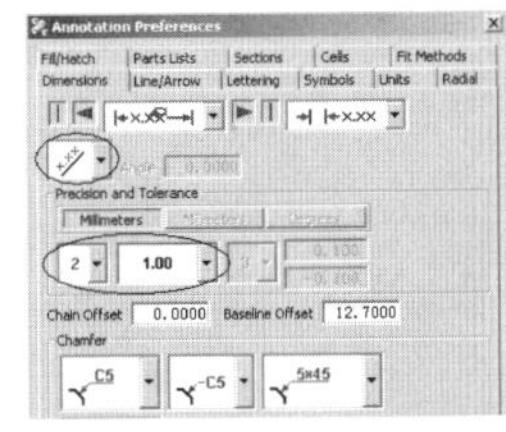

图 6.7.7.1

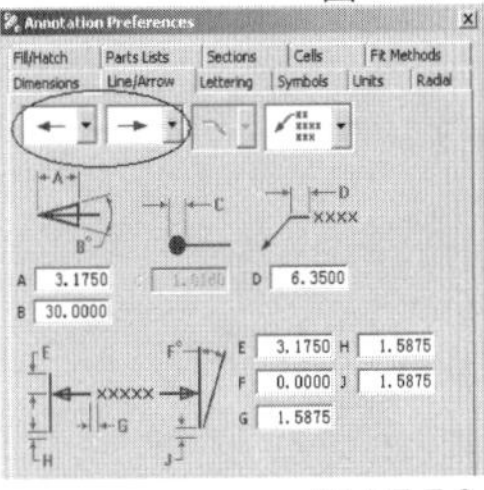

图 6.7.7.2

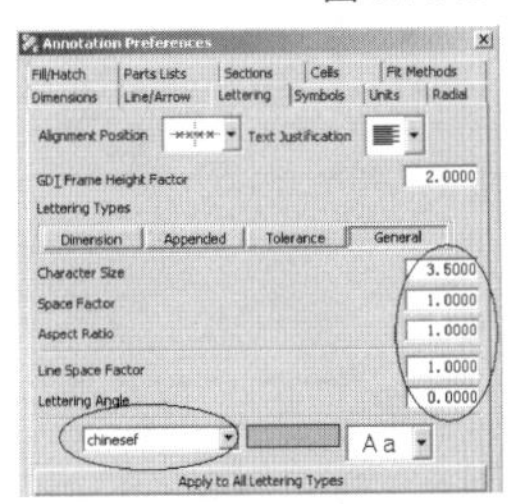

图 6.7.7.3

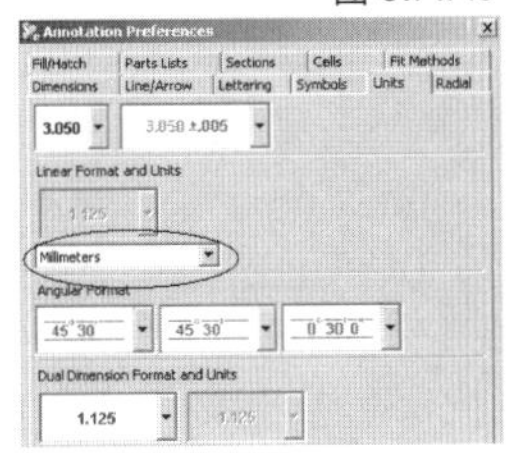

图 6.7.7.4

6.7.7 尺寸标注的参数设定

选择下拉菜单 Preferences\Annotation…(偏好\注释)，弹出图 6.7.7.1 的对话框。点击 Dimensions（尺寸）按钮，如图选择 Text Over Dimension Line(文字位于尺寸线上方)，小数位选择 2 位，参见图 6.7.7.1。

再选择 Line\Arrow…(尺寸线\箭头) 按钮，如图 6.7.7.2 设置箭头为 Filled Arrow(实心箭头)。

选择 Lettering(文字) 按钮，设置字体为 chinesef(中文字体)，文字尺寸按默认，如图 6.7.7.3 所示。再选择 Units（单位）按钮，设置单位为 Millimeters(毫米)，请见图 6.7.7.4。

6.7.8 标注尺寸

选择 Dimensions(尺寸标注)中的水平标注图标，在视口中如图 6.7.8.1 分别点击主视图中的左右两条边界，系统自动捕捉生成水平尺寸。再点击 Dimensions(尺寸标注)中的半径标注图标，如图 6.7.8.2 点击弧线位置，标注出倒圆角的半径。

最后完成的效果应如图 6.7.8.3。

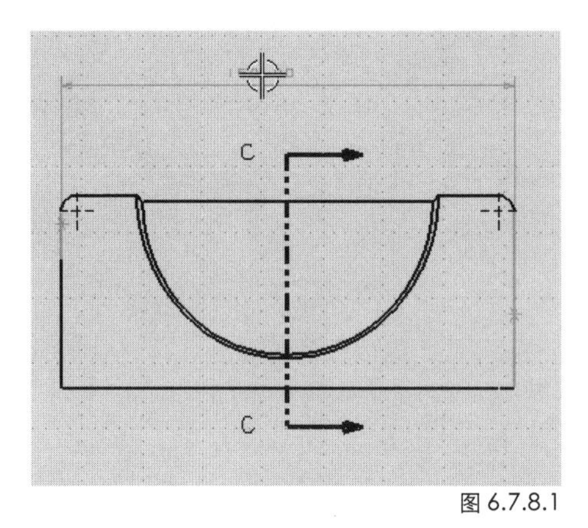

图 6.7.8.1

图 6.7.8.2

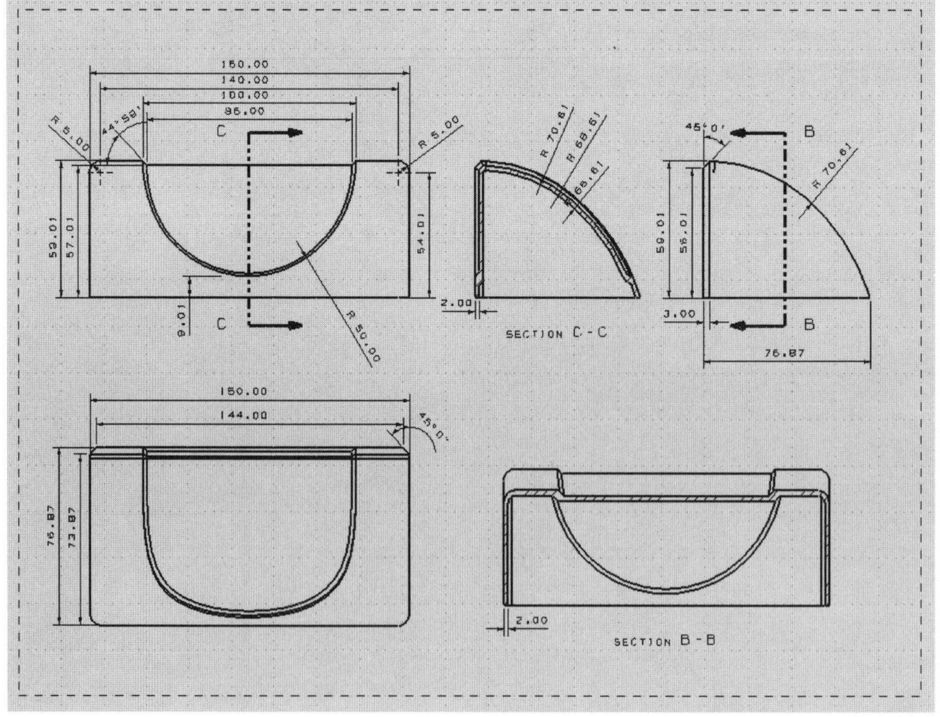

图 6.7.8.3

彩图实例

第一章彩图

多路低频治疗仪

案例名称：八路低频治疗仪
委 托 方：中美合资柯顿（天津）电工电器有限责任公司
概念设计：倪培铭
电脑绘制：倪培铭
软　　件：Illustrator

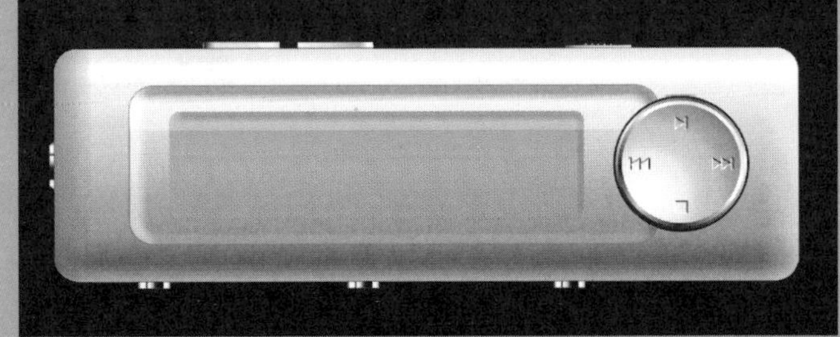

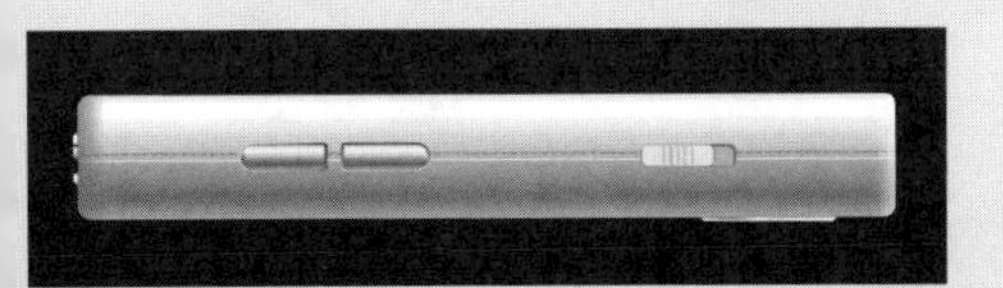

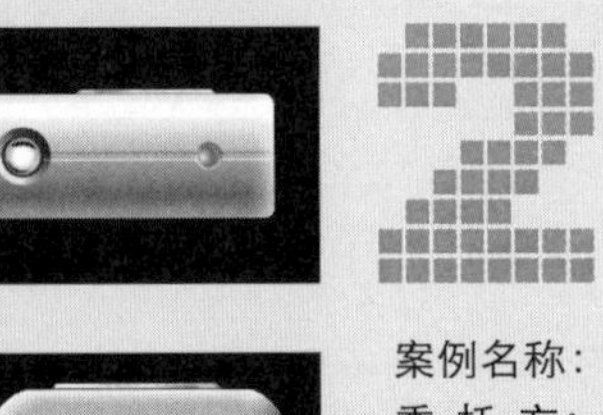

第二章彩图

MP3 播放器

案例名称：MP3 播放器
委 托 方：无
概念设计：郭 盈
电脑绘制：郭 盈
软　　件：CorelDRAW

第三章彩图

甲壳虫汽车

案例名称：甲壳虫汽车
委　托　方：无
电脑绘制：孙　靖
软　　　件：Photoshop

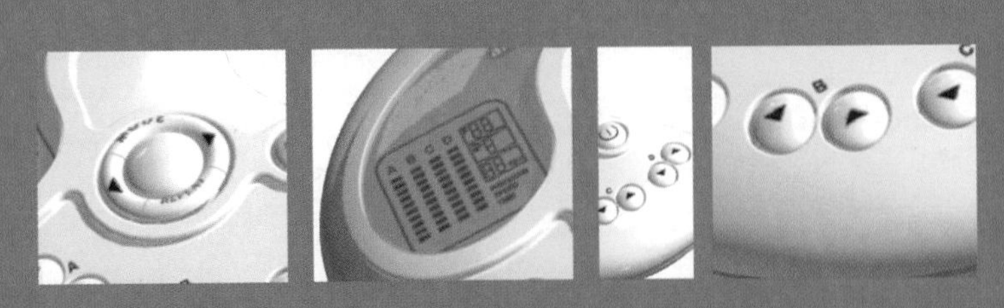

第五章彩图

电子控制器

案例名称：多功能治疗仪
委 托 方：中美合资柯顿（天津）
电工电器有限责任公司
概念设计：倪培铭
建模渲染：倪培铭
软　　件：建模 Rhino　渲染 3ds max

 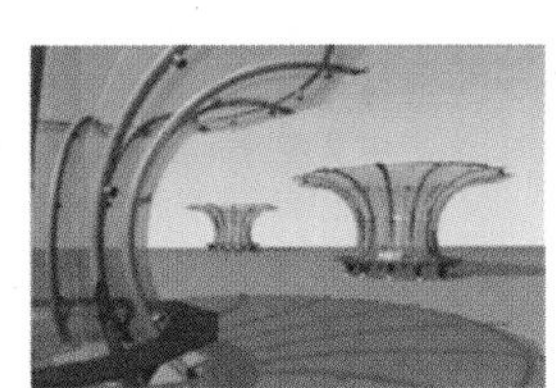 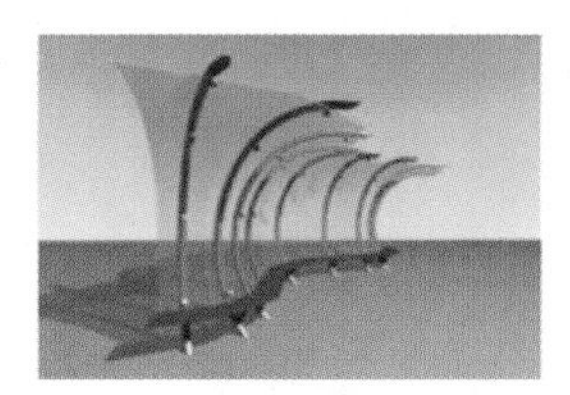

设计案例分析与经典作品欣赏

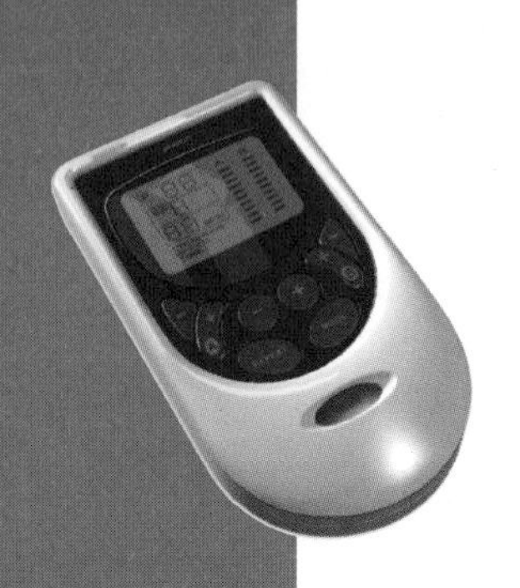

案例名称：两路低频治疗仪
委 托 方：中美合资柯顿（天津）
电工电器有限责任公司
概念设计：倪培铭
电脑绘制：倪培铭
软　　件：建模 Rhino　渲染 3ds max

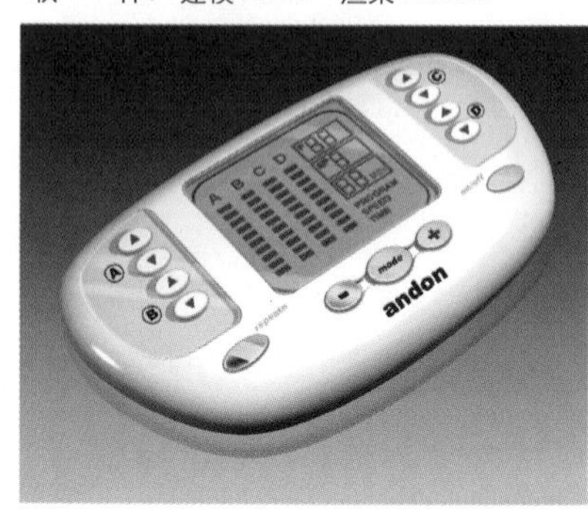

案例名称：四路低频治疗仪
委 托 方：中美合资柯顿（天津）
电工电器有限责任公司
建模渲染：倪培铭
概念设计：倪培铭
软　　件：建模 Rhino　渲染 3ds max

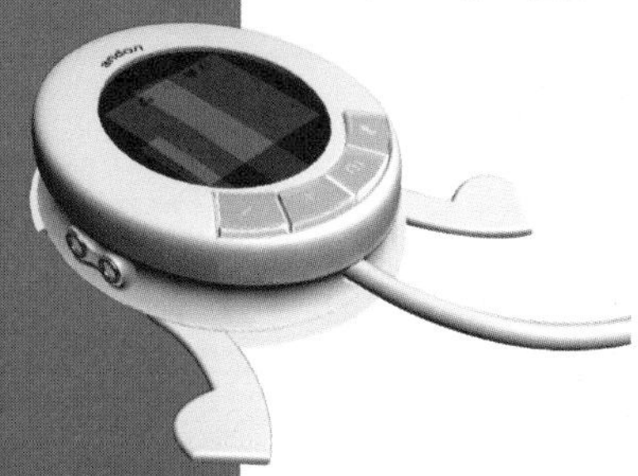

案例名称：宠物弹弓
委 托 方：天津新中原国际贸易有限公司
概念设计：美国客户提供
建模渲染：王瑞江
软　　件：建模 Rhino　渲染 3ds max

案例名称：可视听诊器
委 托 方：中美合资柯顿（天津）
电工电器有限责任公司
概念设计：王少青
建模渲染：姚　冰
软　　件：建模 Rhino　渲染 3ds max

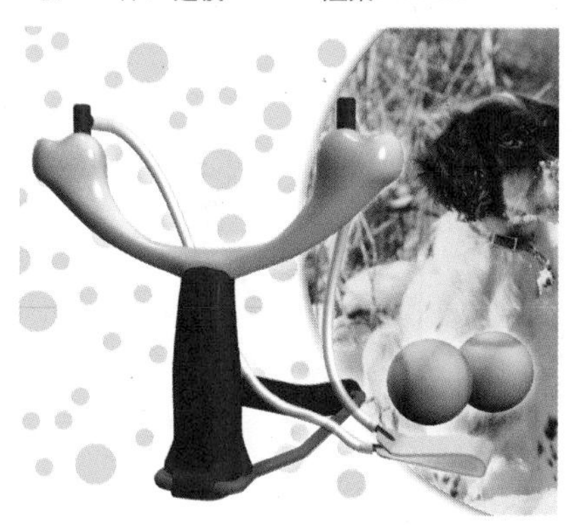

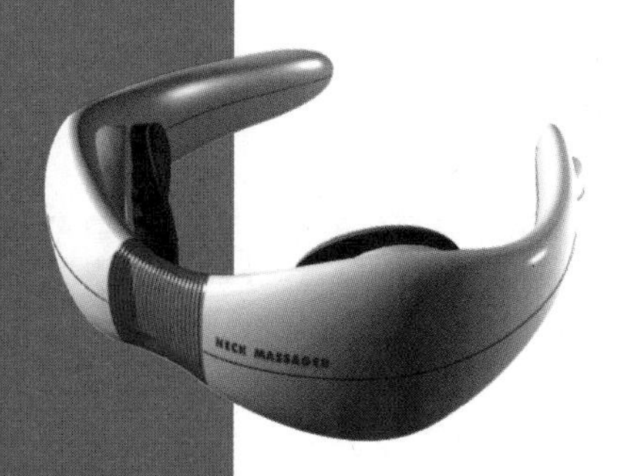

案例名称：颈椎治疗仪
委 托 方：中国颈椎病研究院
概念设计：王少青
建模渲染：倪培铭
软　　件：建模 3ds max　渲染 3ds max

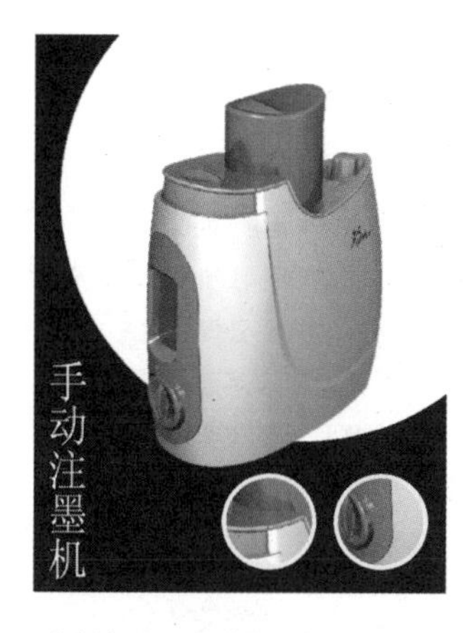

案例名称：手动注墨机
委 托 方：天津科业科技发展有限公司
概念设计：韩凤元
建　　模：王立健
渲　　染：倪培铭
软　　件：建模 Pro_E　渲染 3ds max

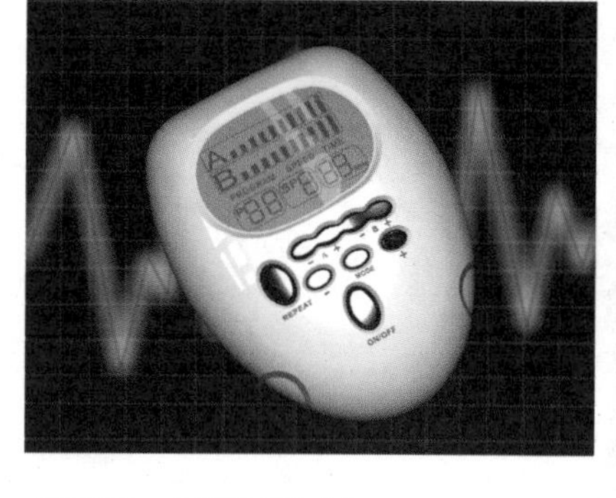

案例名称：两路低频治疗仪
委 托 方：中美合资柯顿（天津）
　　　　　电工电器有限责任公司
概念设计：倪培铭
电脑绘制：倪培铭
软　　件：建模 Rhino　渲染 3ds max

案例名称：木牛流马
概念设计：王瑞江
电脑绘制：王瑞江
软　　件：建模 Rhino　渲染 Brazil

案例名称：全自动血压计
委 托 方：中美合资柯顿（天津）
　　　　　电工电器有限责任公司
概念设计：韩凤元
建　　模：亢海生
渲　　染：刘 川
软　　件：建模 Pro_E　渲染 3ds max

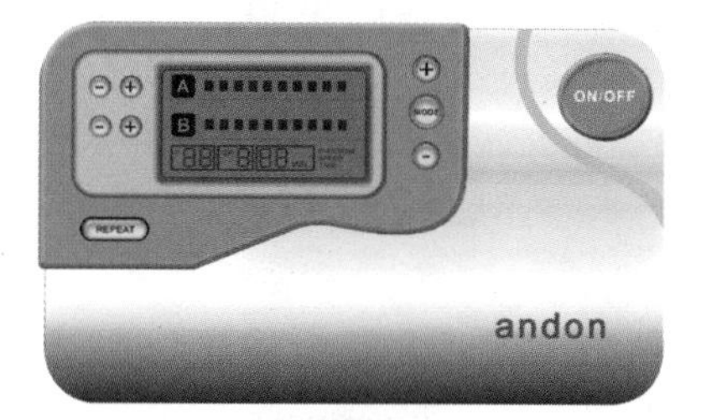

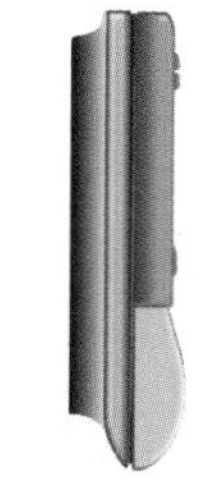

案例名称：两路低频治疗仪
委 托 方：中美合资柯顿（天津）
　　　　　电工电器有限责任公司
概念设计：田敬
电脑绘制：刘宪荣
软　　件：Corel DRAW　Photoshop

图片 1 折叠自行车　意大利阿莱西公司设计

图片 2 蜻　　　蜓　博朗国际工业设计大赛获奖作品

图片 3 照　相　机　日本索尼公司设计

图片 4 门　拉　手　意大利阿莱西公司设计

图片 5 座　　　椅　澳大利亚获奖设计作品

1

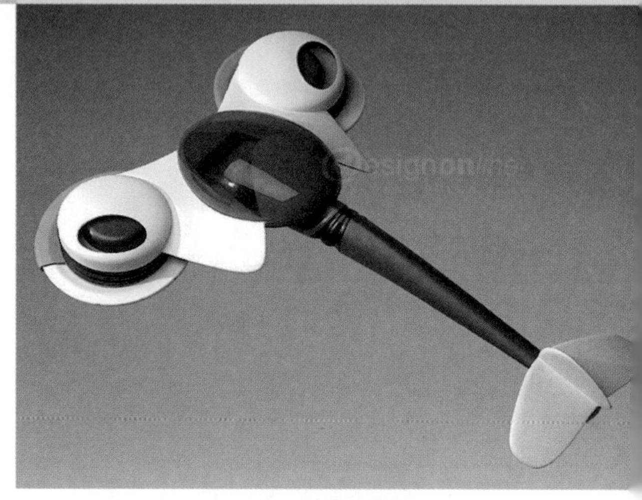

2

5

3

4

6

图片 6 苹果公司出品的圆珠笔

图片 7 儿童钟表设计

图片 8 医用CT机

德国博朗国际工业设计大赛获奖作品

7

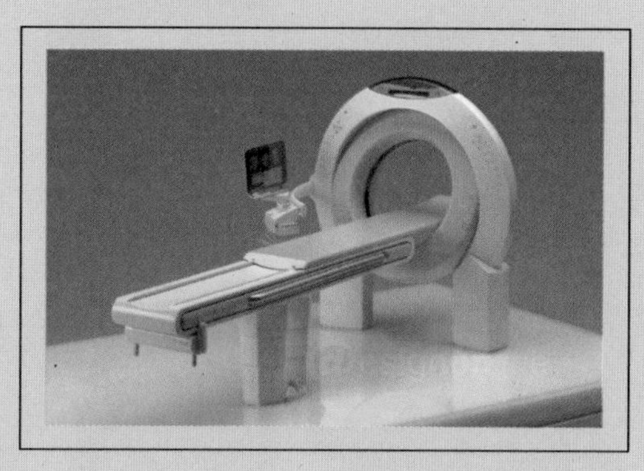

8

11

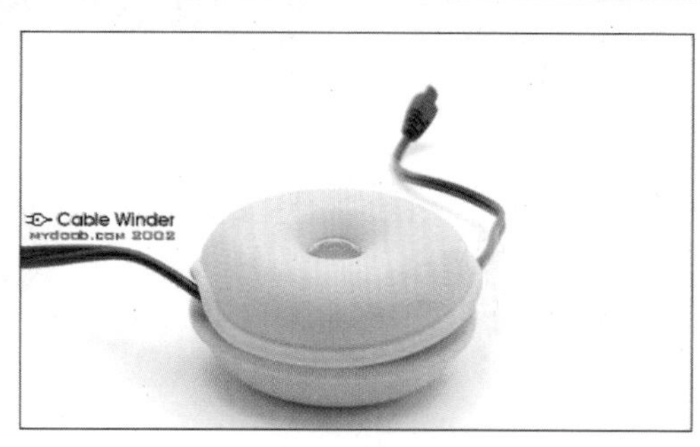

9

10

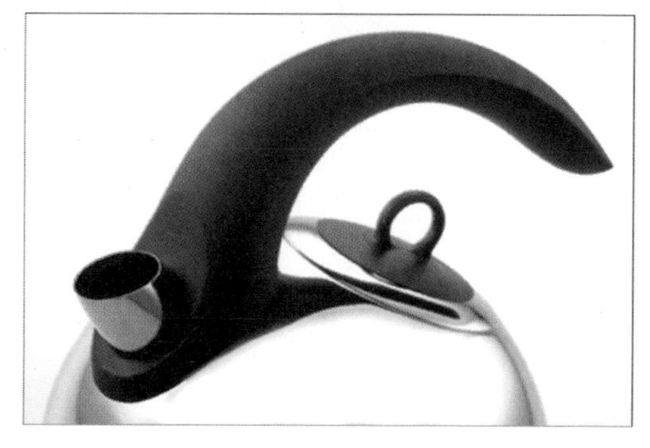

图片 9 获奖作品“绕线器”设计

图片 10 水壶

澳大利亚获奖设计作品

图片 11 美国苹果公司的苹果电脑设计

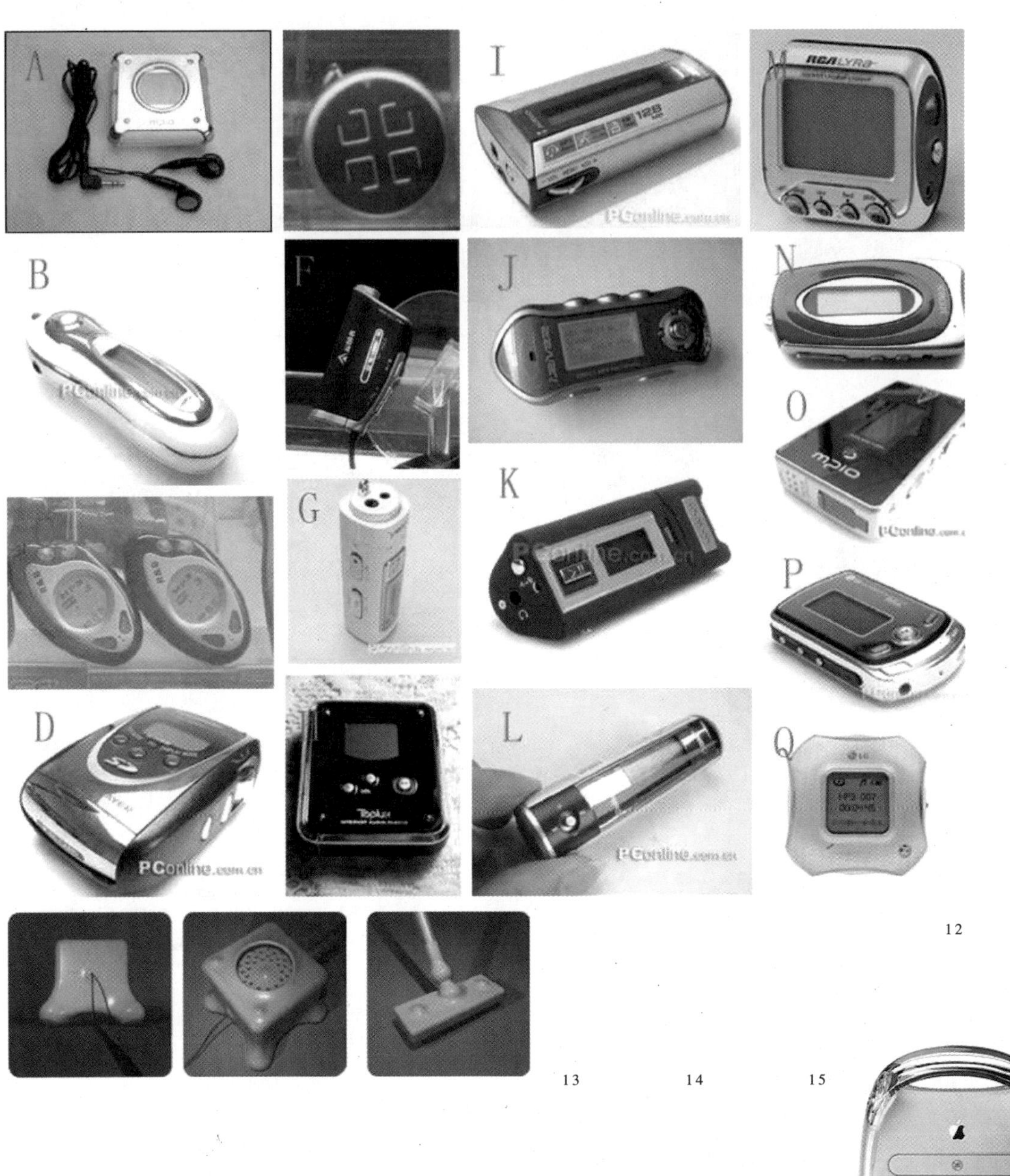

图片 12　MP3 设计

图片 13　吸尘器设计

图片 14　工具箱设计

图片 15　苹果公司出品的 G5 电脑

16

17

18

图片16、图片17 LG电子产品设计大奖赛银奖作品

图片18 雪崩救生包
德国博朗国际工业设计大赛获奖作品

图片19 美国IDEA公司设计手表

图片20 美国耐克公司出品的CD播放机

19

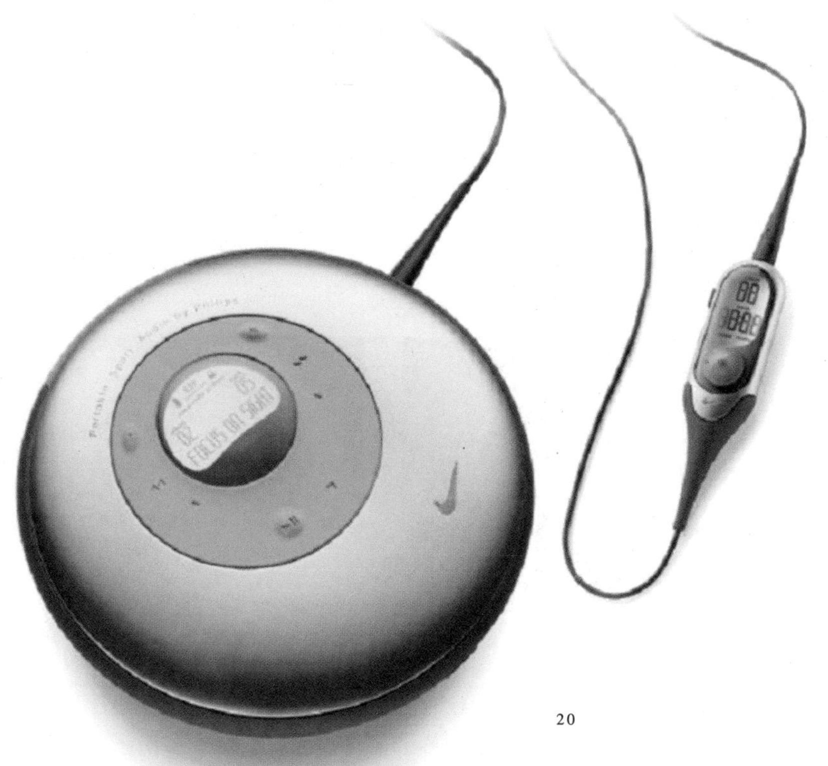

20

图片 21 网络收音机
德国博朗国际工业设计
大赛获奖作品

图片 22 爆米花机
澳大利亚获奖设计作品

图片 23 美国 IDEA 公司设计的电话

图片 24 电脑机箱
美国 IDEA 公司为美国惠普公司设计

图片 25 化妆品瓶子
美国 IDEA 公司设计

图片 26 绕线器
澳大利亚获奖设计作品

图片 27 无线能耗监控系统
德国博朗国际工业设计大赛
获奖作品

21

22

23

24

25

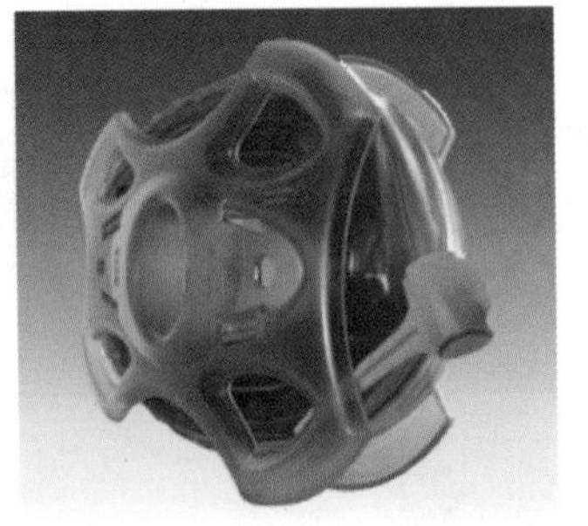

26

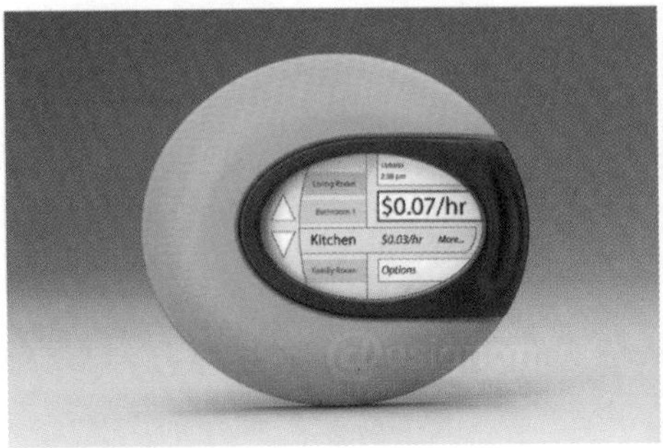

27

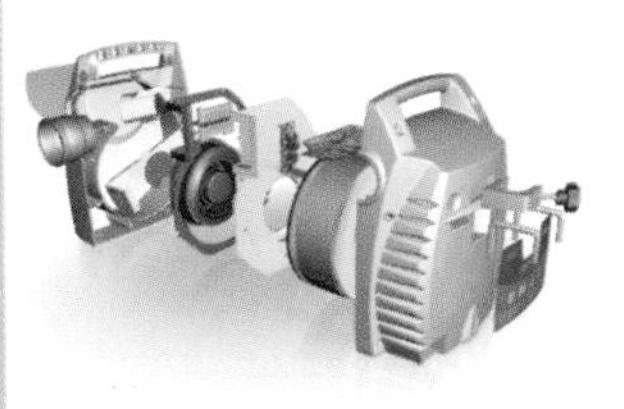

28

30

29

31

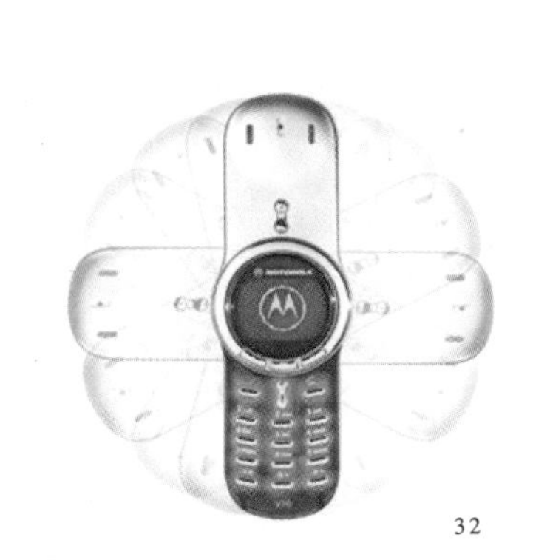

32

33

图片 28 充气泵爆炸图
澳大利亚获奖设计作品

图片 29 美国 IDEA 公司设计的旅行包

图片 30 美国 IDEA 公司设计的 PDA

图片 31 机油瓶
英国 100%Design 入选作品

图片 32 手机
美国 IDEA 公司为美国
MOTOLORA 公司设计

图片 33 摩托车
英国 100%Design 入选作品

图片 34　法国标志汽车设计大奖赛金奖作品

35

36 37 38

39 40

图片 35～图片 38　德国宝马汽车造形和内饰设计

图片 39～图片 40　法国标志汽车设计

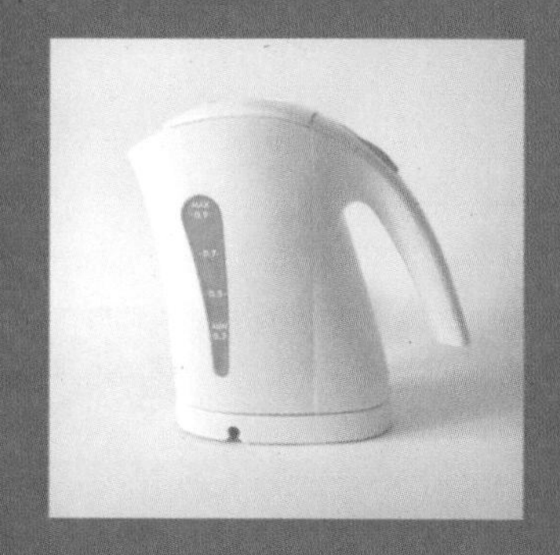

41

44

45

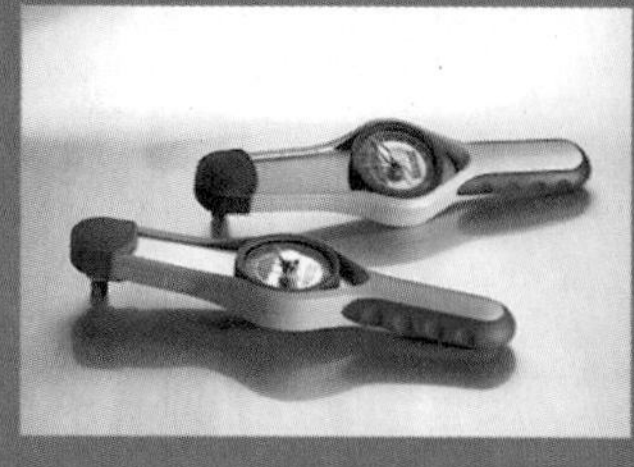

42

43

46

图片 41 热水壶
英国 100%Design 入选作品
图片 42 指南针
美国 IDEA 公司设计
图片 43 美国苹果电脑公司的“冰梦”
图片 44 收音机
美国 IDEA 公司设计
图片 45 超声波洗衣机
德国博朗国际工业设计大赛
入选作品
图片 46 罗技鼠标、键盘的设计
图片 47 充气游戏手柄和鼠标的设计

47